泽泻科 慈姑属 矮慈姑

苋科 凹头苋

禾本科 稗（稗成株）

禾本科 棒头草

玄参科 北水苦荬（水苦荬）

宝盖草

菊科 苍耳（1）

菊科 苍耳（2）

朝天委陵菜

车前科 车前

齿果酸模

十字花科 臭荠

唇形科 野芝麻

唇形科 野芝麻

唇形科 益母草

大麻科 葎草

豆科 大巢菜

丁香蓼

苋科 反枝苋

桑科 构树

禾本科 白顶早熟禾

禾本科 稗属 长芒稗

禾本科 狗尾草

禾本科 狼尾草

禾本科 千金子

禾本科 薏苡

菊科 鬼针草

菊科 鳢肠

菊科 续断菊

藜科 藜

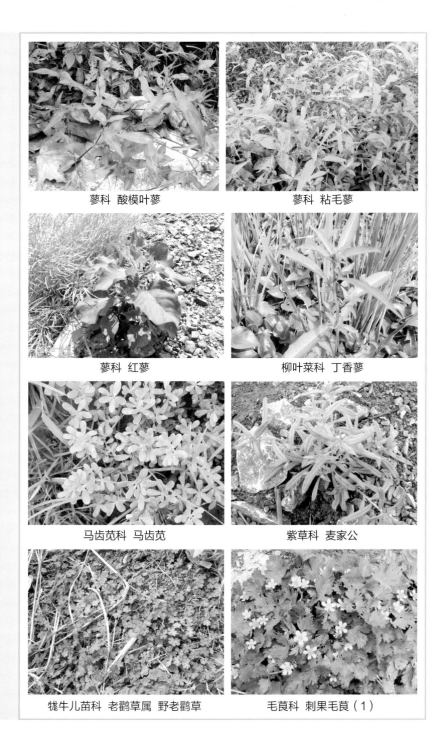

蓼科 酸模叶蓼　　　　　　　蓼科 粘毛蓼

蓼科 红蓼　　　　　　　　柳叶菜科 丁香蓼

马齿苋科 马齿苋　　　　　　　紫草科 麦家公

牻牛儿苗科 老鹳草属 野老鹳草　　　毛茛科 刺果毛茛（1）

毛茛科　刺果毛茛（2）

毛茛科　茴茴蒜

美洲商陆

石竹科　牛繁缕

禾本科　牛筋草

葡萄科　乌蔹莓

千屈菜科　节节菜

蔷薇科 蛇莓

茄科 龙葵

雀麦

伞形科 野胡萝卜（1）

莎草科 聚穗莎草

莎草科 飘拂草属 水虱草

伞形科 野胡萝卜（2）

莎草科 异型莎草

十字花科 印度蔊菜

石竹科 粘毛卷耳

石竹科 牛繁缕

菊科 天名精

田旋花

玄参科 通泉草

梧桐科 马松子

苋科 凹头苋

苋科 空心莲子草

苋科 青葙

苋科 水苋菜

香蒲科 香蒲

玄参科 北水苦荬（水苦荬）

玄参科 波斯婆婆纳

玄参科 通泉草

菊科 一年蓬

雨久花科 雨久花属 鸭舌草

泽泻科 矮慈姑

泽泻科 慈姑

紫草科 斑种草

现代
农·药·应·用·技·术·丛·书

除草剂 卷

孙家隆　周凤艳　周振荣　主编

化学工业出版社

·北京·

作为丛书一分册，本书在简述除草剂相关常识的基础上，按农药分子结构分类，详细介绍了当前广泛使用的 150 多个除草剂品种，每个品种介绍了其中英文通用名称、结构式、分子式、相对分子质量、CAS 登录号、化学名称、其他名称、理化性质、毒性、作用特点、剂型与注意事项等，重点阐述了其作用特点与使用技术。内容力求通俗易懂，实用性强。

本书可供农业技术人员及农药经销人员阅读，也可供农药、植物保护专业研究生、企业基层技术人员及相关研究人员参考。

图书在版编目（CIP）数据

除草剂卷/孙家隆，周凤艳，周振荣主编 . —北京：化学工业出版社，2014.3 （2024.8重印）
现代农药应用技术丛书
ISBN 978-7-122-19531-9

Ⅰ.①现… Ⅱ.①孙…②周…③周… Ⅲ.①除草剂-农药施用 Ⅳ.①S48

中国版本图书馆 CIP 数据核字（2014）第 011314 号

责任编辑：刘　军　　　　　　　　文字编辑：周　倜
责任校对：宋　玮　　　　　　　　装帧设计：关　飞

出版发行：化学工业出版社（北京市东城区青年湖南街 13 号　邮政编码 100011）
印　　装：河北延风印务有限公司
850mm×1168mm　1/32　印张 11¼　彩插 5　字数 311 千字
2024 年 8 月北京第 1 版第 13 次印刷

购书咨询：010-64518888　　　　　　售后服务：010-64518899
网　　址：http://www.cip.com.cn
凡购买本书，如有缺损质量问题，本社销售中心负责调换。

定　　价：29.00 元

本书编写人员名单

主　　编：孙家隆　　周凤艳　　周振荣

编写人员：（按姓名汉语拼音排序）

樊翠翠　　孙家隆　　唐　伟　　王义虎

张　勇　　周凤艳　　周振荣

前　言

农田杂草防除已成为农业生产中的重要内容，如果杂草防除不及时，不但要增加更多的投入，如二次除草、人工除草等，还会影响农作物的产量和农产品质量，严重影响农业发展和农民收入，而科学选择除草剂与合理配方是除草的关键。为了适应农业生产的需要，特别是基层农业技术人员和除草剂经销人员的要求，我们参阅多种专业技术著作和科普网站上的相关资料；同时，还咨询了多名国内除草剂方面的知名专家，征求了国内外一些除草剂企业和经销商的意见，在此基础上，编写了本书。

本书主要收集了当前国内外广泛使用的 156 个除草剂品种，并按照化学结构（如氨基甲酸酯类、苯氧羧酸类、二硝基苯胺类、环己烯酮类、二苯醚类、取代脲类和磺酰脲类、酰胺类、有机磷类以及杂环类等）分类，每一种除草剂品种均做了较为详细的介绍，如中文通用名称、英文通用名称、其他名称、化学名称、结构式、CAS 登记号、分子式、分子量、理化性质、毒性、剂型、作用方式与机理、适用作物、防除对象、使用方法、注意事项、登记情况及生产厂家和开发单位等方面，内容丰富，可操作性极强，非常适合农业科技人员和农业生产人员查阅。

本书编写过程中得到了安徽省农业科学院王振荣研究员的悉心指导和"农田有害生物抗药性监测与治理"创新团队项目（12C1105）的资助，在此表示诚挚的谢意。同时也对参与部分编写工作的浙江省化工院唐伟博士、安徽农业大学樊翠翠，以及参与校稿的河南科技大学王义虎同志一并表示感谢。

由于作者水平所限，加之时间仓促，书中疏漏与不妥之处在所难免，欢迎广大同行和使用者不吝赐教。

编者
2013 年 12 月

目　录

第一章　除草剂概论 / 1

第二章　氨基甲酸酯类除草剂 / 43

第三章　苯氧羧酸类除草剂 / 63

第四章　二硝基苯胺类除草剂 / 99

第五章　环己烯酮类除草剂 / 107

第六章　二苯醚类除草剂 / 117

第七章 取代脲类和磺酰脲类除草剂 /143

第八章 酰胺类除草剂 /191

第九章　有机磷类除草剂 / 227

第十章　杂环类除草剂 / 237

第十一章　其他类除草剂 /311

参考文献 /324

索引 /325

第一章
除草剂概论

第一节　农田杂草的发生特点

随着农业的不断发展，对杂草的认识和防除也越来越受到人们的重视。农田杂草具有同农作物不断竞争的能力，在自然条件下，更能适应复杂多变甚至是不良的生长环境。杂草与农作物的长期共生和适应，导致其具有多种多样的生物学特性及发生规律。因此了解农田杂草的生物学特性及发生的规律，就可以了解到杂草在农作物生长过程中的薄弱环节，对制定科学的杂草治理策略和防除技术有重要的理论和实践指导意义。

一、杂草的定义和危害

1. 杂草的定义及杂草的演化历史

杂草是指人类有目的栽培的植物以外的植物，一般是非栽培的野生植物或对人类无用的植物。广义的杂草定义则是指对人类活动不利或有害于生产场地的一切植物，主要为草本植物，也包括部分小灌木、蕨类及藻类。从生态观点来看，杂草是在人类干扰的环境下起源、进化而形成的，既不同于作物又不同于野生植物，它是对农业生产和人类活动均有多种影响的植物。农田杂草则是指生长在农田中非人类有目的栽培的植物，也就是说农作物田中有意识栽培的农作物除外的所有植物都是杂草。比如夏玉米田里的稗草、狗尾草、马齿苋等野生植物是杂草，同时小麦的自生苗同样也是杂草。

2. 农田杂草的危害

据统计，每年因杂草危害造成的农作物减产达 2 亿吨。而据中国农业年鉴 1996 年的统计显示，中国因草害使农产品产量减少近10%，损失近 $40×10^8$ kg，通过杂草防除挽回 $90×10^8$ kg。杂草主要是通过与农作物争夺生长资源及化感作用等抑制农作物的生长发育而导致减产。因此要提高人们对杂草在农业上危害的认识。

① 与农作物争夺肥、水、光、生长空间　杂草是无孔不入的，从土壤表层到深层、从作物行内到行间、从农田到渠道，充斥于一切场所，使土壤、水域、农产品等受到严重的污染，使作物生长环境恶化。据测定，连作多年的稻田，每千克稻谷中混有稗草种子1000～1300 粒，扁秆藨草种子 200～400 粒；眼子菜严重的稻田，每亩❶地上部有草株鲜重 1t，干重 104kg，使稻田 1～2cm 表层温度降低 1℃。许多杂草根系发达，吸收能力强，苗期生长速度快，光合效率高，营养生长能快速向生殖生长过渡，具有干扰农作物的特殊性能，夺取水分、养分和光照的能力比农作物大得多，从而影响农作物的生长发育。

② 是农作物病害、虫害的中间寄主和越冬场所　例如稗草是稻飞虱、黏虫、稻细菌性褐斑病的寄主；刺儿菜是棉蚜、地老虎、向日葵菌核病等的寄主。如棉蚜先在刺儿菜、车前草等杂草上越冬，然后为害棉花。小蓟、田旋花等都是小麦丛矮病的传染媒介。

③ 降低农作物产量和质量　如水稻夹心稗对产量影响非常明显，实验证明，每穴水稻夹有一株稗草时可减产 35.5%，两株稗草时可减产 62%，三株时可减产 88%；又如，每平方米有马唐 20株时，可使棉花减产 82%，有 20 株千金子，减产 83%。据统计，普通年份因杂草为害可减产 10%～15%，重者减产 30%～50%。

④ 增加管理用工和生产成本　每年全世界都要投入大量的人力、物力和财力用于防除杂草。据初步统计，目前我国农村大田除

---

❶　1 亩＝666.67m²。

草用工占田间劳动 1/3～1/2，如草多的稻田、棉田每亩用于除草往往超过 10 个工。这样，全国每年用于除草的劳动日 50 亿～60 亿个。

⑤ 影响人畜健康　有些杂草的根、茎、叶、种子含有毒素，掺杂在作物中会影响人畜健康。如毒麦，混入小麦磨成的面粉，人食后有毒害作用，轻者引起头晕、恶心、呕吐，重者发生昏迷，更为严重者可致死。

⑥ 影响农田水利设施安全　灌溉渠内长满了杂草，容易堵塞水渠，影响正常的排水、灌溉。

二、杂草的分类

1. 形态学分类

根据杂草的形态特征，生产中常将杂草分为三大类。许多除草剂的选择性就是从杂草的形态获得的。

① 禾草类　主要包括禾本科杂草。其主要形态特征有：茎圆形或略扁，具节，节间中空；叶鞘不开张，常有叶舌；叶片狭窄而长，平行叶脉，叶无柄；胚具有 1 片子叶。

② 莎草类　主要包括莎草科杂草。茎三棱形或扁三棱形，无节，茎常实心。叶鞘不开张，无叶舌。叶片狭窄而长，平行叶脉，叶无柄。胚具有 1 片子叶。

③ 阔叶草类　包括所有的双子叶植物杂草及部分单子叶植物杂草。茎圆形或四棱形，叶片宽阔，具网状叶脉，叶有柄。胚具有 2 片子叶。

2. 按生物学特性分类

① 一年生杂草　一年生杂草是农田的主要杂草类群，如稗、马唐、萹蓄、藜、狗尾草、碎米莎草、异型莎草等，种类非常多。一般在春、夏季发芽出苗，到夏、秋季开花，结实后死亡，整个生命周期在当年内完成。这类杂草都以种子繁殖，幼苗、根、茎不能越冬。

② 二年生杂草　二年生杂草又称越年生杂草，一般在夏、秋季发芽，以幼苗和根越冬，次年夏、秋季开花，结实后死亡，整个

生命周期需要跨越两个年度。如野胡萝卜、看麦娘、波斯婆婆纳、猪殃殃等，多危害夏熟作物田。

③ 多年生杂草　多年生杂草一生中能多次开花、结实，通常第一年只生长不结实，第二年起结实。多年生杂草除能以种子繁殖外，还可利用地下营养器官进行营养繁殖。如车前草、蒲公英、狗牙根、田旋花、水莎草、扁秆藨草等，可连续生存3年以上。

④ 寄生杂草　寄生杂草如菟丝子、列当等是不能进行或不能独立进行光合作用合成养分的杂草，即必须寄生在别的植物上靠特殊的吸收器官吸取寄主的养分而生存的杂草。半寄生杂草含有叶绿素，能进行光合作用，但仍需从寄主植物上吸收水分、矿物养分等部分必需营养，如桑寄生和独脚金。

3. 按生态学特性分类

根据杂草生长的环境不同，可将杂草分为旱田杂草和水田杂草两大类。据杂草对水分适应性的差异，又可分为如下6类。

① 旱生型　旱生型杂草如马唐、狗尾草、反枝苋、藜等多生于旱作物田中及田埂上，不能在长期积水的环境中生长。

② 湿生型　湿生型杂草如稗草、鳢肠等喜生长于水分饱和的土壤，能生长于旱田，不能长期生存在积水环境。若田中长期淹积水，幼苗则死亡。

③ 沼生型　沼生型杂草如鸭舌草、节节菜、莹蔺等的根及植物体的下部浸泡在水层，植物体的上部挺出水面。若缺乏水，植株生长不良甚至死亡。

④ 沉水型　沉水型杂草如小茨藻、金鱼藻等植物体全部浸没在水中，根生于水底土中或仅有不定根生长于水中。

⑤ 浮水型　浮水型杂草如眼子菜、浮萍等植物体或叶漂浮于水面或部分沉没于水中，根不入土或入土。

⑥ 藻类型　藻类型如水绵等低等绿色植物，全体生于水中。

三、杂草防治方法

杂草防治是将杂草对人类生产和经济活动的有害性降低到人们能够承受的范围之内。杂草防治的方法很多，归纳起来大致包括以下几种方式。

1. 物理性防治

物理性防治是指用物理性措施或物理性作用力，如机械、人工等，导致杂草个体或器官受伤受抑或致死的杂草防除方法。物理性防治对作物、环境等安全、无污染，同时还兼有松土、保墒、培土、追肥等有益作用。

2. 农业防治

农业防治是指利用农田耕作、栽培技术和田间管理措施等控制和减少农田土壤中杂草种子的基数，抑制杂草的成苗和生长，减少草害，降低农作物产量和质量损失的杂草防治策略方法。此种方法成本低、易掌握、可操作性强。

3. 化学防治

化学防治是一种应用化学药剂（除草剂）有效治理杂草的快捷方法。具有广谱、高效、选择性强的特点，但对环境的污染性强。

4. 生物防治

生物防治是利用不利于杂草生长的生物天敌，像某些昆虫、病原真菌、细菌、病毒、线虫、食草动物或其他高等植物来控制杂草的发生、生长蔓延和危害的杂草防治方法。此种方法比化学防治具有不污染环境、不产生药害、经济效益高等优点。

另外，杂草防治方法还有生态防治、杂草检疫等方法，以上方法均为农业丰收、作物高产做出了贡献。

四、主要作物田常见杂草类型及特点

作物田中杂草主要特点如下。

① 结实量大，落粒性强。所产生的种子数量通常是农作物的几十倍、数百倍甚至更多，数量巨大。如苋和藜每株能结出 2 万～7 万粒种子。

② 传播方式多样。如刺儿菜、泥胡菜、苣荬菜的种子有绒毛和冠，可借助风力将种子传播到很远的距离；萹草、野燕麦、稗草的种子可随水流传播等。

③ 种子寿命长，在田间存留时间长。如藜的种子在土壤中埋

藏 20～30 年后仍能发芽，稗草种子经牲畜食用过腹排出后，在 40℃厩肥中经过 1 个月仍能发芽。灰绿藜、碱蓬等能在盐碱地上生长等。

④ 成熟和发芽出苗时期不一致。杂草种子的成熟期比农作物早，成熟期也不一致，通常是边开花、边结实、边成熟，随成熟随脱落在田间，一年可繁殖数代。如小藜在黄淮海流域内，每年 4 月下旬至 5 月初开花，5 月下旬果实成熟，一直到 10 月份仍能开花结实。大部分杂草出苗不整齐，如荠菜、藜等除冷热季节外，其他季节均可出苗开花。马唐、狗尾草、牛筋草、龙葵等 4～8 月均可出苗生长，危害农田。

⑤ 适应性强，可塑性强，抗逆性也强。生态条件苛刻时，生长量极小，而条件适宜时，生长极繁茂，且都会产生种子，一年生杂草种子可大量繁殖。一些多年生杂草，不但可以产生种子，而且还可以通过根、茎（根状茎、块根、球茎、鳞茎）等器官进行营养繁殖，如刺儿菜是根芽繁殖，芦苇、白茅是根茎繁殖，加拿大一枝黄花地下茎可越冬繁殖等。

⑥ 拟态性。与作物伴生，例如稗草伴随水稻，野燕麦伴随小麦。

1. 稻田常见杂草类型及特点

水稻是我国主要粮食作物之一，2012 年种植面积约为 4.58 亿亩，约占粮食作物种植面积的 30%。根据地理位置和水稻生产的特点可划分为南方稻区和北方稻区，由于各个地区的气候和土壤条件、耕作制度和耕作习惯不同，又将稻区分成 6 个带。

① 华南双季稻作带　南亚热带三熟区或早晚稻双季连作。主要杂草有稗草、扁秆藨草、牛毛草、鸭舌草、异型莎草、水龙、草龙、丁香蓼、圆叶节节菜、日照飘拂草、四叶萍、眼子菜、野慈姑、矮慈姑、尖瓣花等。常见的杂草群落组成类型为：稗草＋异型莎草＋草龙、稗草＋水龙＋圆叶节节菜、稗草＋异型莎草＋圆叶节节菜＋水龙、日照飘拂草＋圆叶节节菜＋稗草、矮慈姑＋尖瓣花＋野慈姑等。

② 华中单双季稻作带　中北部亚热带。一季稻与小麦或油菜

等复种或连作双季稻一年二熟，是最大的水稻产区。主要杂草有稗草、鸭舌草、异型莎草、牛毛草、萤蔺、节节菜、鳢肠、水莎草、千金子、陌上菜、泽泻、水苋菜、双穗雀稗、空心莲子草、眼子菜、四叶萍等。常见的群落组成类型为：稗草＋异型莎草＋鸭舌草＋水苋菜、稗草＋扁秆藨草、稗草＋水莎草、鸭舌草＋稗草＋矮慈姑、千金子＋稗草＋矮慈姑、异型莎草＋牛毛草＋稗草、稗草＋异型莎草＋水苋菜＋矮慈姑、鸭舌草＋稗草＋四叶萍＋空心莲子草、稗草＋眼子菜＋空心莲子草、水苋菜＋稗草＋节节菜、异型莎草＋节节菜＋牛毛毡、野慈姑＋双穗雀稗＋稗草、扁秆藨草＋鳢肠＋千金子＋稗草、空心莲子草＋稗草＋节节菜等。

③ 华北单季稻作带　暖温带。主要杂草有稗草、异型莎草、扁秆藨草、野慈姑、萤蔺、泽泻、节节菜、鳢肠、鸭舌草等。常见的群落组成类型为：稗草＋异型莎草＋扁秆藨草、水莎草＋稗草＋异型莎草、水苋菜＋稗草＋异型莎草、鸭舌草＋稗草＋异型莎草、鸭舌草＋牛毛毡＋稗草、鸭舌草＋牛毛毡＋眼子菜、野慈姑＋鸭舌草＋稗草、水苋菜＋鳢肠＋水莎草等。

④ 东北早熟稻作带　寒温带，一季稻。主要杂草有稗草、眼子菜、萤蔺、扁秆藨草、日本藨草、雨久花、狼把草、小茨藻、沟繁缕、野慈姑、母草、水葱、泽泻等。常见的杂草群落组成类型为：稗草＋扁秆藨草＋野慈姑、稗草＋扁秆藨草＋水莎草、稗草＋扁秆藨草＋牛毛毡、稗草＋扁秆藨草＋牛毛毡＋眼子菜等。

⑤ 西北干燥区稻作带　典型大陆性气候，早熟单季稻。主要杂草有稗草、毛鞘稗、扁秆藨草、碎米莎草、眼子菜、角茨藻、泽泻、芦苇、香蒲、轮藻、草泽泻、水绵等。常见的群落组成类型为：稗草＋芦苇＋扁秆藨草、芦苇＋稗草＋草泽泻、轮藻＋芦苇＋扁秆藨草。

⑥ 西南高原稻作带　一季早稻或一季中稻。主要杂草有稗草、牛毛毡、异型莎草、眼子菜、滇藨草、小茨藻、陌上菜、沟繁缕、耳基水苋、鸭舌草、野荸荠、水莎草、矮慈姑等。常见的杂草群落组成类型为：鸭舌草＋稗草＋眼子菜、眼子菜＋稗草、稗草＋异型

莎草＋小茨藻等。

2. 麦田常见杂草及特点

麦类是我国主要粮食作物之一，包括小麦（冬小麦和春小麦）、大麦（冬大麦和春大麦）、黑麦和元麦（青稞）。种植面积和总产量仅次于水稻，是第二大粮食作物。种植总面积4.5亿亩，草害面积占种植面积30%以上。其中严重危害面积约4500万亩，占种植面积10%。每年因杂草危害损失产量约占总产量15%。

由于地理环境、气候条件和栽培条件的不同，杂草的种类和习性也有很大的区别。东北及内蒙古自治区东部春麦区主要杂草有：卷茎蓼、藜、野燕麦、苣荬菜、本氏蓼、大刺儿菜、鼬瓣花、野荞麦、问荆等。常见的杂草群落组成类型为：卷茎蓼＋藜＋问荆、本氏蓼＋问荆＋卷茎蓼、绿狗尾＋大马蓼＋本氏蓼、野燕麦＋大马蓼＋本氏蓼、苣荬菜＋绿狗尾＋藜等。

青海、西藏春麦区主要杂草有：野燕麦、猪殃殃、田旋花、藜、密穗香薷、荠蓝、卷茎蓼、薄蒴草等。常见的杂草群落组成类型为：野燕麦＋藜＋密穗香薷、荠蓝＋田旋花、薄蒴草＋密穗香薷＋野燕麦等。

新疆、甘肃的春麦区主要杂草有：野燕麦、田旋花、芦苇、野芥菜、苣荬菜等。常见的杂草群落组成类型为：田旋花＋野燕麦＋藜、野燕麦＋田旋花、芦苇＋苣荬菜＋藜、萹蓄＋藜＋田旋花等。

北方冬麦区，主要位于黄淮海地区，包括长城以南至秦岭、淮河以北，播种面积占全国麦田50%左右，主要杂草有：葎草、藜、播娘蒿、荠菜、萹蓄、米瓦罐、打碗花、野燕麦、猪殃殃等。河南中北部，河北、山东大部，晋中南和陕西关中麦区常见的杂草群落组成类型为：葎草＋田旋花、大马蓼＋萹蓄、田旋花＋荠菜＋萹蓄、播娘蒿＋萹蓄＋小藜、小藜＋大马蓼＋萹蓄等。陕西和山西中北部黄土高原至长城以南麦区常见的杂草群落组成类型为：刺儿菜＋小藜＋独行菜＋鹤虱、鹤虱＋离子草＋糖芥等。

南方冬麦区，地处秦岭、淮河以南、大雪山以东地区，主要杂草有：看麦娘、大马蓼、牛繁缕、碎米荠、猪殃殃、棒头草、硬草、雀麦等。广州至福建一带麦区常见的杂草群落组成类型为：看麦娘+牛繁缕+大马蓼+荒蓉菊、看麦娘+牛繁缕+大马蓼+野燕麦、野燕麦+看麦娘+牛繁缕、胜红蓟+牛繁缕+看麦娘、碎米荠+看麦娘+裸柱菊、雀舌草+看麦娘+裸柱菊等。福建、两广北部至浙江、江西、湖南中部麦区常见的杂草群落组成类型为：看麦娘+牛繁缕+雀舌草+碎米荠、看麦娘+雀舌草+牛繁缕+碎米荠、春蓼+看麦娘+牛繁缕+雀舌草等。浙江、江西、湖南、四川北部至秦岭、淮河以南麦区常见的杂草群落组成类型为：牛繁缕+看麦娘+硬草、棒头草+硬草+牛繁缕、硬草+牛繁缕+萹蓄等。

3. 油菜田常见杂草及特点

油菜籽是我国五大油料作物之一。在世界油菜生产中，2011年我国油菜种植面积（约8910万亩）占近三分之一，仅次于印度居世界第二，总产量居世界第一。冬油菜产区主要分布在四川、安徽、湖南、湖北、江苏、浙江、贵州、上海、河南和陕西等省市，面积和产量约占全国的90%。春油菜产区主要分布在青海、新疆、内蒙古和甘肃等省区，面积和产量约占全国的10%。

油菜田主要杂草：看麦娘、日本看麦娘、稗草、千金子、棒头草、早熟禾等禾本科杂草；繁缕、牛繁缕、雀舌草、碎米荠、通泉草、猪殃殃、大巢菜、小藜、波斯婆婆纳等阔叶杂草。稻茬冬油菜田以看麦娘和日本看麦娘为最多。

4. 玉米田常见杂草及特点

玉米是我国主要的粮食作物之一，一般为春播、夏播和与小麦套播，全国种植面积2.2亿亩，仅次于水稻、小麦，位居第三。黑龙江、吉林、辽宁、内蒙古、新疆主要是春玉米，黄淮海地区主要是夏玉米。据报道全国玉米约1/2面积受到不同程度的草害。主要杂草如稗草、马唐、野燕麦、牛筋草、千金子、藜、苋、反枝苋、马齿苋、狗尾草、画眉草、铁苋菜、龙葵、苍耳、苘麻、打碗花、田旋花、小蓟、苣荬菜、曼陀罗、胜红蓟等。若玉米田不除草，可减产50%以上。

5. 大豆田常见杂草及特点

全国各地均栽培大豆，总面积约1.125亿亩，主要集中在黑龙江、吉林、辽宁、河北、河南、山东、江苏和安徽等省，其种植面积和产量分别占全国种植面积和总产的75%～80%。大豆草害面积平均在80%左右，每年约损失大豆约占总产量的9%～14%。

东北春大豆生产区，主要优势杂草有稗草、卷茎蓼、问荆、鸭跖草、本氏蓼、苘麻、绿狗尾、藜、马齿苋、铁苋菜等。黄淮海夏大豆生产区的主要害草有马唐、牛繁缕、绿狗尾、金狗尾、反枝苋、鳢肠等。长江流域大豆生产区的主要杂草有千金子、稗草、牛筋草、碎米莎草、凹头苋等。华南双季大豆区的主要杂草有：马唐、稗草、牛筋草、碎米莎草、胜红蓟等。

6. 棉花田常见杂草及特点

棉花是我国主要的经济作物之一，种植总面积约4720万亩。根据棉区的生态条件和棉花生产特点分为五大棉区。

① 黄河流域棉区 占全国种植面积50%。主要杂草为马唐、绿狗尾、旱稗、反枝苋、马齿苋、凹头苋、藜、龙葵、田旋花、小蓟等，5月中、下旬形成出草高峰，7月随雨季的到来形成第二高峰。

② 长江流域棉区 占全国种植面积近40%。主要杂草为马唐、牛筋草、千金子、狗尾草、旱稗、双穗雀稗、狗牙根、鳢肠、小旋花、小蓟、繁缕、酸模叶蓼、藜、香附子等，5月中左右形成出草高峰，6月中至7月初形成第二高峰。湿度大时杂草相对密度高、危害重。

③ 西北内陆棉区 系内陆干旱气候，光照充足，昼夜温差大，灌溉棉区主要杂草为马唐、田旋花、铁苋菜、藜、西伯利亚蓼等，5月中旬为第一出草高峰，7月上旬至8月初为第二出草高峰。

④ 华南棉区 温度高，无霜期长，但商品棉较少。主要杂草为稗草、马唐、千金子、胜红蓟、香附子、辣子草、蓼等。生长季节因多雨、土壤湿度大，故草害重。

⑤ 北部特早熟棉区 年平均温度较低，在6～10℃之间，无霜期短，春天霜期持续较长，只能种特早熟棉，种植面积最小。主要杂草为稗草、马唐、铁苋菜、鸭跖草、荞麦蔓、马齿苋、反枝苋、藜、蓼等。

第二节　除草剂应用特点

化学除草是现代化农业的主要标志之一，它具有节省劳力、除草及时、经济效益高等特点。

农田化学除草的应用可以追溯到 19 世纪末期，1895 年，法国葡萄种植者 M. L. Bonnet 在防治欧洲葡萄霜霉病时，观察到波尔多液中的 $CuSO_4 \cdot H_2O$ 对野胡萝卜、芥末等十字花科杂草有杀灭作用，但不伤害禾谷类作物，并于第二年在燕麦地喷洒。这一偶然发现成为农田化学除草的开端。与此同时，美国、英国、德国、法国发现并使用硫酸铜、硫酸亚铁、氯酸钠等防除小麦田杂草。此阶段可以说是无机化学除草阶段，当然不但药剂用量大，而且效果也不理想。直到 1932 年选择性除草剂二硝酚与地乐酚的发现，使除草剂由无机物向有机物转化。1942 年内吸性除草剂 2,4-滴的发现，真正开始了除草剂的新阶段，大大促进了有机除草剂工业的迅速发展。由于 2,4-滴选择性强、杀草活性高、合成相对简单、生产成本低而且对人、畜毒性小而在农业生产中迅速推广，成为 20 世纪农业中的重大发现之一。此后，许多化学公司竞相开发新的除草剂，促进了多种新型、高效除草剂的诞生与推广。1971 年合成的草甘膦，具有杀草谱广、对环境无污染的特点，是有机磷除草剂的重大突破。加之多种新剂型和新使用技术的出现，使除草效果大为提高。从 1980 年起，除草剂市场份额占农药总销售额的 41%，超过了杀虫剂，而跃居三大类农药榜首。

近年来，我国化学除草面积以每年 3000 万亩次的速度递增，目前已达 0.7 亿公顷。我国每年使用除草剂有效成分达 8 万吨以上。

一、除草剂的使用

如果除草剂是被植物的根或正在萌发的芽吸收，那么必须在杂草出苗前施药于土壤；有些除草剂主要是由植物的地上部吸收，则须喷施在出苗杂草上。有些除草剂在土壤中被吸附或迅速降解，而失去活性；有些除草剂则在土壤中较稳定，能在很长时间内保持活性。所以，除草剂的除草效果在很大程度上取决于除草剂的作用特性和使用技术。

除草剂的正确使用方法应遵循两个原则。一是应能让杂草充分接触除草剂，并最大程度的吸收药剂；二是尽量避免或减少作物接触药剂的机会，保证除草剂的施用有效、安全、经济。如果使用方法不当，不但除草效果差，有时还会引起药害。因此，了解除草剂喷施技术的原理和方法非常重要。

除草剂的施用方法较多，对作物而言，除草剂可在作物种植前施用，可在作物播后苗前施用，或在作物出苗后施用；对杂草而言，除草剂可在杂草出苗前进行土壤处理，或在杂草出苗后进行茎叶处理。有的除草剂在作物苗后不能满幅喷施，必须用带有防护罩的喷雾器在作物行间定向喷施到杂草上。

1. 土壤处理

土壤处理即在杂草未出苗前，将除草剂喷撒于土壤表层或喷撒后通过混土操作将除草剂混入土壤中，建立起一层除草剂封闭层，也称土壤封闭处理。除草剂土壤处理除了利用生理生化选择性外，也利用时差或位差选择性除草保苗。

土壤处理剂的药效和对作物的安全性受土壤的类型、有机质量、土壤含水量和整地质量等因素影响。由于沙土吸附除草剂的能力比壤土差，所以，除草剂的使用量在沙土地应比在壤土地少。从对作物的安全性来考虑，施用于沙土地中的除草剂易被淋溶到作物根层，从而产生药害，所以，在沙土地中使用除草剂要特别注意，掌握好用药量，以免发生药害。整地质量好，土壤颗粒小，有利于喷施的除草剂形成连续完整的药膜，提高封闭作用。常用处理方法如下。

① 种植前土壤处理　种植前土壤处理是在播前或移栽前，杂草未出苗时喷施除草剂或拌毒土撒施于田中。施用易挥发或易光解的除草剂（如氟乐灵）还需混土。有些除草剂虽然挥发性不强，但为了使杂草根部接触到药剂，施用后也混土，以保证药效，混土深

度一般为 4～6cm。

② 播后苗前土壤处理　播后苗前土壤处理是在作物播种后作物和杂草出苗前将除草剂均匀喷施于地表。适用于能被杂草根和幼芽吸收的除草剂，如酰胺类、三氮苯类和取代脲类除草剂等。

③ 混土施药法　此种施药方法能使药剂被杂草根、胚芽鞘和下胚轴等部位吸收，特别是易于挥发、光解的除草剂应采用混土施药法。混土施药法是将除草剂施于土壤表面，然后用圆盘耙、耕耘机、旋转锄、钉齿耙等农用工具进行耙地混土，将药剂与土壤均匀混合，以避免或减少除草剂的挥发和光解，从而达到防除杂草、提高效率和延长持效期的目的，如氟乐灵等。

④ 作物苗后土壤处理　在作物苗期，杂草还未出苗时将除草剂均匀喷施于地表。如在移栽稻田，移栽后 5～7d 撒施丁草胺颗粒剂；又如在华北地区的麦套玉米田，小麦收购后喷施乙莠悬乳剂。施药时，玉米已出苗，而绝大部分杂草还未出苗。

2. 茎叶处理

茎叶处理是将除草剂药液均匀喷洒于已出苗的杂草茎叶上。茎叶处理除草剂的选择性主要是通过形态结构和生理生化选择来实现除草保苗的。

茎叶处理受土壤的物理、化学性质影响小，可看草施药，具灵活、机动性。但持效期短，大多只能杀死已出苗的杂草。有些苗后处理除草剂（如芳氧苯氧基丙酸类除草剂）的除草效果受土壤含水量影响较大，在干旱时除草效果下降。把握好茎叶处理的施药时期是达到良好除草效果的关键，施药过早，大部分杂草尚未出土，难以收到良好效果；施药过迟，杂草对除草剂的耐药性增强、除草效果也下降。

除草剂施用可根据实际需要采用不同的施用方式，如满幅、条带、点片、定向处理等。在农田作物生长期施用灭生性除草剂时，一定要采用定向喷雾，通过控制喷头的高度或在喷头上装一个防护罩，控制药液的喷洒方向，使药液接触杂草或土表而不触及作物。如在玉米、棉花地施用草甘膦和百草枯。

涂抹施药法是选用内吸性传导性强的除草剂，利用其位差选择原理，以高浓度的药液通过一种特制的涂抹装置，将除草剂涂抹到杂草植株上，通过杂草茎叶吸收和传导，使药剂进入杂草体内。因此只要杂草局部器官接触到药剂就能起到杀草作用。大豆田则主要用吡氟禾草灵（稳杀得）、氟吡甲禾灵（盖草能）、禾草克防治芦苇等多年生杂草。

3. 其他处理方法

① 超低容量喷雾法　超低容量喷雾法是一种飘移积累性喷雾法，药液的雾化并非借助泵压形成，而是经过高速离心力的作用，因而雾滴直径甚小，仅 100μm 左右。这样细小的雾滴不仅能在植物正面展布，而且也能在植物叶片背面均匀沾着。超低容量喷雾由于药效的浓度较高，故消耗的药液较少，节省用药，提高工效。但是除草剂应用时，一般不采用超低容量喷雾法，原因是药效的浓度较高，使用安全性差除草剂易产生药害。

② 秋季施药法　秋施除草剂是近几年发展起来的施药技术，是防除第二年春季杂草的有效措施。土壤处理除草剂的持效期受挥发、光解、化学和微生物降解、淋溶、土壤胶体吸附等因素影响，其中化学和微生物降解、挥发、光解是主要影响因素。东北地区冬季严寒，微生物基本不活动，秋施除草剂到第二年解冻前降解是极其微小的。播前土壤除草剂秋施药混土，可避免药剂挥发、光解。

秋施药优点是：a. 春季杂草萌发就能接触到药剂，因此防除野燕麦等早春杂草效果好；b. 春季施药时期，即 4 月下旬至 6 月初，大风日数多，占全年大风日数的 45% 左右，空气相对湿度是全年最低的时期，药剂飘移和挥发损失大，对土壤保墒不利；c. 缓冲了春季机械力量紧张的局面，争取农时；d. 增加了对作物的安全性。如秋施氟乐灵对大豆根部的抑制作用比春施轻，因此秋施氟乐灵的大豆田保苗和产量比春施高。

秋施除草剂的技术特点：a. 施药前土壤达播种状态，即地表无大土块和植物残株，切不可将药施后的混土耙地代替施药前整地；b. 施药要均匀，施药前要把药械调整好，使其达到流量准确，雾化良好、喷雾均匀；c. 混土要彻底，施药后 2h 内混土，可采用双列圆盘耙，车速不能低于每小时 6km，车速越快，混土效果越好，混土深度 5～7cm。

③ 航空施药法　航空化学除草是用飞机喷洒除草剂，具有喷洒均匀、效率高、防效好、抢农时等优点。飞机喷洒农药由于雾化好，覆盖均匀，使用浓度高，能充分发挥药剂触杀作用，同样用药量比地面人工和机械喷洒药效好，可节省除草剂。

除 2,4-滴、异噁草酮易挥发飘移，不易用飞机喷洒外，大多数苗前土壤处理除草剂均可用飞机喷洒。苗后茎叶处理除草剂，喷施时要注意除草剂飘移药害。

二、除草剂的剂型和使用的基本原则

1. 除草剂的剂型

由于大部分合成的除草剂原药不能直接施用，须在其中加入一些助剂（如溶剂、填充料、乳化剂、润湿剂、分散剂、黏着剂、抗凝剂、稳定剂等）制成一定含量的适合使用的制剂形态即剂型。据此，除草剂常见的剂型有以下几种。

① 可湿性粉剂（wettable powder，WP）　可湿性粉剂是原药同填充料（如碳酸钙、陶土、白瓷土、滑石粉、白炭黑等）和一定量的润湿剂及稳定剂混合磨制成的粉状制剂，如25%绿麦隆可湿性粉剂。可湿性粉剂易被水润湿，可均匀分散或悬浮于水中，宜用水配成悬浮液喷雾，使用时要不断均匀药液，也可拌成毒土撒施。

② 颗粒剂（granules，G）　颗粒剂由原药加辅助剂和固体载体制成的粒状制剂，加5%丁草胺颗粒剂。颗粒剂多用于水田撒施，遇水崩解，有效成分在水中扩散、分布全田而形成药层。该剂型使用简便、安全，亦称水分散性颗粒剂（wettable dispensiblegranule，WG）。此外，水溶性除草剂如草甘膦可制成水溶性颗粒剂（water solublegranule，SG 或 WSG），其用水稀释后可得到较长时间稳定的几乎透明的液体。

③ 水剂（liquid，L）　水剂是水溶性的农药溶于水中，加一些表面活性剂制成的液剂，如20% 2甲4氯水剂、48%苯达松水剂等，使用时对水喷雾。

④ 可溶性粉剂（soluble powder，SP）　可溶性粉剂是指在使

用浓度下，有效成分能迅速分解而完全溶解于水中的一种剂型，外观呈流动性粉粒。此种剂型的有效成分为水溶性，填料可是水溶性，也可是非水溶性，如10％甲磺隆可溶性粉剂。

⑤ 乳油（emulsifiable concentrate，EC） 原药加乳化剂和溶剂配制成的透明液体。加水后，分散于水中呈乳液状。此剂型脂溶性大、吸附力强，能透过植物表明的蜡质层，最适宜做茎叶喷雾。

⑥ 悬浮剂（suspension，SE） 悬浮剂是难溶于水的固体农药以小于5μm的颗粒分散在液体中形成的稳定悬浮糊剂（水性悬浮剂；suspension concentrate，SC；flowable，FL）与下列浓乳剂混合后制成的。它是将固体和亲油性农药，加入适量的润湿剂、分散剂、增稠剂、防冻剂、消泡剂和水，经湿磨而成。使用前用水稀释。质量好的悬浮剂在长期贮藏后不分层、不结块，用水稀释后易分散、悬浮性好。有的悬浮剂农药品种在贮藏后会出现分层现象，使用前应充分摇匀。

⑦ 浓乳剂（emulsion，oil/water，EW） 浓乳剂是指亲油性有效成分以浓厚的微滴分散在水中呈乳液状的一种剂型，俗称水包油。该种剂型基本不用有机溶剂，因而比乳液安全，对环境影响小，如6.9％骠马浓乳剂。有些除草剂也可制成水质液体分散在非水溶性油质液体连续相中（油包水，emulsion，oil/water，EO）。

⑧ 熏蒸剂（vapour releasing product，VP） 熏蒸剂是在室温下可以气化的制剂。大多数熏蒸剂注入土壤后，其蒸气穿透层能起暂时的土壤消毒作用，如溴甲烷。

⑨ 片剂（tablet，T） 片剂由原药加填料、黏着剂、分散剂、湿润剂等助剂加工而成的片状制剂。该剂型使用方便，有直接投放在水田的水分散性片剂（water dispensible tablet）和稀释后喷雾的水溶性片剂（water soluble tablet）。

2. 影响除草剂使用效果的因素

除草剂的除草效果是其自身的毒力和环境条件综合作用的结果。所以，在田间使用除草剂的药效除了受自身的生物活性大小影响外，还受到环境条件（包括生物因子和非生物因子）和施药技术的影响。

（1）除草剂剂型和加工质量　同一种除草剂不同的剂型对杂草防除效果不尽相同。如莠去津悬浮剂的药效比可湿性粉剂高。因为悬浮剂的莠去津有效成分的粒径比在可湿性粉剂中小，前者的粒径在 $5\mu m$ 以下，而后者大多在 $20\sim30\mu m$。加工质量不好，如细度不够，或有沉淀、结块、乳化性能差，直接影响除草剂的均匀施用，从而降低药效。

（2）环境因素

① 生物因素

a. 作物　作物的种类和生长状况对除草剂的药效有一定的影响，同一种除草剂在不同作物上的药效不一样。因为不同的作物与杂草的竞争力强弱不同。竞争力强、长势好的作物能有效地抑制杂草的生长，防止杂草再出苗，从而提高除草剂的防效。在竞争力弱、长势差的作物地里，施用除草剂后残存的杂草受作物的影响小，很快恢复生长。另外，土壤中杂草种子也可能再次发芽、出苗，造成为害。因此，为了保证除草剂的药效，在确定施用量时，需要考虑到作物的种类和长势。

b. 杂草　不同的杂草种类或同一种杂草不同的叶龄期对某种除草剂的敏感程度不同，因此，杂草群落结构、杂草大小对除草剂的药效影响极大。另外，杂草的密度对除草剂的田间药效亦有一定的影响。

c. 土壤微生物　土壤中某些真菌、细菌和放线菌等可能参与除草剂降解，从而使除草剂的有效生物活性下降。因此，当土壤中分解某种除草剂的微生物种群较大时，则应适当增加该除草剂用量，以保证其药效。

② 非生物因子

a. 土壤条件　土壤质地、有机质含量、pH 和墒情等因素直接影响土壤处理除草剂在土壤中吸附、降解速度、移动和分布状态，从而影响除草剂的药效。在有机质含量高、黏性重的土壤中，除草剂吸附量大，活性低，药效下降。土壤 pH 影响一些除草剂的离子化作用和土壤胶粒表面的极性，从而影响除草剂在土壤中的吸附。土壤 pH 也影响一些除草剂的降解。如磺酰脲类除草剂在酸性土壤中降解快，而在碱性土壤中降解慢。土壤墒情对土壤处理除草剂的药效影响极大，土壤墒情差不利于除草剂药效的发挥。为了保证土壤处理除草剂的药效，在土表干燥时施药，应提高喷药量，或施药后及时浇水。土壤墒情和营养条件影响杂草的出苗和生长，也会影响到除草剂的药效。土壤墒情差，杂草出苗不齐，可降低土壤处理除草剂的药效，对药后处理除草剂也不利。

b. 气候　温度、相对湿度、风、光照、降雨等对除草剂药效均有影响。一般来说，高温、高湿有利于除草剂药效的发挥，风速主要影响施药时除草剂雾滴的沉降。风速过大，除草剂雾滴易飘移，减少在杂草整株上的沉降量，而使除草剂的药效下降。对需光的除草剂来说，光照是发挥除草剂活性的必要条件。光照条件好时使用百草枯能加快杂草的死亡速度，但不利于杂草对该药的吸收，反而可能使除草效果下降。对易光解的除草剂，光照加速其降解，降低其活性。对土壤处理除草剂，施药前后降雨可提高土壤墒情而提高药效。但对茎叶处理除草剂，施药后就下雨，杂草茎、叶上的除草剂会被冲刷掉而降低药效。

③ 施药技术

a. 施药剂量　为了达到经济、安全、有效的目的，除草剂的施药量必须根据杂草的种类、大小和发生量来确定。同时，要考虑到作物的耐药性。杂草叶龄高、密度大，应选用高限量；反之，则选用低限量。

b. 施药时间　许多除草剂是对某种杂草某一生育期而言的。如酰胺类除草剂对未出苗的一年生禾本科杂草有效。在这些杂草出苗后使用，则防效极差，对大龄杂草则无效。又如烟嘧磺隆（玉农乐）对 2～5 叶期杂草效果好，杂草过大时使用则达不到防治效果。

c. 施药质量　在除草剂使用时，施药质量极为重要。施药不均，使得有的地块药量不够，除草效果下降，而有的地块药量过多，有可能造成作物药害。

三、除草剂的分类

除草剂品种繁多，将除草剂进行合理分类，能帮助人们掌握除草剂的特性，从而能合理、有效地使用。

（1）根据除草剂的施用时间分类

① 苗前处理除草剂　这类除草剂在杂草出苗前施用，对未出苗的杂草有效，对出苗杂草活性低或无效。如大多数酰胺类、取代脲类除草剂等。

② 苗后处理剂　这类除草剂在杂草出苗后施用，对出苗的杂草有效，但不能防除未出苗的杂草，如喹禾灵、2 甲 4 氯和草甘膦等。

③ 苗前兼苗后处理剂（或苗后兼苗前处理剂）　这类除草剂既能作为苗前处理剂，也能作为苗后处理剂，如甲磺隆和异丙隆等。

（2）根据除草剂对杂草和作物的选择性分类

① 选择性除草剂　这类除草剂在一定剂量范围内，能杀死杂草，而对作物无毒害，或毒性很低。如 2,4-滴、2 甲 4 氯、百草枯、苯达松、燕麦畏、敌稗和吡氟禾灵（稳杀得）等。除草剂的选择性是相对的，只在一定的剂量下，对作物特定的生长期安全。施用剂量过大或在作物敏感期施用会影响作物的生长和发育，甚至完全杀死作物。

② 非选择性除草剂或灭生性除草剂　这类除草剂对作物和杂草都有毒害作用，如草甘膦、百草枯（克无踪）等。这类除草剂主要用在非耕地或作物出苗前杀灭杂草，或用带有防护罩的喷雾器在作物行间定向喷雾。

（3）根据除草剂对不同类型杂草的活性分类

① 禾本科杂草除草剂　主要是用来防除禾本科杂草的除草剂，如芳氧苯氧基丙酸类除草剂能防除很多一年生或多年生禾本科杂草，对其他杂草无效。又如二氯喹啉酸，对稻田稗草特效，对其他杂草无效或效果不好。

② 莎草科杂草除草剂　主要是用来防除莎草科杂草的除草剂，如杀草隆（莎扑隆）。能在水、旱地防除多种莎草，但对其他杂草效果不好。

③ 阔叶杂草除草剂　主要用来防除阔叶杂草的除草剂，如 2,4-滴、百草敌、灭草松（苯达松）和苯磺隆。

④ 广谱除草剂　有效地防除单、双子叶杂草的除草剂，烟嘧磺隆（玉农乐）能有效地防除玉米地的禾本科杂草和阔叶杂草，又如灭生性的草甘膦对大多数杂草有效。

（4）根据除草剂在植物体内的传导方式分类

① 内吸性传导型除草剂　这类除草剂可被植物根或茎、叶、芽鞘等部位吸收，并经输导组织从吸收部位传导至其他器官，破坏植物体内部结构和生理平衡，造成杂草死亡，如2甲4氯、吡氟禾草灵（稳杀得）和草甘膦等。

② 触杀性除草剂　这类除草剂不能在植物体内传导或移动性很差，只能杀死植物直接接触药剂的部位，不伤及未接触药剂的部位，如敌稗和百草枯等。

（5）根据除草剂对杂草的作用方式分类　除草剂可分为光合作用抑制剂、呼吸作用抑制剂、脂肪酸合成抑制剂、氨基酸合成抑制剂、微管形成抑制剂、生长素干扰剂等。

（6）根据除草剂的化学结构分类　按化学结构分类更能较全面反映除草剂在品种间的本质区别，以避免因同类除草剂的作用机理相同或接近，防除对象也相似造成的混淆或重叠现象。如可分为：苯氧羧酸类、苯甲酸、芳氧苯氧基丙酸类、环己烯酮类、酰胺类、取代脲类、三氮苯类、二苯醚类、联吡啶类、二硝基苯胺类、氨基甲酸酯类、有机磷类、磺酰脲类、咪唑啉酮类、磺酰胺类。

四、除草剂药害类型及诊断

除草剂不同于杀虫剂、杀菌剂，其防治对象——杂草和所保护的对象——作物均属于植物，有着共同的近缘关系。虽然多数除草剂对不同作物具有选择性，但这种选择是相对的，而不是绝对的。当使用不当、环境因素不利时，均可导致药害的发生。

1. 药害的分类

（1）按发生药害的时期分类

① 当季药害　因使用除草剂不当对当时、当季作物造成的药害。如在小麦3叶期以前或拔节期以后使用2甲4氯对小麦造成的药害。

② 残留药害　因使用长残效除草剂对下茬、下季作物造成的药害；或者是前茬使用的除草剂药量过大造成除草剂残留，引起下茬作物药害。如咪唑乙烟酸、异噁草松对后茬敏感作物玉米、瓜类、马铃薯、水稻、蔬菜产生的药害，玉米田使用莠去津对下茬烟草的药害，豆田过量使用氟磺胺草醚对后茬玉米造成药害等。

③ 飘移药害　因使用除草剂发生飘移，对邻近作物造成的药害。如使用2,4-滴丁酯对邻近阔叶植物及树木造成的伤害。

（2）按药害反应的时间分类

① 急性药害　施药数小时或几天内即表现出症状的药害，如2,4-滴丁酯对葡萄的药害。

② 慢性药害　施药后两周或更长时间，甚至在收获产品时表现出症状的药害，如苹果园使用莠去津对苹果树造成的药害。

（3）按药害症状性质分类

① 隐患性药害　药害并没在形态上表现出来，难以直观测定，但最终造成产量和品质下降。如丁草胺对水稻根系的影响而使穗粒数、千粒重等下降。

② 可见性药害　肉眼可分辨的在作物不同部位形态上的异常表现。

（4）按药害的程度分类

① 严重药害　植株大面积枯萎、生长畸形，最后甚至死亡。

② 中等药害　植株部分叶片枯萎、生长弯曲、发育畸形。

③ 轻度药害　植株部分叶片黄化或失绿、生长缓慢。

2. 常用除草剂的药害诊断

药害的总体特点：输导型除草剂药害症状出现晚，往往整株受害，严重者导致绝产，难以恢复；触杀型除草剂药害症状出现快，局部出现症状，若生长点未受害，可以恢复，前期往往表现受害严重。不同类型的除草剂药害表现也不尽相同，主要分为9大类。

（1）苯氧羧酸类除草剂　植物根、茎、叶、花和果实畸形。敏感作物叶片、叶柄和茎尖卷曲，茎基部变粗、肿裂、霉烂。根受害后变短变粗，根毛缺损呈"毛刷状"。如2,4-滴丁酯，2甲4氯。

（2）芳氧苯氧基丙酸类除草剂　首先表现为生长停滞，后表现为叶片变紫、变红或变黄，并逐渐坏死。如精喹禾灵、精吡氟禾草灵、精噁唑禾草灵等。

（3）二硝基苯胺类除草剂　通常不影响种子发芽。禾本科植物胚芽鞘吸收，造成幼芽生长停滞，幼根缩短、变粗、畸形；双子叶植物胚轴吸收，造成胚轴缩短、变粗、肿胀，侧根减少。如氟乐灵、二甲戊乐灵、仲丁灵。

（4）酰胺类除草剂　基本发生在作物发芽期和幼苗期。根变短、变粗、弯曲，侧根减少，幼芽扭曲、畸形，根茎交界处变褐、萎缩，叶片皱缩、心叶扭曲、叶色变浓。如乙草胺、异丙草胺、甲草胺、异丙甲草胺、丁草胺等。

（5）三氮苯类除草剂　首先下部叶片叶缘、叶尖失绿变黄，而后向中基部发展，叶脉通常为淡绿色。根部一般不表现症状。该类除草剂茎叶处理表现为触杀型。如莠去津、扑草净、西草净、嗪草酮等。

（6）酰磺脲类除草剂　根部接触药剂后，表现为侧根少、主根短，逐渐发展为根变黑。幼嫩新叶褪绿变黄、变红，植株矮缩。豆类作物的叶脉变褐。叶面施药，常导致禾本科作物心叶扭曲。如苯磺隆、苄嘧磺隆、烟嘧磺隆、噻吩磺隆、氯嘧磺隆等。

（7）咪唑啉酮类除草剂　幼嫩心叶变薄，或产生黄色褐色条纹，并皱缩变形，叶缘翻卷，植株矮化等。如咪唑乙烟酸、甲氧咪草烟等。

（8）二苯醚类除草剂　叶片产生接触性斑点，严重药害会导致叶片干枯、脱落。轻微药害是本药剂特点，不影响产量。如三氟羧草醚、氟磺胺草醚、乙氧氟草醚、乳氟禾草灵等。

（9）其他除草剂

① 磺草酮、甲基磺草酮　受害叶片褪绿，变为黄白色，部分叶片皱缩。

② 异噁草松　叶片褪绿变白，多由于残留导致下茬药害，另外飘移、挥发均可导致作物药害。

③ 灭草松　导致触杀型药害斑点。

3. 除草剂药害的主要原因

① 使用长残效除草剂　不同作物大面积使用甲磺隆、氯磺隆、咪唑乙烟酸（普施特）、豆磺隆、胺苯磺隆等长残留除草剂，连续多年使用在土壤中持续积累，在轮作农田中对后茬敏感作物造成严重药害，导致作物减产或绝产，甚至发生在施用后2～3年之久。

大豆田使用氯嘧磺隆与咪唑乙烟酸，次年改种水稻，不论直播或插秧，水稻均受害，这种现象最为普遍，损失也最严重；玉米田使用莠去津，次年种植油菜、向日葵、胡萝卜、亚麻、甜菜受害；小麦田使用氯磺隆，次年种植玉米、大豆、高粱受害；油菜田使用胺苯磺隆，次年种植甜菜受害。

② 除草剂混用不当　除草剂合理混用可以提高除草效果，并且省工、省时、省成本、扩大杀草谱、兼治病虫害。但盲目混用不但无增效作用，反而会使药效降低，造成药害。

出现药害的常见品种有敌稗和有机磷类除草剂混用；氨基甲酸类除草剂和杀草丹混用；禾草克和苯达松混用；2,4-滴丁酯、2甲4氯和酸性除草剂混用；吡氟禾草灵（稳杀得）和苯达松混用。

③ 除草剂过量使用、误用　除草剂的施用量和浓度比杀虫剂、杀菌剂更为严格，每种除草剂都有规定的用量。一般农民在使用除草剂时用药量均偏高，认为量越大越好，往往易产生药害。杂草过大时，用药量相对加大使用，也会造成药害。如苯磺隆（巨星）用量过大，可对小麦产生药害。

除草剂用于敏感作物，不同品种除草剂特性不同，对农作物的敏感程度也不一样。如盖草能、吡氟禾草灵（稳杀得）、禾草克等防除阔叶农作物田间的禾本科杂草效果好，但对禾本科农作物小麦、谷子、玉米等产生严重药害甚至死亡，造成严重减产或绝产。

④ 用药时期、方法、间隔期不当　在农作物敏感生育期使用除草剂，农作物在不同的生长发育阶段对除草剂的敏感性也不同。一般农作物的敏感时期是幼芽期和抽穗扬花期，在这个时期使用除草剂很容易造成药害。如2,4-滴丁酯若在小麦3叶前和拔节后到开花期喷施，药害表现为麦穗和叶片扭曲，出现畸形穗或抽不出穗。在施用除草剂时，如果混土深度、盖种厚度、喷液量等不当容易造

成药害。连续施用同一种药剂的间隔期过短，导致药害。

⑤ 药械性能不良、作业不标准、药械清洗不彻底　目前多数农民装备了与小四轮配套的小型喷杆式喷雾机，然而多数压力不足，喷嘴质量差，达不到喷洒除草剂的农艺要求。还有相当一部分使用背负式手动喷雾器，这些手动喷雾器结构简单、价格低廉、材质差、易损坏、压力低、跑冒滴漏现象严重、农艺性能差，不适合喷洒除草剂。

施药机械不标准，田间作业前对机械性能缺乏精确的调试、喷嘴流速不均以及喷洒重复等，都能产生药害。用过除草剂的喷雾器没经彻底清洗，又喷其他药剂，往往致使敏感作物发生药害。

⑥ 作物的不同品种对除草剂的耐性的差异　由于不同的作物对不同的除草剂耐受性差异不同，特别是同一种作物不同的品种对除草剂的耐性也存在差异。在生产中由于种植的品种比较杂，所以造成除草剂的药害问题。

尤其是玉米，不同类型玉米品种对除草剂耐性差异明显。爆裂型、甜玉米品种对除草剂更加敏感，烟嘧磺隆与硝磺酮伤害若干甜玉米与其自交系。

不同基因型所育成的小麦品种对氯磺隆耐药性不同，大豆的不同品种对嗪草酮的耐性也存在差异，往往在部分品种中产生药害。

⑦ 土壤因素　不正确依据土壤湿度、pH 值、土壤类型和有机质含量用药，时常导致发生药害。如豆科威、利谷隆在轻质土坡中，常因降大雨而将药剂淋溶到土壤深层从而产生药害。土壤 pH 值高，长残效除草剂的残效期会变长。

⑧ 气候因素　温度、光照、相对湿度、降雨（引发药液下渗、溅染、积水）、刮风（挥发）等易导致作物产生药害。如使用乙草胺、异丙甲草胺、2,4-滴丁酯、嗪草酮等除草剂，在降雨量增大时，农作物药害表现十分明显。另外，低洼易涝地块相对更易产生药害。

⑨ 除草剂飘移　部分除草剂飘移性大，在规定农作物上施用时，极易飘移到邻近作物上，产生飘移药害。如 2,4-滴丁酯及其混剂在玉米田上应用，邻近的大豆、葵花、瓜等作物上易发生

药害。

⑩ 除草剂自身选择性不强、降解产物、产品质量差　有些除草剂自身选择性不强，对敏感作物易造成伤害。如氟磺胺草醚，嗪草酮（赛克津）等。除草剂在土壤中通过各种方式进行降解，有些除草剂的降解产物对作物也有伤害，如杀草丹等。

4. 除草剂药害的补救措施

处理药害的原则：对于药害十分严重的，估计最终产量损失60%以上，甚至绝产的地块，应立即改种其他作物，以免延误农时，带来更大的损失。而对于药害较轻的地块，可采取以下几种措施来补救。

① 喷水淋洗　若是由叶面和植株喷洒某种除草剂而发生的药害，可以迅速用大量清水喷洒受药害的作物叶面，反复喷洒清水2～3次，增施磷钾肥，中耕松土，促进根系发育，以增强作物恢复能力。

同时，由于大量用清水淋洗，使作物吸收较多水，增加了作物细胞中的水分，对作物体内的药剂浓度能起到一定的稀释作用，也能在一定程度上起到减轻药害的作用。

② 使用叶面肥及植物生长调节剂　在发生药害的农作物上，可迅速施尿素等速效肥料增加养分，或喷施含有腐植酸、黄腐酸的叶面肥；喷施植物生长调节剂赤霉素、芸薹素内酯、复硝酚钠、生根粉等，可缓解乙草胺、莠去津等除草剂产生的药害。

③ 保护剂应用　保护剂能增加作物对除草剂的耐性，提高除草剂的选择性及扩大除草剂的使用范围，并能保护作物免受除草剂的伤害。

有些保护剂对除草剂有一定的解毒作用，保护剂增加敏感作物对此类除草剂的耐性。保护剂对硫代氨基甲酸酯类、卤代乙酰胺类和均三氮苯类除草剂解毒作用明显。萘二甲酐（NA）已经证明能保护几种作物免受二十几种除草剂的伤害。

④ 去除药害较严重的部位　在果树上较常用，对受害较重的树枝，应迅速去除，以免药剂继续下运传导和渗透，并迅速灌水，以防止药害继续扩大。

⑤ 加强田间管理　稻田出现药害时，应立即排掉含毒田水，并继续用清水冲灌。土壤处理剂药害，原则上不采用漫灌水，茎叶处理剂药害，可适当灌溉。

第三节　除草剂其他相关知识

一、除草剂真伪及简单识别方法

1. 合格的除草剂标签

标签内容应包括品名、规格、剂型、有效成分（用我国除草剂通用名称，用质量百分含量表明有效成分含量）、除草剂登记证号、产品标准代号、准产证号、净重或净体积、适用范围、使用方法、施用禁忌、中毒症状和急救、药害、安全间隔期、储存要求等。还应标示毒性标志和除草剂类别标志，以及生产日期和批号。

国外除草剂在我国销售，必须先在我国进行登记，因此进口除草剂标签上应有我国除草剂登记证号和在我国登记的中文商品名，标签上除无标准代号和准产证号外，其他内容应与国内除草剂标签要求一致。

合格除草剂的标签具体包括以下内容。

① 除草剂名称（包括有效成分的中文通用名）、百分含量和剂型，进口除草剂要用商品名。

② 除草剂登记证号、生产许可证号或生产批准证书号（进口除草剂按规定只有登记号而不需生产许可证号）。

③ 净重（g 或 kg）或净容量（mL 或 L）。

④ 生产厂名、地址、电话和邮编等。

⑤ 除草剂类别，如苯氧羧酸类、二硝基苯胺类除草剂等。

⑥ 使用说明书：a. 产品特性，登记作物及防治对象，施用日期，用药量和施用方法；b. 限用范围；c. 与其他除草剂或物质混用禁忌。

⑦ 毒性分级、标志及注意事项：a. 毒性标志；b. 中毒主要症状和急救措施；c. 安全警句；d. 安全间隔区（即最后一次施药至收获前的时间）；e. 储存的特殊要求。

⑧ 生产日期和批号。

⑨ 质量保证期。

2. 合格的除草剂包装

① 外包装　根据相关规定，除草剂的外包装箱应采用带防潮层的瓦楞纸板。外包装容器要有标签，在标签上标明品名、类别、规格、毛重、净重、生产日期、批号、储运指示标志、毒性标志、生产厂名。除草剂外包装容器中必须有合格证、说明书。液体除草剂制剂一般每箱不得超过 15kg，固体除草剂制剂每袋净重不得超过 25kg。

② 内包装　除草剂制剂内包装上必须牢固粘贴标签，或直接印刷，标示在小包装上。除草剂标签具有法律效力，如果用户按除草剂标签上的使用方法施药，没有药效，甚至出现药害，厂家应负全部责任。除草剂内包装材料要坚固，严密不渗漏，不影响除草剂质量。乳油等液体除草剂制剂一般用玻璃瓶、金属瓶或塑料瓶盛装，加配内塞外盖，部分采用了一次性防盗盖。粉剂一般采用纸袋、塑料袋或塑料瓶、铝塑压膜袋包装。

3. 除草剂的常见加工剂型识别

除草剂分原药和制剂（成药）两类。原药是未加工的除草剂，主要供加工成药用，一般不直接施用，固体叫原粉，液体叫原油。原粉加填料加助剂制成可湿性粉剂，如二氯喹啉可湿性粉剂等；原油加溶剂加乳化剂制成乳油等，如丁草胺乳油等。常用除草剂从剂型上分有乳油、粉剂、可湿性粉剂、悬浮剂、颗粒剂等。

① 乳油　一般是浅黄色或深棕色单相透明液体，加水稀释后施用。检验时先看颜色，再看乳化性能，如乳油有分层、沉淀或悬浮物，溶液浑浊或流动性不好，可以判断为劣质除草剂。乳油除草剂多为玻璃瓶包装，先用肉眼观察是否上下均匀一致，如发现有分层现象，可将瓶子上下振荡，待 1h 后，如不再有分层现象，说明此除草剂有效；如仍出现分层，说明除草剂已失效。

② 粉剂　细度按国家标准规定 85％通过 200 目筛，不结块，而且流动性好，可直接喷施作物。鉴别时，可取清水一杯，加入适量药粉搅匀，静置半小时，如粉末全部溶解无沉淀，说明此除草剂没有失效。还可以取清水一杯，将除草剂药粉轻轻洒在水面上，如 1min 内粉末全部渗入水中，说明药物没有失效；如粉末长时间不浸润，说明除草剂已失效。

③ 可湿性粉剂　具有一定细度（国家标准规定 95％通过 325 目筛），能被水润湿并均匀悬浮在水中，施用时应按规定倍数对水稀释。合格品不结团，不成块，易分散，润湿时间小于 15min，悬浮率大于 40％；不合格品成团结块，不易分散，润湿时间大于 15min。

④ 悬浮剂　黏稠状可以流动的液体制剂，在水中具有良好的分散性和悬浮性，可以任何比例与水混合。合格品久置不分层，偶有分层现象经摇振即可恢复不分层状态；不合格品分层，摇振后不易恢复，水中分散性、悬浮性都不好。

⑤ 颗粒剂　颗粒均匀、具有一定硬度，不易破碎的固体制剂，一般是用沙子等固体颗粒吸附一定药剂制成。

4. 真假除草剂的识别方法

（1）失效除草剂鉴别

① 直观法　对粉剂除草剂，先看药剂外表，如果已经明显受潮结块，药味不浓或有其他异味，并能用手搓成团，说明已基本失效；对乳油除草剂，先将药剂瓶静置，如果药液浑浊不清或分层（即油水分离），有沉淀物生成或絮状物悬浮，说明药剂可能已经失效。

② 加热法　适用于粉剂除草剂。取除草剂 5～10g 放在金属片上加热，如果产生大量白烟，并有浓烈的刺鼻气味，说明药剂良好，否则说明已经失效。

③ 漂浮法　适用于可湿性粉剂除草剂。先取 200mL 清水，再取 1g 除草剂，轻轻地、均匀地撒在水面上，仔细观察，在 1min 内湿润并能溶于水的，是未失效的除草剂，否则即为已经失效的除草剂。

④ 悬浮法　适用于可湿性粉剂除草剂。取除草剂30～50g，放在玻璃容器内，先加少量水调成糊状，再加入150～250g清水摇匀，静置10min观察，未失效的除草剂溶解性好，药液中悬浮的粉粒细小，沉降速度慢且沉淀量少；失效的除草剂则与之相反。

⑤ 振荡法　适用乳油除草剂。对于出现油水分层的除草剂，先用力振荡药瓶，静置1h后观察，如果仍出现分层，说明药液已变质失效。

⑥ 热溶性　适用于乳油除草剂。把有沉淀物的除草剂连瓶一起放入50～60℃的温水中，经1h后观察，若沉淀物慢慢溶解说明药剂尚未失效，若沉淀不溶解或很难溶解，说明已经失效。

⑦ 稀释法　适用于乳油除草剂。取除草剂50g，放在玻璃瓶中，加入清水150g，用力振荡后静置30min，如果药液呈均匀的乳白色，且上无浮油，下无沉淀，说明药剂良好，否则即为失效除草剂。

（2）假除草剂鉴别

① 灼烧法　对于粉剂，取4～5g放在酌烫的金属薄皮上，若冒白烟，证明此药失效或是假药。

② 包装鉴别法　一般假冒除草剂包装粗糙，如包装形式不符合储存、运输及使用要求，外包装无防潮层，内包装简陋易损。

③ 标签鉴别法　标签应有品名、规格、净重、生产厂名、除草剂登记号、使用说明、产品标准号、注意事项、生产日期、批号或毒性标志。

④ 外观、气味鉴定法　例如，丁草胺：浅蓝色药液，有芳香味。45％氟乐灵：药液为红色，对水后为黄色。除草醚：粉剂为黑褐色粉末，可湿性粉剂为淡黄色粉末。

二、除草剂中毒及急救

1. 除草剂中毒

农药中毒是指在农药接触的过程中，如果进入人体的农药，超过人体正常的最大耐受量，使生理功能失调，引起毒性危害和病理性变化而出现一系列中毒症状。

除草剂一般是通过破坏植物生命特有的代谢过程选择性地毒杀杂草，对哺乳动物的内吸毒性一般较低。但是如果处理操作不当，有些除草剂可能引起严重中毒刺激眼睛、皮肤和黏膜。例如，大量接触五氯酚钠引起严重中毒和死亡。百草枯污染眼睛时引起严重结膜炎，有时持久不愈，甚至留下永久性角膜浑浊。如果皮肤持续受污染有可能引起致死性中毒，当吞服的百草枯达到一定量时，对胃肠道、肾、肝、心和其他脏器均有危及生命的危险。

除草剂中毒一般可分为急性和慢性中毒两种。

① 急性中毒　往往是一次性口服、吸入农药或皮肤大量接触农药后很快表现出中毒症状。其中毒症状主要为疲乏无力、头疼、流汗、视力模糊、呕吐、肌肉抽搐、头晕、流涎、呼吸困难、眼睛受刺激、皮肤出现红疹、瞳孔缩小、腹痛腹泻、休克等。如百草枯中毒早期症状有头晕、头疼、发烧、肌病以及腹泻（有时为血性腹泻）等；吞服百草枯2～4d后出现咳嗽、呼吸困难和呼吸急促并迅速出现紫癜症状，最后昏迷甚至死亡。

② 慢性中毒　是指长期服用或接触少量药剂，逐渐表现出中毒症状。慢性中毒症状不仅可在本人身上表现出来，甚至还会在后代身上表现出来。中毒症状主要表现为"三致"，即致癌性、致畸性和致突变性。如2,4,5-滴可引起怪胎，这类农药现已禁用。五氯酚、二硝酚等苯酚类除草剂对鱼类都有极高的毒性，氟乐灵对鱼类毒性也很高。没有接触过除草剂农药的人，由于食物链传送的关系（如食氟乐灵中毒的鱼），也会因食物含毒而慢性中毒，这就是所谓公害问题。不仅影响面大，而且后果严重。

2. 除草剂中毒症状及急救方法

常用的除草剂大多为中、低等毒性的农药。五氯酚钠、2,4-D类、氯酸钠等为中等毒性；敌稗、扑草净、西玛津、阿特拉津等属低毒农药。

联吡啶类的百草枯、敌草快等除草剂经口中毒后会使心、肺、肝、肾等脏器受损，但大多数中毒者多是故意吞服自杀，还没有在使用中引起中毒的报道。在使用除草剂中因不按操作规程，使药液与皮肤、眼睛、黏膜接触，会产生刺激作用，可引起过敏性皮炎，眼睛刺激和疼痛，鼻黏膜受刺激有辣味感，上呼吸道受刺激后引起咳嗽等症状。

（1）五氯酚钠　五氯酚钠可由呼吸道、消化道以及皮肤进入人体引起中毒，但无蓄积作用，在进入人体后24h内就有70％随尿排出，4％～7％从胃肠道排出，在4d内可排尽。五氯酚钠对肝、肾有一定损害，从呼吸道吸入可引起肺炎，对皮肤黏膜有刺激作用，可发生接触性皮炎。

中毒症状

① 急性中毒　轻度中毒表现为乏力、头痛、头晕、胸闷、多汗、食欲减退、下肢无力等症状。重度中毒除上述症状外还表现出大汗淋漓、发热、脱水、恶心、呕吐、抽搐、昏迷、呼吸困难等症状，甚至出现呼吸肌麻痹、循环衰竭等症状。急性期后会出现肝肿大，肝功能异常，从尿、血中可测出五氯酚钠，血糖增高，尿糖，酮体阳性，基础代谢增高。

② 慢性中毒　多发生在生产工人中，表现出低热、失眠、心悸、低血压等症状，有的还会发生血小板减少性紫癜、周围神经炎等。皮肤中毒可引起皮炎，出现烧灼感、瘙痒、红肿、水疱、手掌脱皮。还可引起眼睛刺痛、流泪、结膜炎等。鼻腔黏膜受刺激后，有辣味感，引起刺激性咳嗽、气短、胸闷等。

急救治疗

① 经口中毒者应立即进行催吐、洗胃。用2％碳酸氢钠洗胃。皮肤污染用肥皂水、清水彻底冲洗。

② 因无特效解毒剂，应对症治疗。脱水可进行补液维持电解质平衡。抽搐用牛黄安宫丸。严禁使用阿托品及巴比妥类药物，以免增加毒性，加重病情。在治疗时要使用保护肝、肾的药物。

（2）苯氧羧酸类　苯氧羧酸类除草剂有2,4-滴、2甲4氯、2,4-滴丁酯等。这类农药主要经消化道、呼吸道及皮肤进入人体内，但在体内停留的时间较短，约6h可随尿排出。这类农药在体内较稳定，基本不转化。它们在体内作用主要是刺激胆碱能系统，减少胰岛素分泌，抑制肾上腺皮质激素的形成。2,4-D钠盐、2甲4氯不易被皮肤吸收，对皮肤刺激性小。若发生中毒，应予以催吐、洗胃等，加速农药的排出。

（3）氯酸钠　氯酸钠是灭生性除草剂，仅用于非耕地区。它经消化道吸入进入体内，大部分以原形经肾排出。它对消化道黏膜有刺激作用，可使血红蛋白变为高铁血红蛋白，使红细胞溶解，产生大量组胺，大量的组胺可使内脏毛细管扩张，渗透性增加，而引起肾小管肿胀、变性、坏死。氯酸钠对人的致死量（LD_{50}）为 15～25g，致死原因为高铁血红蛋白血症以及急性肾功能衰竭。

中毒症状

中毒者表现为恶心、呕吐、腹痛、腹泻、头痛、头昏、乏力、怕冷、四肢麻木、呼吸困难、紫绀、尿少等，严重时出现谵妄、痉挛、休克、肝肿大、黄疸、急性肾功能衰竭等。

急救治疗

① 误食中毒时应立即催吐、洗胃、导泻，给予牛奶、蛋清等保护胃黏膜。

② 口服或静脉点滴碳酸钠或乳酸钠等碱性药物，以促进氯酸钠溶解，减少阻塞，加快排泄，减少对肾功能的损害。

③ 有肾衰竭症状时按少尿阶段及多尿阶段对症治疗。少尿阶段，给高糖、高热量、低蛋白饮食，液体摄入以量出为入，宁少勿多为原则，成人每天控制在 500mL 加上前一天尿量。要注意电解质和酸碱平衡，如有严重尿毒症不好转时，可用腹膜及血液透析治疗。多尿阶段，以补液为主，一般为尿量的 2/3，以不出现失水现象为准。使用利尿剂时，可用速尿灵或利尿酸钠，剂量可按每千克体重 0.5～1.0mg 计算。应用抗生素治疗感染时，少尿阶段用量少，多尿阶段要加大用量。可采用肾区热敷或理疗、肾周围封闭治疗等解除肾血管痉挛。

④ 大量的维生素 C 静脉滴注，每日两次，加 25％硫代硫酸钠溶液 10mL 静脉注射。

⑤ 患有高铁血红蛋白血症时，用山美蓝溶液以 25％葡萄糖溶液稀释后缓慢静脉滴注。美蓝的剂量按每千克体重 1～2mg。如用药 2h 后仍未好转，再重复注射一次。

⑥ 有严重贫血时，进行输血。

⑦ 严禁中毒者饮酒，因酒可影响高铁血红蛋白还原。

（4）敌稗　敌稗毒性低，不易引起中毒。中毒时仅对皮肤、眼睛有刺激作用。发生中毒时，按以下方法急救治疗。

① 表现为接触性皮炎者可用3%硼酸溶液湿敷，待皮疹无渗出液后可局部涂炉甘石洗剂，皮肤结痂后可涂新霉素糖馏糊剂。

② 每日一次用0.5～1g硫代硫酸钠静脉注射。内服抗过敏药，禁止用热水洗。

（5）扑草净和西玛津　扑草净和西玛津的毒性较低，一般不易引起中毒，如果误服或通过呼吸道长时间吸入，也可引起中毒。

中毒症状

① 慢性中毒症状　慢性中毒症状表现为体重下降，尿量增加，血红细胞减少，血红蛋白含量降低。

② 急性中毒症状　急性中毒症状表现为全身乏力，头部发晕，口内有异味，嗅觉减退或消失。若呼吸道受刺激，严重时会出现支气管肺炎、肺水肿及肝、肾功能受损害。

急救治疗

① 对呼吸困难者应及时给予吸氧。

② 可用维生素B、铁剂、钴剂等药物进行治疗。

③ 应用抗生素抗感染。

（6）百草枯和敌草快　百草枯和敌草快均属联吡啶类化合物。这类除草剂在吞服后会损伤大部分内脏器官，尤其是肺、心、肝、肾脏，大量服用后几小时就可致死。百草枯和敌草快的大部分中毒多因故意自杀吞服引起。虽然代谢产物联吡啶在肠内的吸收速度相对较慢，但口服超过中毒剂量的百草枯或敌草快后，在6～18h内联吡啶就会在体内大量分布，在各重要脏器和组织中的量可达到致死。这时，即使立即采取清除血液中的联吡啶的措施，也很不容易减轻机体内各器官的负荷量。

中毒症状

百草枯、敌草快的浓缩溶液被接触后能引起组织损伤、手皮肤干裂和指甲脱落。长期接触皮肤出现水泡和溃疡。经皮大量吸收后会引起全身中毒，长期吸入喷雾微滴会引起鼻出血。眼睛被污染后会引起严重结膜炎，造成长期不愈而成永久性角膜浑浊。

① 百草枯的中毒症状　百草枯经口进入体内超过一定量后，对胃肠道、肝、肾、心、肺的损害作用均可危及生命。根据临床经验，一是吞服百草枯的量按每千克体重计算，少于20mg（对于成人，少于7.5mL 20％百草枯浓缩液）时，无症状表现，或仅出现胃肠道症状，一般能恢复。二是吸入体内的百草枯的量达到每千克体重20~40mg（对于成人，其量相当于7.5~15mL 20％百草枯浓缩液）时，胃肠道、肾、肝、肺受损，肺部纤维化，多数会出现死亡，但可拖延2~3周。三是当吸入体内的百草枯的量超过每千克体重40mg（对于成人，这个量相当于多于15mL 20％百草枯浓缩液）时，胃肠道、肾、肝、肺严重受损，发展速度很快，口咽部出现明显溃疡，在1~7d内死亡率达100％。

百草枯引起全身中毒的表现分为三个阶段　第一阶段，口咽、食道、胃、小肠等的黏膜层出现肿胀、水肿、溃疡。第二阶段，中央区肝细胞受损伤，近端肾小管受损，心肌、骨骼出现局部坏死，有的还出现神经系统和胰腺受损。第三阶段，一般在吞服后2~14d症状表现明显，百草枯主要集中在肺组织内，破坏肺的实质细胞，使肺出血、水肿，以及使白细胞浸入肺泡，肺细胞纤维化细胞增殖，气体交换严重受损，致使血液和组织缺氧而导致死亡。

百草枯对肾小管细胞的损害作用有可逆的倾向，因正常的肾小管细胞能有效消除血液中的百草枯，将其分泌到尿中去。但毒物血浓度太高时，中毒能完全破坏肾细胞，引起肾衰竭，使百草枯停留在组织内（包括在肺部组织内）。这些病变可在吞服百草枯后前几个小时内发生，而且是在采取治疗措施生效前便在肺组织内形成致死浓度。肝脏损伤严重时会引起黄疸，但肝脏毒性很少成为确定临床预后的因素。

吞服百草枯的早期中毒症状和体征　口腔、咽喉、胸、上腹部有烧灼性疼痛，这是由于百草枯对黏膜层的腐蚀作用所引起的。症状表现有头晕、头痛、发烧、肌痛、腹泻（还会出现血性腹泻），也可导致胰腺炎引起严重腹疼。肾受损伤后出现血尿、蛋白尿、脓尿、氮血尿。肾小管细胞急性坏死会出现少尿和缺尿。

吞服百草枯2～4d后出现咳嗽、呼吸困难、呼吸急促等症状，也有吞服14d后表现症状的情况。如果很快出现紫绀，常会发生昏迷，然后死亡。有时出现泡沫痰（肺水肿），咳嗽是肺损伤的早期症状表现。据报道，近年来，百草枯作为自杀用药的趋势有所增加，尤其在日本。因此，为了减少服用百草枯自杀的发生，已在百草枯的产品内加入致吐剂、恶臭剂、胶体形成剂等。

② 敌草快的中毒症状　敌草快对皮肤的损伤要小于百草枯，但在接触大量敌草快时，可经擦伤或溃疡和溃烂的皮肤吸入体内。敌草快不像百草枯对肺的损伤那样突出，但对中枢神经系统有严重的毒害作用，对肾脏的损伤与百草枯相同，也是经肾脏排出为主要途径。吞服中毒症状的早期表现与百草枯相似，对组织具有腐蚀作用，口、喉、胸、腹部有烧灼性疼痛。早期症状还有兴奋、烦躁不安、定向困难和精神病表现的病例。中毒后，有强烈的恶心、呕吐，呕吐物和粪便可能带血，有的还出现肠阻塞、绞痛，并伴有大量液体在肠内贮留。还有脱水、低血压、心跳过速症状，休克往往是引起死亡的常见原因。肝脏受损表现出黄疸，心肌受损出现循环功能衰竭，也会发生支气管肺炎。

急救治疗

① 皮肤被污染后应用大量清水冲洗。眼睛受污染时必须先用清水长时间清洗，再请眼科医生治疗。出现皮炎、裂纹、继发感染或指甲受损伤时，必须及时请皮肤科医生治疗。

② 经口吸入引起的中毒，应立即服用吸附剂皂黏土（Bentonite，7.5%悬液，一种主要成分为硅铝酸镁的黏土）、漂白土（Fullers earth，30%悬液），其效果较好，这是一项中毒预后最有效的治疗措施。服用皂黏土、漂白土的剂量：成人和12岁以上儿童100～150g，12岁以下儿童每千克体重2g。需注意的是，有时会出现高钙血症和粪石。迅速服用吸附剂和彻底洗肠是使病人能存活的最佳措施，应使病人尽快服用30g/240mL悬液，即使已自发呕吐后，也要鼓励病人服用吸附剂。在呼吸保持畅通的情况下，插入胃管，多次用吸附剂浆进行灌洗，将吸附剂浆逐渐灌入肠内，直

到肠内不能接受为止。每2～4h重复服用活性炭和其他吸附剂，首次服用时可加入山梨醇，其剂量为：成人和12岁以上儿童每千克体重1.0～1.5g，最大量为150g。需特别指出的是，山梨醇溶液应按1：1用水稀释后服用。还应特别注意，由于农药已对食道和胃造成腐蚀性损伤，极易造成穿孔，因此在插胃管时应特别小心。如果发现有肠阻塞，胃管输液要缓慢或停止。

③ 不要轻易增加氧气，肺内的高浓度氧会增加百草枯或敌草快引起的肺损伤。只有当肺损伤到不能恢复时，为了解除病人缺氧的症状，可给氧。

④ 可静脉滴注等渗盐水、林格氏溶液、5％葡萄糖水溶液。早期中毒时输液，可加快毒物的排出，纠正脱水现象，改善酸中毒等。如肾脏出现衰竭，必须立即停止输液。

⑤ 可采用经玻璃纸覆盖的活性炭进行血液灌流，此法可有效地除去血液中的百草枯。但在试用血液灌流时，要监视血钙和血小板的浓度，一旦发现减少，要及时给予补充。

⑥ 敌草快中毒出现惊厥和精神病行为时，可以缓慢地静注安定，这是最佳控制措施。安定的剂量：成人和12岁以上儿童5～10mg，每10～15min重复一次，最大量为30mg。5～12岁儿童每千克体重0.25～0.40mg。每15min重复一次，最大量为10mg。5岁以下儿童每千克体重0.25～0.40mg，每15min重复一次，最大量为5mg。

⑦ 药物治疗。皮质类固醇、过氧化物歧化酶、心得安、环磷酰胺、维生素E、核黄素、烟酸、维生素C、安妥明、去铁敏、乙酰半胱氨酸、水合萜二醇等，都曾用于百草枯和敌草快中毒的治疗，但还没有其有效或有害的证明。

⑧ 口腔、咽部、食道黏膜深层溃烂，胰腺炎、肠炎引起腹痛等时，可用硫酸吗啡镇痛。成人和12岁以上儿童的剂量：10～15mg皮下注射，每4h一次。12岁以下儿童剂量：每千克体重0.1～0.2mg，每4h一次。

⑨ 口腔、咽部疼痛，可采用漱口、冷饮或麻醉等帮助解除疼痛。

三、自然因素对除草剂药效的影响

除草剂的除草效果受许多因素制约,如除草剂种类、当地的杂草种类及其生育阶段、土壤类型和复杂的气候条件等,都会影响除草剂的药效。

但主要影响除草剂药效的是土壤质地和有机质含量、土壤水分、土壤 pH 值、土壤微生物与气象因素等。

1. 风、雨对除草剂药效的影响

① 在风速超过 8m/s 的条件下喷洒除草剂,药效会降低 5%。干旱的气候条件下,大风可把施过除草剂的表层药膜刮走。

② 如果田间风速超过 3 级的大风天应停止除草剂施药作业。

③ 土壤湿度是靠降雨来调节的,施在土壤表层的除草剂需要适度的降雨,将其淋溶到杂草种子发芽和根系生长的土层深度,使之充分接触和吸收。

④ 适时降雨和合适的雨量(以 10~15mm)为宜,有利于土壤处理的除草剂发挥药效。

⑤ 北方地区春播作物播后芽前施药往往药效不显著,主要是土壤干燥和施药后无雨。

⑥ 一般除草剂处理 4~6h 后,降雨对除草剂效果影响很小。

2. 温、湿度对除草剂药效影响

除草剂的使用效果与温度高低成正比。温度高能加速除草剂在植物体内的传导,同时气温也影响药剂的吸收,杂草吸收和输送药剂的能力强,除草剂容易在杂草的敏感部位起作用,发挥良好的除草效果。喷药后的最初 10h 内温度影响药剂吸收的效应最显著。高温季节应在上午 10 点前、下午 4 点后施药,低温季节则最好在上午 10 点后至下午 3 点前施药。

在温度低的天气条件下,除草剂的使用效果不仅会明显降低,而且农作物体内的解毒作用会因气温低而比较缓慢,从而诱发药害。

取代脲类除草剂在正常土温情况下需 5~10d 见效,而早春 5~7d 即可见效,但也有特例:如 2 甲 4 氯应用小麦田除草,在低温条件下（20℃以下）其除草效果比 2,4-滴丁酯好，而且对作物安全，使用除草剂最适宜的温度为 20～35℃。

湿度一般指空气湿度，对除草剂的杀草效果产生很大的影响，在空气湿度比较大的情况下施用茎叶除草剂，可延缓杂草表面的干燥时间，有利于杂草叶面气孔开放，从而吸收大量的除草剂，达到提高除草效果的目的。

湿度过大，杂草叶面结露导致药液流失，降低药效；湿度过小，杂草难以吸收除草剂，除草效果差；干旱条件下，作物和杂草生长缓慢，作物耐药性差，有利于杂草茎叶形成较厚的角质层，降低茎叶的可湿润性，影响对除草剂的吸收。

3. 日照、干旱对除草剂药效的影响

日照条件下，有利于杂草对除草剂吸收和传导，光合作用与日照成正比，而除草剂的运转是随着光合作用产生的糖类通过筛管传导的。强日照条件下，温度升高，除草剂活性增强，提高除草剂功效；日照弱时，喷洒茎叶处理除草剂时，药剂的传导也弱，若缺乏光照，甚至不能传导。

不同的除草剂对光有不同的反应，如除草醚、百草枯等是光活性除草剂，在光的作用下才起杀草作用。西马津、敌草隆等光合作用抑制剂也需在有光的情况下，才能发挥杂草的光合作用，发挥除草效果。但是有些除草剂在阳光照射下很快被分解失效或挥发，如氟乐灵、灭草猛等见光后易发生光解而失效。因此，这类土壤处理的除草剂施药时要浅混土才能发挥除草作用。

4. 水质对除草剂药效的影响

水质对除草剂的影响主要是指稀释除草剂所用水的硬度和酸碱度。硬度是指 100mL 水中含钙离子和镁离子的多少，由于这两种元素易与某些除草剂的有效成分结合生成盐类，而被土壤固定，所以硬度大的水会使除草剂药效下降。加入肥料助剂硫酸铵，硫酸根和水中钙离子与镁离子结合形成硫酸盐，从而克服后者对除草剂除草效果的影响，并能够明显提高除草剂除草活性。

5. 土壤条件

土壤处理除草剂的杀草效果受土壤条件影响明显。但主要影响除草剂药效的是土壤质地和有机质含量、土壤水分、土壤 pH 值、土壤微生物等。

① 土壤质地对除草剂药效的影响　土壤处理除草剂的杀草效果以沙土、壤土、黏土顺序递减，对作物的药害也以沙土、壤土、黏土顺序递减。一般黑土和细土比浅色的粗质土需要施入的除草剂多，原因是细土颗粒胶体具有较大的表面积，吸附量大。一般来说，沙质土对除草剂吸附较少，使用土壤处理药剂时宜低量；黏质土一般较沙质土对药剂的吸附能力强，用药剂量稍高。

② 有机质含量对除草剂药效的影响　土壤有机质含量关系到单位面积除草剂的用量，这是因为有机质具有吸附作用和某些微生物的强烈繁殖而造成其分解，从而降低药效。土壤有机质含量高，对除草剂吸附能力强，除草剂药液不易在土壤中移动而形成稳定的除草剂药层，出现封不住的现象，从而降低除草剂的活性。有机质含量高的地块，为保证药效，使用土壤处理剂除草时，应加大除草剂的使用量或采取苗后茎叶处理。

③ 土壤水分对除草剂药效的影响　土壤墒情好，水分充足，作物和杂草生长旺盛，有利于作物分解除草剂和杂草吸收除草剂，并在杂草体内传导运输，从而达到最佳除草效果。干旱情况下，除草剂的分子则被牢固地吸附在土粒表面，较难发挥除草作用。水分过多时，除草剂的分子游离在水中，发生解吸附现象，药剂脱离土粒的吸附随水分的移动而流失。

④ 土壤 pH 值对除草剂药效的影响　土壤 pH 值主要通过影响吸附除草剂与土壤成分的化学反应而间接影响淋溶。一般除草剂当 pH 值在 5.5～7.5 时能较好地发挥作用。

氯磺隆在酸性土壤中降解速度快，影响药效；在碱性土壤中降解速度慢，易对后茬造成药害。咪唑啉酮类和磺酰脲类除草剂的活性随着土壤 pH 的增加而增加，磺酰脲类除草剂在高 pH 时残留严重($pH > 6.8$)；磺酰脲类除草剂在 $pH < 7$ 时，不能溶解，大多数被土壤和有机质吸附；当 $pH > 7$ 时，除草剂分子游离出来，可以被作物吸收。

四、提高除草剂防效的技术措施

1. 除草剂品种的选择

① 根据除草剂特性选择除草剂　在选择除草剂时，应选择高效、低毒、低残留的除草剂。

根据除草剂的作用原理来选择除草剂。如作物田选择选择性除草剂，非耕田选择灭生性除草剂。土壤水分含量较好，土壤有机质适中选择土壤处理剂；土壤干旱条件下，土壤有机质含量过高应选用茎叶处理剂。

根据除草剂的杀草谱不同，选择合适的除草剂。如莠去津和烟嘧磺隆（玉农乐）同是玉米田除草剂，但莠去津只能在播期使用，对 3 叶期以后的杂草不能杀死，玉农乐对玉米田后期杂草有良好效果且不伤害玉米。

② 根据杂草种类选择除草剂　应根据杂草的种类、生长发育特性选择除草剂。阔叶杂草选择阔叶除草剂，禾本科杂草使用禾本科除草剂，阔叶杂草和禾本科杂草混生则二者混用或合剂。多年生杂草，一般选用传导性除草剂；一年生或两年生杂草，既可选用传导性除草剂，又可选用触杀性除草剂。

③ 根据作物选择除草剂　同一种作物当中，应选择应用剂量范围大、施用时间幅度宽的安全性除草剂。特别对于大龄杂草，应选用安全性比较强的品种。同时避免选择吡嘧磺隆、异噁草松（广灭灵）、咪草烟、氯嘧磺隆、甲磺隆、氯磺隆等长残效除草剂，以免对后茬敏感作物造成药害。如果必须施用长残效除草剂时，应根据杂草特性、气候条件和土壤特性适当降低其用量。

2. 除草剂混用

除草剂混用是指将两种或两种以上除草剂混合在一起使用的方法。在生产中，除草剂混用极为普遍。这是由于杂草一般都是多种混生在一起的，而每种除草剂却有它一定的杀草范围，因此使用一种除草剂难以防除多种杂草。同时，长期单用某种除草剂，还会引起杂草群落的变化，某些杂草会受到抑制，而另一些杂草会成为优势种或恶性杂草；此外，长期单用某种除草剂还有可能逐渐增强杂草的耐药性。因此，实际应用时一般采用两种或两种以上的除草剂混配使用。

（1）除草剂之间混用遵循原则

① 各有效成分混配后应是增效而不增毒。如禾草敌既是除草剂，又是敌稗的助剂，二者混用可以使敌稗对杂草叶面的渗透加速，作用增强。拮抗作用表现出除草剂混用后防治效果下降，如2,4-滴丁酯与禾草灵混用，禾草灵药效完全丧失。

除草剂混用是为了达到某个目标而将不同除草剂有机地混配在一起。混用后如果表现出拮抗作用，则不论哪种形式何种目的，都是不能混用的。使用除草剂的目的不仅仅是有效地防治杂草，更重要的是确保农作物的优质高产。因此，除草剂混用后，在增强杂草治理的同时，还必须对作物安全，不仅对当茬作物安全，还必须对后茬作物也不产生药害，同时，对环境安全。

② 混剂必须是 2 种或 3 种以上除草剂按一定比例配制。混剂中各有效成分在单独使用时应对靶标有效，如果是一种除草剂与另一种添加剂（乳化剂、增效剂等）配合而成则不属于除草剂混剂，而是除草剂单剂。

③ 混配时各有效成分不能发生物理和化学变化，能增效的化学变化除外。不同除草剂混合后可能会发生一系列物理化学变化，如出现乳化性能下降、可湿性粉剂悬浮率降低等情况，从而破坏除草剂的稳定性。

④ 各有效成分应具有不同的作用机制。除草剂混用的目的是扩大杀草谱，把具有不同作用机制的除草剂混用可以提高防效，做到一药多治。

⑤ 必须考虑作物和杂草种类是否适宜，施药的时间和处理的方法是否一致。如乙草胺与莠去津可以混用，因为它们的应用时期及处理方法相同。

（2）除草剂与杀虫剂混用　除草剂、杀虫剂混用既能够防除杂草又能防除害虫，但有些混合相对于单用会增加作物药害，降低药效，生产中除草剂与杀虫剂不宜混用的组合见表 1-1。除草剂、杀虫剂混合应有效并且安全，如2,4-滴、麦草畏、阔草丹、2甲4氯与S-氰戊菊酯（来福灵）、四溴菊酯或毒死蜱（乐斯本）混用可以在小麦田应用。

表1-1　除草剂与杀虫剂不宜混用的组合

除草剂	杀虫剂	原因
2,4-滴	毒死蜱	增加麦类药害
咪草酯	有机磷类	造成大麦和向日葵药害
咪草酯	乙拌磷	造成大麦药害
麦草畏	油基质的杀虫剂	增加小麦药害发生概率
莎阔丹	四溴菊酯、有机磷类	导致作物药害
精稳杀得	毒死蜱、马拉硫磷、甲萘威	降低药效
拿扑净	甲奈威（西维因）	降低药效
草甘膦	S-氰戊菊酯（来福灵）、甲奈威（西维因）、联苯菊酯（安通）	对抗性作物没有拮抗，产生药害
磺酰脲类	有机磷类、毒死蜱、马拉硫磷	导致作物药害

（3）除草剂与杀菌剂混用　除草剂、杀菌剂混用不仅能够防除杂草，而且能够保持作物不受病原菌的侵害。在禾谷类作物中，甲磺隆、嘧苯磺隆、咪草酯、野燕枯、百草敌、精噁唑禾草灵（骠马）、2甲4氯可以与代森锰锌混用防除小麦杂草。

精噁唑禾草灵（骠马）或芳氧基苯氧基丙酸类除草剂与溴苯腈、strobilurin类杀菌剂混用能提高药效；与甲氧基丙烯酸酯类杀菌剂混用会导致小麦叶片药害严重，但新生的组织不受其影响。

第二章
氨基甲酸酯类除草剂

　　氨基甲酸酯类除草剂是 20 世纪中期 Templeman 等发现苯胺灵的除草活性后逐步开发出来的，随后相继出现燕麦灵、甜菜宁、磺草灵、甜菜灵等产品。其中甜菜宁和甜菜灵为双氨基甲酸酯类。在中国登记使用的有燕麦灵和甜菜宁。

　　氨基甲酸酯类的土壤处理剂主要通过植物的幼根与幼芽吸收，叶面处理剂则通过茎、叶吸收。在植物体内的传导性因除草剂品种不同而异。有的品种如磺草灵能在植物体内上下传导，而甜菜宁、甜菜灵的传导性则很差。氨基甲酸酯类中的双氨基甲酸酯类除草剂的作用机理和三氮苯类除草剂相似，抑制光合作用系统Ⅱ的电子传递。而此类中的其他除草剂的作用机理则不完全清楚，主要作用是抑制分生组织中的细胞分裂。

　　燕麦灵对野燕麦特效，用于麦类及油菜等作物田，于杂草出苗初期（1.5～2.5 叶期）施用，防除野燕麦、看麦娘、雀麦等杂草。甜菜宁用在甜菜地茎、叶处理防除阔叶杂草，对禾本科杂草无效。

　　氨基甲酸酯类除草剂对光比较稳定，光解作用较差。微生物降解是此类除草剂从土壤中消失的主要原因。

禾草丹 (thiobencarb)

C$_{12}$H$_{16}$ClNOS，257.7，28249-77-6

其他名称　杀草丹，杀丹，高杀草丹，灭草丹，稻草完，除田莠，benthiocarb，Benziocarb，Bolero，Saturno，B 3015，IMC 3950

化学名称　N,N-二乙基硫代氨基对氯苄酯

理化性质　原药有效成分含量 93%，纯品外观为淡黄色油状液体，相对密度 1.16～1.18（20℃），沸点 126～129℃（1.07Pa），熔点 3.3℃，闪点 172℃，蒸气压 0.29×10^{-2}Pa(23℃)。20℃时，在水中的溶解度为 27.5mg/L(pH=6.7)，易溶于苯、甲苯、二甲苯、醇类、丙酮等有机溶剂。在酸、碱介质中稳定，对热稳定，对光较稳定。制剂为淡黄色或黄褐色液体。

毒性　对人、畜低毒。工业原药对大鼠（雄性）急性经口 LD$_{50}$＞1000mg/kg。大鼠急性经皮 LD$_{50}$＞1000mg/kg。大鼠急性吸入 LC$_{50}$7.7mg/L(1h)。对家兔的皮肤和眼膜有一定的刺激作用，但短时间内即可消失。在动物体内能快速排出，无蓄积作用。在试验条件下，对动物未见致突变、致畸形、致癌作用。大鼠三代繁殖试验未见异常。两年饲喂无作用剂量大鼠为 1mg/(kg·d)。对鲤鱼 49h LC$_{50}$ 为 36mg/L，对白虾 96h LC$_{50}$ 为 0.264mg/L。对鹌鹑的 LD$_{50}$ 为 7800mg/kg，野鸭 LD$_{50}$ 为 10000mg/kg。

作用方式　杀草丹是一种内吸传导型的选择性除草剂。主要被杂草的幼芽和根吸收，对杂草种子萌发没有作用，只有当杂草萌发后吸收药剂才起作用。

剂型　50%、90%乳油，93%、97%原药。

防除对象　本品能防除稗草、异型莎草、牛毛毡等，及野慈姑、瓜皮草、萍类等，还能防除看麦娘、马唐、狗尾草、碎米莎草。

使用方法 秧田期使用：应在播种前或秧苗1叶1心至2叶期施药。早稻秧田每亩用50％杀草丹乳油150～200mL，晚稻秧田每亩用50％杀草丹乳油125～150mL，对水50kg喷雾。播种前使用保持浅水层，排水后播种。苗期使用浅水层保持3～4d。移栽稻田使用：一般在水稻移栽后3～7d，田间稗草处于萌动高峰至2叶期前，每亩用50％杀草丹乳油200～250mL，对水50kg喷雾或用10％杀草丹颗粒剂1～1.5kg，混细潮土15kg或与化肥充分拌和，均匀撒施全田。麦田、油菜田使用：一般在播后苗前，每亩用50％杀草丹乳油200～250mL作土壤喷雾处理。

注意事项

（1）杀草丹在秧田使用，边播种、边用药或在秧苗立针期灌水条件下用药，对秧苗都会发生药害，不宜使用。稻草还田的移栽稻田，不宜使用杀草丹。

（2）杀草丹对3叶期稗草效果下降，应掌握在稗草2叶1心前使用。

（3）晚稻秧田播前使用，可与呋喃丹混用，可控制秧田期虫、草为害。杀草丹与2甲4氯、苄嘧磺隆、西草净混用，在移栽田可兼除瓜皮草等阔叶杂草。

（4）杀草丹不可与2,4-滴混用，否则会降低杀草丹除草效果。

登记情况及生产厂家 90％乳油，日本组合化学工业株式会社（PD182-93）；97％原药，江苏省南通泰禾化工有限公司（PD20120329）等。

复配剂及应用

（1）美丰农化有限公司，50％苄嘧·禾草丹可湿性粉剂（苄嘧磺隆1％、禾草丹49％），登记证号PD20082198，登记作物为水稻秧田、水稻直播田，防除部分多年生杂草及一年生杂草，1500～2250g/hm²，喷雾或毒土法。

（2）浙江乐吉化工股份有限公司，35.75％苄嘧·禾草丹可湿性粉剂（苄嘧磺隆0.75％、禾草丹35％），登记证号PD20097658，登记作物为水稻秧田，防除一年生杂草，804～1072.5g/hm²，喷雾。

（3）上海杜邦农化有限公司，35.75%苄嘧·禾草丹可湿性粉剂（苄嘧磺隆 0.75%、禾草丹 35%），登记证号 PD20070636，登记作物为水稻秧田，防除一年生杂草，804.5～1072.5g/hm² （南方地区），喷雾或毒土法；直播水稻田，防除稗草、莎草及阔叶杂草，1072.5～1605g/hm² （南方地区），1605～2145g/hm² （北方地区），毒土法。

戊草丹 （esprocard）

$C_{15}H_{23}NOS$，265.2，85785-20-2

化学名称 S-苄基-1,2-二甲基丙基（乙基）硫代氨基甲酸酯

理化性质 纯品禾草畏为液体，沸点 135℃ （35mmHg）。溶解性（20℃）：水 4.8mg/L，丙酮、乙腈、氯苯、乙醇、二甲苯＞1.0g/kg。稳定性：120℃ 稳定；在水中水解，其 DT_{50} 为 21d（pH_7，25℃），土壤中，DT_{50} 为 30～70d。

毒性 禾草畏原药急性 LD_{50}（mg/kg）：大鼠经口＞3700（雌）、大鼠经皮＞2000。以 1.1mg/(kg·d) 剂量饲喂大鼠两年，无异常现象；对兔皮肤和眼睛有轻微刺激作用；对动物无致畸、致突变、致癌作用。

剂型 Fuji-grass 25，颗粒剂（20g 本品＋2.5g 苄嘧磺隆)/kg；Fuji-grass 17，颗粒剂（70g 本品＋1.7g 苄嘧磺隆)/kg。

药剂特点 本品属硫代氨基甲酸酯类除草剂，本药剂在稻田进行芽前和芽后处理，防除一年生杂草稗草最迟至 2～5 叶期。单用 2500～4000g/hm²，或与苄嘧磺隆混用，2000g/hm²。

稗草丹 （pyributicarb）

$C_{17}H_{22}N_2O_2S$，330.4，88678-67-5

其他名称　Eigen，Seezet，Oryzaguard

化学名称　O-3-叔丁基苯基-6-甲氧基-2-吡啶（甲基）硫代氨基甲酸酯

理化性质　纯品为白色结晶固体，熔点 85.7～86.2℃。溶解度（20℃，g/L）：水 0.00032，丙酮 780，甲醇 28，乙醇 33，氯仿 390，二甲苯 580，乙酸乙酯 560。

毒性　雄、雌大鼠急性经口、经皮 $LD_{50} > 5000mg/kg$，雄、雌小鼠急性经口、经皮 $LD_{50} > 5000mg/kg$，雄、雌大鼠急性吸入 $LC_{50}(4h) > 6.52g/m^3$，大鼠两年饲喂实验无作用剂量为 0.753mg/kg。对兔眼睛无刺激作用，对兔皮肤有轻微刺激作用，豚鼠皮肤无过敏性，鲤鱼 $LC_{50}(48h) > 11mg/L$，水蚤 $LC_{50}(3h) > 15mg/L$。

作用方式　本品由杂草的根、茎和叶吸收，转移至活性部位，抑制根和地上部分生长。

剂型　可湿性粉剂。混剂：Seezet SC（57g 本品＋100g 溴丁酰草胺＋120g 吡草酮）/kg；Oryzaguard，GR（33g 本品＋50g 溴丁酰草胺）/kg。

防除对象　在水田条件下，本品对稗属（E. oryzicola）、异型莎草和鸭舌草的活性高于多年生杂草活性；在旱田条件下，对稗草、马唐属（D. ciliaris）和狗尾草等禾本科杂草有较高活性。使用适期为芽前 2 叶期，对移栽水稻安全，持效期约 40d。

使用方法　本药剂在芽前至芽后早期施药，对一年生禾本科杂草有很高的除草活性，对稗草的防效更为优异。含有本药剂的混剂，如 Seezet 与溴丁酰草胺、吡草酮（5.7％＋10％＋12％）的混合悬浮剂和 Oryzaguard 与溴丁酰草胺（3.5％＋5％）的混合颗粒剂，在水稻田早期施用，对一年生和多年生杂草有优异的除草活性，持效期约 40d。在水稻移栽后 3～10d 施药，用 Seezet 10L/hm² 或 30～40kg/hm² Oryzaguard，可有效防除稗草、异型莎草、鸭舌草、萤蔺、水莎草、矮慈姑、眼子菜和其他一年生阔叶杂草。杂草萌发前施用 47％可湿性粉剂可用来防除草坪一年生杂草。

禾草敌（molinate）

C$_9$H$_{17}$NOS，187.3，2212-67-1

其他名称 禾草特，稻得壮，田禾净，草达灭，禾大壮，杀克尔，环草丹，雅兰，Ordram，Oxonate，Sakkimol，Hydram

化学名称 S-乙基-N,N-六次甲基硫代氨基甲酸酯

理化性质 黄褐色透明状液体，沸点为 202℃（1.33×10^{3}Pa）；工业品原药为淡黄至黄褐色液体；蒸气压 1.466×10^{-1}Pa（25℃），相对密度 1.065，能溶于丙醇、甲醇、异丙醇、苯、二甲苯，水中溶解度 0.8g/L(20℃)，水田中半衰期为 21～25d。受土壤微生物作用，分解出氨及 CO$_2$，对热稳定，无腐蚀性，但用药时不宜使用聚氯乙烯管道或容器。

毒性 原药急性大鼠 LD$_{50}$（mg/kg）：经口 468～705、经皮＞1200。对鱼类有毒性，对鸟类、天敌、蜜蜂无害。对眼睛和皮肤有刺激作用。

作用方式 具有内吸作用的稻田除草剂。能被杂草的根和芽吸收，特别易被芽鞘吸收。对稗草有特效，而且适用时期较宽，但杀草谱窄。

剂型 99%原药，90.9%乳油。

防除对象 适用于水稻田防除稗草、牛毛草、异型莎草等。

使用方法

（1）秧田和直播田使用 可在播种前施用，先整好田，做好秧板，然后用每亩 96%乳油 100～150mL，对细润土 10kg，均匀撒施土表并立即混土耙平。保持浅水层，2～3d 后即可播种已催芽露白的稻种。以后进行正常管理。亦可在稻苗长到 3 叶期以上，稗草在 2～3 叶叶期，每亩 96%乳油 100～150mL，混细潮土 10kg 撒施。保持水层 4～5cm，持续 6～7d。如稗草为 4～5 叶期，应加大药量到 150～200mL。

（2）插秧田使用 水稻插秧后 4～5d，每亩用 96%乳油 125～

150mL。混细潮土 10kg，喷雾或撒施。保持水层 4～6cm，持续 6～7d。自然落干，以后正常管理。

注意事项

（1）禾草特挥发性强，施药时和施药后保持水层 7d，否则药效不能保证。

（2）籼稻对禾草特敏感，剂量过高或用药不均匀，易产生药害。

（3）禾草特对稗草特效，对其他阔叶杂草及多年生宿根杂草无效，如要兼除可与其他除草剂混用。

登记情况及生产厂家　99％原药，天津市施谱乐农药技术发展有限公司（PD20060143）；90.9％乳油，英国先正达有限公司（PD27-87）等。

药害症状

（1）小麦　用其作土壤处理受害，表现芽鞘缩短、变粗、弯曲，芽鞘顶端变褐、枯死，有的芽鞘紧裹基叶而使之难以抽出，有的幼苗基叶弯曲和叶片黄化。

（2）水稻　秧田用其作土壤表面封闭处理受害，表现发芽、出苗迟缓，幼苗茎叶弯曲、扭卷、萎缩、僵硬，叶尖变黄、纵卷、枯干，有的叶片褪绿变黄。移植田用其做拌土撒施受害，表现内层新生的茎叶弯曲、扭卷、皱缩，外层老叶从叶尖开始黄枯，然后渐向叶基扩展，尤其触水叶片较重，分蘖抽缩、斜冲，植株变矮、变畸。

哌草丹（dimepiperate）

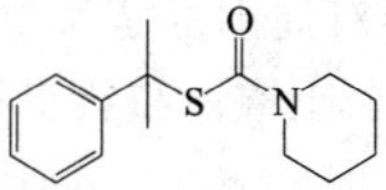

C$_{15}$H$_{21}$NOS，263.2，61432-55-1

其他名称　优克稗，哌啶酯，Yukamate，MY-93，MUW-1193

化学名称　S-(α，α-二甲基苄基)哌啶-1-硫代甲酸酯，S-1-甲基-1-苯基乙基哌啶-1-硫代甲酸酯

理化性质 纯品为蜡状固体，熔点 38.8～39.3℃，沸点 164～168℃（0.75mmHg），蒸气压 0.53mPa（30℃）。水中溶解度 20mg/L(25℃)，其他溶剂中溶解度（kg/L，25℃）：丙酮 6.2、氯仿 5.8、环己酮 4.9、乙醇 4.1、己烷 2.0。稳定性：30℃下稳定 1 年以上，当干燥时日光下稳定，其水溶液在 pH＝1 和 pH＝14 时稳定。

毒性 大鼠急性经口 LD_{50}（mg/kg）：雄 946，雌 959。小鼠急性经口 LD_{50}（mg/kg）：雄 4677，雌 4519。大鼠急性经皮 LD_{50}＞5000mg/kg。对兔皮肤和眼睛无刺激作用，对豚鼠无皮肤过敏性，大鼠和兔未测出致畸活性，大鼠两代繁殖试验未见异常。大鼠吸入 LC_{50}(4h)＞1.66mg/L。大鼠饲喂两年无作用剂量 0.104mg/L，允许摄入剂量 0.001mg/kg。雄日本鹌鹑急性经皮 LD_{50}＞2000mg/kg，母鸡急性经皮 LD_{50}＞5000mg/kg。鱼毒 LC_{50}（48h）：鲤鱼 5.8mg/L，虹鳟鱼 5.7mg/L。

作用方式 哌草丹为内吸传导型稻田选择性除草剂。对防治 2 叶期以前的稗草效果突出，对水稻安全性高。药剂由根部和茎叶吸收后传导至整个植株。哌草丹是植物内源生长素的拮抗剂，可打破内源生长素的平衡，进而使细胞内蛋白质合成受到阻碍，破坏生长点细胞的分裂，致使生长发育停止，茎叶由浓绿变黄变褐、枯死。需 1～2 周。哌草丹在稗草和水稻体内的吸收与传递速度有差异，此外能在稻株内与葡萄糖结成无毒的糖苷化合物，都是形成选择性的生理基础。此外，哌草丹在稻田大部分分布在土壤表层 1cm 之内，这对移植水稻来说，也是安全性高的因素之一。土壤温度、还原条件对药效影响作用小。由于哌草丹蒸气压低、挥发性小，因此不会对周围的蔬菜等作物造成飘移危害。此外，对水层要求不甚严格，土壤饱和状态的水分就可得到较好的除草效果。

剂型 96％原药，17.2％可湿性粉剂。

防除对象 防除稗草及牛毛草，对水田其他杂草无效。

使用方法

（1）水稻育秧田 旱育秧或湿育秧苗，可在播种前或播种覆土后，每亩用 50％乳油 150～200mL，对水 25～30mL 进行床面喷雾；水育秧田可在播后 1～4d，采用毒土法施药，用药量同上。薄膜育秧的用药量应适当降低。

（2）插秧田　插秧后 3～6d，稗草 1.5 叶期前，每亩用 50％乳油 150～260mL，对水喷雾或拌成毒土撒施，施药后保持 3～5cm 的水层 5～7d。

（3）水稻直播田　可在水稻播种后 1～4d 再施药，施药剂量及方法同插秧田。哌草丹对只浸种不催芽或催芽种子都很安全，不会发生药害。

（4）水稻旱田　可在水稻出苗后，稗草 1.5～2.5 叶期加敌稗混用。每亩用 50％哌草丹乳油 200mL 加 20％敌稗乳油 500～750mL，对水 30～40L 茎叶喷雾，对稗草、马唐等有很好的效果。在阔叶杂草较多的稻田，可与农得时或草克星混用，其用药为每亩 50％哌草丹乳油 150～200mL 加 10％农得时或 10％草克星可湿性粉剂 13.3～20g 混用，施药应在稗草 1.0～2.0 叶期。混用后，对稗草、节节菜、鸭舌草等稻田杂草有很好的防除效果。

注意事项

（1）本剂适用于以稗草为主的秧（稻）田。当稻田草相复杂时，应与其他除草剂混合使用，如 2 甲 4 氯、苯达松、农得时等。

（2）哌草丹对 1.5 叶期以前的稗草防效好，应注意不要错过施药适期。

（3）低温贮存有结晶析出时，用（或销售）前应注意充分搅动，使晶体完全溶解后再用（或出售）。

（4）在日本水稻上残留试验结果表明，稻米上残留量低于最低检出量 0.005mg/kg，土壤中的半衰期在 7d 以内。

（5）万一中毒或误服时，应立即使病人饮大量水，等呕吐出毒物后保持病人安静并送医院。如不慎将药液溅在皮肤上或眼睛内，应用肥皂和水彻底洗净。

复配剂及应用　浙江乐吉化工股份有限公司，17.2％苄嘧·哌草丹（苄嘧磺隆 0.6％，哌草丹 16.6％）可湿性粉剂，登记号 PD20094005，防除水稻秧田和南方直播田一年生、双子叶杂草，用 516~774g/hm^2 喷雾。

登记情况及生产厂家 96%原药，浙江乐吉化工股份有限公司（PD20070680）；17.2%可湿性粉剂，浙江乐吉化工股份有限公司（PD20094005）。

燕麦敌 （diallate）

$$\begin{array}{c} \text{N---S---CCl=CHCl} \\ \parallel \\ \text{O} \end{array}$$

C$_{10}$H$_{17}$Cl$_2$NOS，270.24，2303-16-4

其他名称 Avadex，CP 15336，DATC，DDTC

化学名称 N,N-二异丙基硫代氨基甲酸-S-2,3-二氯丙烯基酯

理化性质 纯品为琥珀色液体，沸点150℃（1.2kPa）。25℃水中溶解度为40mg/L，可溶于有机溶剂。具有特殊臭味。在强酸及高温下易分解。

毒性 属低毒类，无明显蓄积作用。急性毒性：LD$_{50}$大鼠经口 395mg/kg；小鼠经口 790mg/kg。

剂型 浓乳剂和10%颗粒剂。

防除对象 本药是条播前施用的除草剂，在十字花科作物和甜菜等作物中防除野燕麦特别有效。与其相关的药剂野麦畏（triallate）适用于谷物。

使用方法 每公顷用1.5~4kg有效成分，加水 350~600kg喷雾，喷雾后立即混土，混土深度不应超过播种深度。或上述药剂制成毒土撒施，再立即混土。混土结束后即可播种。为了扩大杀草谱，燕麦敌可与西马津或敌草腈混用。

注意事项

（1）燕麦敌挥发性大，药剂应随配随用，且大风时最好不施用。

（2）燕麦敌类除草剂对皮肤、眼睛有刺激作用，应注意防护。

（3）施药后应立即混土，否则无效或药效极低。

野麦畏 （triallate）

$$C_{10}H_{16}Cl_3NOS, 304.66, 2303-17-5$$

其他名称　阿畏达，野燕畏，燕麦畏，Fargo

化学名称　S-(2,3,3-三氯丙烯基)-N,N-二异丙基硫代氨基甲酸酯

理化性质　野燕畏工业品为琥珀色液体。略带特殊气味，纯品为无色或淡黄色固体，熔点 29～30℃，沸点 136℃ ［133.3Pa（1mmHg）］、117℃（40mPa），相对密度 1.27 （25℃），分解温度大于 200℃。可溶于丙酮、三乙胺、苯、乙酸乙酯等大多数溶剂。20℃在水中的溶解度为 40mg/kg，不易燃、不易爆，无腐蚀性，紫外光辐射不易分解，常温下稳定。

毒性　野燕畏属于低毒除草剂，原药大鼠经口 LD_{50} 为 1675～2165mg/kg，家兔急性经皮 LD_{50} 为 2225～4050mg/kg。大鼠急性吸入 LC_{50}＞5.3mg/L。对眼睛有轻度的刺激作用，对皮肤有中等的刺激性，在动物体内的积蓄作用属于中等。Ames 试验为阴性（对 TA1535，TA98，TA100），有轻度诱变作用。野燕畏剂量组可导致小鼠骨髓细胞微核率增高。

作用方式　野麦畏为防除野燕麦类的选择性土壤处理剂。野燕麦在萌芽通过土层时，主要有芽鞘或第一片叶吸收药剂，并在体内传导，生长点部位最为敏感，影响细胞的有丝分裂和蛋白质的合成，抑制细胞生长，芽鞘顶端膨大，鞘顶空心，致使野燕麦不能出土而死亡。而出苗后的野燕麦，由根部吸收药剂，野燕麦吸收药剂中毒后，生长停止，叶片深绿，心叶干枯而死亡；小麦萌发 24h 后便有较强的耐药性。野麦畏挥发性强，其蒸气对野麦也有毒杀作用，施后要及时混土。在土壤中主要被土壤微生物分解。

剂型　97% 原药，400g/L 乳油。

防除对象　适用于小麦、大麦、青稞、油菜、豌豆、蚕豆、亚

麻、甜菜、大豆等作物中防除野燕麦。

使用方法

（1）小麦、大麦、青稞

① 播前施药深混土处理　适用于干旱多风的西北、东北、华北等春麦区应用。对小麦、大麦、青稞较安全，药害伤苗一般不超过1%，基本不影响苗。在小麦、大麦等播种之前，将地整平，每亩用40%野麦畏乳油150～200mL(有效成分60～80g)，加水20～40L，混匀后喷洒于地表。也可混潮细砂（土），每亩用20～30kg，充分混匀后均匀撒施。或尿毒每亩8～10kg，与野麦畏混匀后撒施。施药后要求在2h内进行混土，混土深度为8～10cm（播种深度为5～6cm），以拖拉机圆盘耙或手扶拖拉机旋耕器混土最佳。如混土过深（14cm），除草效果差；混土浅（5～6cm），对小麦、青稞药害加重。混土后播种小麦、青稞。土壤墒情适宜，土层疏松，药土混合作用良好，药效高，药害轻；若田间过于干旱，地表板结，耕翻形成大土块，既影响药效，也影响小麦出苗；若田间过于潮湿，则影响药土混合的均匀程度。药剂处理后至小麦出苗前，如遇大雨雪造成表土板结，应注意及时耙松表土，以减轻药害，利于保苗。

② 播后苗前浅混土处理　一般适用于播种时雨水多，温度较高，土壤潮湿的冬麦区。在小麦、大麦等播种后，出苗前施药，每亩用40%野麦畏乳油200mL，加水喷雾，或拌潮湿砂土撒施。施药后立即浅混土2～3cm，以不耙出小麦种、不伤害麦芽为宜。施药后如遇干旱除草效果往往较差。

③ 小麦苗水期处理　适于有灌溉条件的麦区使用。在小麦3叶期（野燕麦2～3叶期），结合田间灌水或利用降大雨的机会，每亩用40%野麦畏乳油200mL，同时追尿素每亩6～8kg，或用潮细砂20～30kg混均匀后撒施，随施药随灌水。这种处理对已出苗的野燕麦有强烈的抑制作用。同时对土中正在萌发的野燕麦亦能起到杀芽作用。

④ 秋季土壤冻结前处理　适于东北、西北严寒地区，在10～11月份土壤开始冻结前20d，每亩用40%野麦畏乳油225mL(有效成分90g)，对水喷雾或配成药土撒施。施药后混土8～10cm。翌

春按当地农时播种。除草效果可达90%。

（2）大豆、甜菜地除草 甜菜、大豆播种前，每亩用40%野麦畏乳油160～200mL，对水20～40L喷雾或撒施药土，施药后立即混土5～7cm，然后播种。

注意事项

（1）野麦畏具有挥发性，需随施药随混土，如间隔4h后混土，除草效果显著降低，如相隔24h后混土，除草效果只有50%左右。

（2）播种深度与药效、药害关系很大。如果小麦种子在药层之中直接接触药剂，则会产生药害。

（3）野麦畏人体每日允许摄入量（ADI）是0.17mg/kg。使用野麦畏应遵守我国《农药合理使用准则》（国家标准GB8321.2—87），每亩最高用药量为200mL 40%乳油，使用方法为喷雾（土壤处理或苗后处理），最多使用1次。春小麦播种前5～7d喷施。

（4）野麦畏对眼睛和皮肤有刺激性，使用时应注意防护。药液若溅入眼睛，应立即用清水冲洗，最好找医生治疗；溅到皮肤上，用肥皂洗净。经药液污染的衣服，需洗净后再穿。吞服对身体有害，严禁儿童接触药液。

（5）野麦畏乳油具有可燃性，应在空气流通处操作，切勿贮存在高温或有明火的地方，应贮存于阴凉、温度在零度以上的库房。若有渗漏，应用水冲洗。

（6）在贮存使用过程中，要避免污染饮水、粮食、种子或饲料。

登记情况及生产厂家 97%原药，江苏傲伦达科技实业股份有限公司连云港分公司（PD20100370）；400g/L乳油，美国高文国际商业有限公司（PD48-87）等。

磺草灵 （asulam）

$$H_2N-\!\!\!\!-\!\!\!\!\!\!\bigcirc\!\!\!\!-\!\!\!\!-\overset{O}{\underset{O}{\overset{||}{S}}}-NH-\overset{O}{\overset{||}{C}}-OCH_3$$

$C_8H_{10}N_2O_4S$，230.2，3337-71-1，2302-17-2（sodium salt）

其他名称　黄草灵，Asilan，Asulox，Alolux

化学名称　4-氨基苯磺基氨基甲酸甲酯

理化性质　纯品为白色结晶，工业品为浅黄色粉末，无臭。熔点 135℃（分解），挥发性很低，水中溶解度为 0.5%，溶于丙酮、甲醇、氯代烃等。磺草灵或它的钠盐在通常情况下很稳定，贮存多年不发生变化。煮沸 6h 仅有轻微分解。

毒性　磺草灵属低毒农药。对大白鼠、家鼠、狗急性经口 LD_{50} ＞5000mg/kg，对兔 LD_{50} ＞2000mg/kg。对大白鼠急性经皮 LD_{50} ＞1200mg/kg，对野生鸟类、鱼类、蜂类等毒性很低；对土壤微生物影响极小，无致癌、致畸作用。

作用方式　本品是一种内吸传导型除草剂。药剂可由植物的叶和根吸收后传导到植株的其他部位，药剂对地上部分的作用远大于地下部位。本品主要是阻碍植物生长点分生组织的细胞分裂。施药后嫩叶变黄，停止生长，最后枯死，生长点的枯死通常在施药后 7～14d 和 20～30d。

剂型　36.2%水剂，95%原药。

防除对象　对看麦娘、野燕麦、马唐、牛筋草、千金子、双穗雀稗、早熟禾、蓄蓄、皱叶酸模、鸭跖草、鸡眼草、眼子菜等有良好的防除效果。对剪股颖、狗尾草、狗牙根、田蓟、蒲公英、问荆也有一定的防除效果。而对独行菜、反枝苋、香附子、马齿苋等无效。

使用方法　甘蔗田除草，应掌握在甘蔗株高 20～40cm，杂草正处在生长旺盛期施药。防除一年生杂草，每亩使用 20%磺草灵水剂 600～800mL，防除多年生杂草，每亩使用 20%磺草灵水剂 800～1200mL，均加水 40kg 稀释喷雾于杂草茎叶及土表。在进行茎叶处理时加入中性洗衣粉等湿润剂 20～30g，可提高防除效果。可在甘蔗播后芽前进行土壤处理。地膜甘蔗田除草，要求当日播种甘蔗、覆土、施药及盖膜同时完成。每亩用 20%磺草灵水剂 400～600mL，对水 25～50kg。喷洒于土表有一定的防除效果，对甘蔗增产比较显著。茶园除草一般掌握在幼草、嫩草 2～3 叶期进行茎叶喷雾处理，每亩使用 20%磺草灵水剂 800～1000mL，对水

25～50kg喷雾。

注意事项

（1）气温低不利于磺草灵的渗透和传导，因此以选择晴朗气温较高（20℃以上）的天气施药为宜。

（2）在阔叶杂草发生密度较大的甘蔗田块，可将磺草灵和阿特拉津或赛克津混用。

登记情况及生产厂家 36.2％水剂，江苏省南通泰禾化工有限公司（LS20110092）；95％原药，江苏省南通泰禾化工有限公司（LS20110093）等。

甜菜宁（phenmedipham）

$C_{16}H_{16}N_2O_4$，300.3，3684-63-4

其他名称 甜安宁，凯米丰，甲二威灵，凯米双，苯敌草，Betanal，Bentanal，Kemifam，PMP，SN 38584，ZK 15320，SW 4072，M 75，Schering 4075，Schering 38584

化学名称 3-[（甲氧羰基）氨基]苯基-N-(3-甲基苯基）氨基甲酸酯

理化性质 纯品为无色结晶，熔点143～144℃，蒸气压133nPa（25℃），相对密度0.20～0.30（20℃）。水中溶解度（20℃）6mg/L；其他溶剂中的溶解度（20℃，g/L）：丙酮、环己酮约200，苯2.5，氯仿20，三氯甲烷16.7，乙酸乙酯56.3，乙烷约0.5，甲醇约50，甲苯0.97。原药纯度＞97％，熔点140～144℃，蒸气压1.3nPa(20℃)；在200℃以上稳定，在pH=5时，水解DT_{50}为50d，pH=7时14.5h，pH=9时10min。土壤中DT_{50}为2d。制剂外观为浅色透明液体，相对密度1.00（25℃），常温贮存稳定可达数年。

毒性 急性经口LD_{50}大鼠和小鼠＞8000mg/kg，狗和鹌鹑＞4000mg/kg，大鼠急性经皮LD_{50}＞4000mg/kg。在两年的饲养试验中，大鼠无作用剂量 100mg/kg 饲料，狗 1000mg/kg，鸡经口毒性 LD_{50} 3000mg/kg，野鸭急性经口 LD_{50} 2100mg/kg，野鸭和山齿鹑喂 LC_{50}（8d）＞10000mg/kg 饲料。鱼毒 LC_{50}（96h）：虹鳟鱼 $1.4\sim3.0$mg/L，太阳鱼 3.98mg/L。蚯蚓 LD_{50} 447.6mg/kg 土壤。

作用方式 甜菜宁为选择性苗后茎叶处理剂。对甜菜田许多阔叶杂草有良好的防治效果，对甜菜高度安全。杂草通过茎叶吸收，传导到各部分。

剂型 16％乳油，97％原药。

防除对象 甜菜宁适用于甜菜、草莓等作物防除多种阔叶杂草如藜属、豚草属、牛舌草、鼬瓣花、野芝麻、野萝卜、繁缕、荞麦蔓等，但是蓼、苋等双子叶杂草对其耐性强，对禾本科杂草和未萌发的杂草无效。

使用方法 甜菜宁可采用一次性用药或低量分次施药方法进行处理。一次用药的适宜时间在杂草 $2\sim4$ 叶期进行。在气候条件不好、干旱、杂草出苗不齐的情况下宜于低量分次用药。一次施药的剂量为每亩用 16％凯米丰或 Betanal 乳油 $330\sim400$mL（有效成分 $53.3\sim64$g）。低量分次施药推荐每亩用商品量 200mL，每隔 $7\sim10$d 重复喷药 1 次，共 $2\sim3$ 次即可。每亩对水 20L 均匀喷雾，高温低湿有助于杂草叶片吸收。本品可与其他防除单子叶杂草的除草剂（如拿捕净等）混用，以扩大杀草谱。

注意事项

（1）配制药液时，应先在喷雾器药箱内加少量水，倒入药剂摇匀后加入足量水再摇匀。甜菜宁乳剂一经稀释，应立即喷雾，久置不用会有结晶沉淀形成。

（2）甜菜宁可与大多数杀虫剂混合使用，每次宜与一种药剂混合，随混随用。

（3）避免本药剂接触皮肤和眼睛，或吸入药雾。如果药液溅入眼中，应立即用大量清水冲洗，然后用阿托品解毒，无专门解毒剂，应对症治疗。

登记情况及生产厂家 97％原药，德国拜耳作物科学公司（PD20102052）；16％乳油，江苏好收成韦恩农化股份有限公司

（PD20097068）等。

复配剂　德国拜耳作物科学公司，160g/L 甜菜安·宁乳油（甜菜安 80g/L、甜菜宁 80g/L），登记证号为 PD186-94；浙江永农化工有限公司，160g/L 甜菜安·宁乳油（甜菜安 80g/L、甜菜宁 80g/L），登记证号为 PD20091667；广东省英德广农康盛化工有限责任公司，7.4％安·宁·乙呋黄乳油（甜菜安 7.1％、甜菜宁 9.1％、乙氧呋草黄 11.2％），登记证号为 LS20120288。

甜菜安 （desmedipham）

$C_{16}H_{16}N_2O_4$，326.2，13684-56-5

其他名称　异苯敌草，Betanal AM，Betamex，Schering 38107，$SN_3$8107，EP-475，Bethanol-475

化学名称　3-苯基氨基甲酰氧基苯基氨基甲酸乙酯

理化性质　纯品为无色结晶，熔点 118～119℃，蒸气压 $4×10^{-5}$ mPa（25℃）。水中溶解度（20℃）7mg/L（pH＝7），其他溶剂中溶解度（20℃，g/L）：丙酮 400、苯 1.6、氯仿 80、二氯甲烷 17.8、乙酸乙酯 149、己烷 0.5、甲醇 180、甲苯 1.2。

毒性　急性经口 LD_{50}（mg/kg）：大鼠＞10250，小鼠＞5000。兔急性经皮 LD_{50}＞4000mg/kg。在两年的饲养试验中，大鼠无作用剂量 60mg/kg 饲料，小鼠 1250mg/kg。野鸭和山齿鹑饲喂 LC_{50}（8d）＞10000mg/kg 饲料。鱼毒 LC_{50}（96h）：虹鳟 1.7mg/L，太阳鱼 6.0mg/L。蜜蜂经口 LD_{50}＞50μg/只。

作用方式　二氨基甲酸酯类除草剂，芽后防除阔叶杂草，如反枝苋等。适用于甜菜作物，特别是糖甜菜，通常与甜菜宁混用。可制成乳油。

剂型　96％原药，16％乳油。

防除对象　防除荞麦属、藜属、芥菜、苋属、豚草属、荠菜等。

使用方法　800～1000g/hm² 作苗期茎叶处理，以杂草不多于

2～4个真叶时防效最佳。该药对甜菜十分安全。土壤类型及温度对药效无影响。常与甜菜宁（phenmedipham）以 1∶1 的比例混用，用量为 800～950g/hm²。该药仅由叶面吸收而起作用，在正常生长条件下受土壤类型和温度影响小。由于该药对作物十分安全，因此喷药时间仅由杂草的发育阶段来决定。

登记情况及生产厂家　96％原药，浙江东风化工有限公司（PD20110769）；16％乳油，江苏好收成韦恩农化股份有限公司（PD20120575）等。

复配剂　德国拜耳作物科学公司，160g/L 甜菜安·宁乳油，登记证号 PD186-94；江苏好收成韦恩农化股份有限公司，16％乳油，登记证号 PD20120575；浙江永农化工有限公司，160g/L 甜菜安·宁乳油（甜菜安 80g/L、甜菜宁 80g/L），登记证号 PD20091667；广东省英德广农康盛化工有限责任公司，27.4％安·宁·乙呋黄乳油（甜菜安 7.1％、甜菜宁 9.1％、乙氧呋草黄 11.2％），登记证号为 LS20120288。

氯苯胺灵 （chlorpropham）

$C_{10}H_{12}ClNO_2$，213.7，101-21-3

其他名称　戴科，土豆抑芽粉，氯普芬，CIPC，Chloro-IPC，Decco，Sprout Inhibitor，chlor-IFC，Isopropyl m-chlorocarbanilate

化学名称　3-氯苯基氨基甲酸异丙酯

理化性质　纯品为无色结晶，熔点 41.4℃，具有轻微的特殊的气味。25℃时在水中的溶解度为 89mg/L，在石油中溶解度中等（在煤油中 10％），可与低级醇、芳烃和大多数有机溶剂混溶。工业产品纯度为 98.5％，深褐色油状液体，熔点 38.5～40℃。在低于 100℃时稳定，但在酸和碱性介质中缓慢水解，超过 150℃分解。氯苯胺灵在土壤中被土壤吸附作用强，残效期较苯胺灵长，在土壤中以微生物降解为主，半衰期 15℃时为 65d，29℃时为 30d，具体与微生物活性和土壤湿度密切相关。

毒性 对大鼠急性经口 LD_{50} 为 5000～7500mg/kg。该药对兔皮肤涂敷 20h 或以 2000mg/kg 饲料喂养大鼠两年均未发现毒害作用。急性经口 LD_{50} 野鸭＞2000mg/kg。金鱼、鲈鱼、鲤鱼 TLm (48h) 为 10～40mg/L。对眼和皮肤有刺激作用，浓度大时，轻微抑制胆碱酯酶。

剂型 33％乳油，4％、5％、8％、10％颗粒剂，0.7％粉剂，还有与敌草隆、非草隆、草多索 Endothal 等的混合剂。

作用方式 氯苯胺灵是一种高度选择性苗前或苗后早期除草剂，有丝分裂抑制剂；在许多多年生作物地及某些一年生作物地，单独或与其他除草剂一起用作芽前选择性除草，氯苯胺灵具挥发性，其蒸气可被幼芽吸收从而抑制杂草幼芽生长，也可被叶片吸收，在体内向上、向下双向传导。对某些作物的选择性比苯胺灵小。

同时，氯苯胺灵还有植物生长调节作用，具有抑制 β-淀粉酶活性，抑制植物 RNA、蛋白质的合成，干扰氧化磷酸化和光合作用，破坏细胞分裂，因而能显著地抑制马铃薯贮存时的发芽力。也可用于果树的疏花、疏果。

适用作物 适用于苜蓿、小麦、玉米、大豆、向日葵、马铃薯、甜菜、水稻、胡萝卜、菠菜、洋葱等。

防除对象 能有效防除稗草、野燕麦、早熟禾、荠菜、苋菜、燕麦草、多花黑麦草、黑雀麦、繁缕、粟米草、萹蓄、马齿苋、田野菟丝子等一年生禾本科杂草和某些阔叶草。

使用方法 在作物播后苗前进行土壤处理，处理时气温 16℃以下每公顷用量 2.24～4.5kg 有效成分，24℃以上用量加倍，施后应拌土。苗后处理时为 1.2～3.5kg。苗后处理除草活性差，但可防治幼苗期的苋与蓼、繁缕和马齿苋。可作为生长调节剂，用于抑制土豆发芽。

注意事项 吞入时，饮水并导吐；吸入时，移至新鲜空气处并供氧；溅入眼中，用大量清水冲洗；如皮肤接触，则用肥皂清洗并用清水冲洗。

登记情况及生产厂家 美国仙农有限公司99%氯苯胺灵原药、2.5%氯苯胺灵粉剂、49.65%氯苯胺灵热雾剂已获登记，登记号分别为 PD20081114、PD20081113、PD20093161。2.5%氯苯胺灵粉剂用 10～15g/kg，撒施或喷粉；49.65%氯苯胺灵热雾剂 30～40mg/kg，热雾，抑制马铃薯出芽。四川国光农化股份有限公司，2.5%氯苯胺灵粉剂、99%氯苯胺灵原药已获登记，登记号：PD200111247、PD20110290、12.5～15g/kg 抑制马铃薯出芽，撒施。江苏省南通泰禾化工有限公司，98.5%原药已获登记，登记号：PD20111124。迈克斯（如东）化工有限公司，99%原药已获登记，登记号：PD20120486。

第三章
苯氧羧酸类除草剂

1941 年合成了第一个苯氧羧酸类除草剂的品种 2,4-滴，1942 年发现了该化合物具有植物激素的作用，1944 年发现 2,4-滴和 2,4,5-滴对田旋花具有除草活性，1945 年发现除草剂 2 甲 4 氯。此类除草剂显示的选择性、传导性及杀草活性成为其后除草剂发展的基础，促进了化学除草的发展。

苯氧羧酸类除草剂易被植物的根、叶吸收，通过木质部或韧皮部在植物体内上下传导，在分生组织积累，这类除草剂具有植物生长素的作用。植物吸收这类除草剂后，体内的生长素的浓度高于正常值，从而打破了植物体内的激素平衡，影响到植物的正常代谢，导致敏感杂草的一系列生理生化变化，引起组织异常和损伤。其选择性主要由形态结构、吸收转运、降解方式等差异决定。

苯氧羧酸类除草剂主要是用作茎叶处理，用在禾谷类作物、针叶树、非耕地、牧草、草坪，防除一年生和多年生的阔叶杂草，如苋、藜、苍耳、田旋花、马齿苋、大巢菜、波斯婆婆纳、播娘蒿等。大多数阔叶作物，特别是棉花，对这类除草剂很敏感。

苯氧羧酸类除草剂可被加工成酯、酸、盐等不同剂型。不同剂型的除草活性大小为：酯＞酸＞盐；在盐类中，胺盐＞铵盐＞钠盐（钾盐）。剂型为低链酯时，具有较强的挥发性。酯和酸制剂在土壤中的移动性很小，而盐制剂在沙土中易移动，但在黏土中移动性很小。

在使用这类除草剂时，要注意禾谷类作物的不同生长期和品种对其抗性有差异。如小麦、水稻在四叶期前和拔节后对2,4-滴敏感，在分蘖期则抗性较强。2甲4氯对植物的作用比较缓和，特别是在异常气候条件下对作物的安全性高于2,4-滴，飘移药害也比2,4-滴轻。

2,4-滴 (2,4-D)

$C_8H_6Cl_2O_3$，221.0，94-75-7

其他名称 杀草快，大豆欢

化学名称 2,4-二氯苯氧乙酸

理化性质 纯品2,4-滴为白色菱形结晶或粉末，略带酚的气味。熔点140.5℃，溶解性（25℃）：水620mg/L，可溶于碱、乙醇、丙酮、乙酸乙酯和热苯，不溶于石油醚。不吸湿，有腐蚀性。其钠盐熔点215～216℃，室温水中溶解度为4.5%。

毒性 原药大白鼠急性LD_{50}（mg/kg）：2,4-滴375，2,4-滴钠盐660～805。

作用方式 可用作植物生长调节，是用于诱导愈伤组织形成的常用生长素类似物的一种。内吸性，可从根、茎、叶进入植物体内，降解缓慢，故可积累一定浓度，从而干扰植物体内激素平衡，破坏核酸与蛋白质代谢，促进或抑制某些器官生长，使杂草茎叶扭曲、茎基变粗、肿裂等。

剂型 97%原药，96%原药。

防除对象 主要作用于双子叶植物，在500×10^{-6}以上高浓度时用于茎叶处理，可在麦、稻、玉米、甘蔗等作物田中防除藜、苋等阔叶杂草及萌芽期禾本科杂草。

使用方法 禾本科作物在其4～5叶期具有较强耐性，是喷药的适期。有时也用于玉米播后苗前的土壤处理，以防除多种单子叶、双子叶杂草。与阿特拉津、扑草净等除草剂混用，或与硫酸铵等酸性肥料混用，可以增加杀草效果。在温度 20～28℃ 时，药效随温度上升而提高，低于 20℃ 则药效降低。

注意事项 2,4-D 吸附性强，用过的喷雾器必须充分洗净，以免棉花、蔬菜等敏感作物受其残留微量药剂危害，对人畜安全。2,4 滴在低浓度下，能促进植物生长，在生产上也被用作植物生长调节剂。

登记情况及生产厂家 97％原药，安徽华星化工股份有限公司（PD20101752）；96％原药，黑龙江省佳木斯黑龙农药化工股份有限公司（PD20098432）。

复配剂及应用

（1）304g/L 滴酸·氨氯水剂，利尔化学股份有限公司（PD20097425），防除春小麦田一年生阔叶杂草，茎叶喷雾，推荐剂量为 309～312g/hm²。

（2）39.6％滴酸·草甘膦水剂，上海升联化工有限公司（LS20120250），防除非耕地杂草，定向喷雾，推荐剂量为 1260～2520g/hm²。

（3）82.2％滴酸·草甘膦可溶粒剂，上海亚泰农资有限公司（PD20120586），防除非耕地杂草，茎叶喷雾，推荐剂量为 1125～2160g/hm²。

2,4-滴丁酯（2,4-D-butylate）

$C_{12}H_{14}Cl_2O_3$，277.1，94-80-4

化学名称 2,4-二氯苯氧乙酸丁酯

理化性质 2,4-滴丁酯纯品为无色油状液体，沸点 169℃（266Pa）。工业原油为棕褐色液体，沸点 146～147℃（133Pa），熔点 9℃，难溶于水，易溶于多种有机溶剂，挥发性强，遇碱分解。

相对密度（d_4^{20}）1.2428。

毒性 原药大白鼠急性 LD$_{50}$ 500～1500mg/kg，2,4-滴丁酯以 625mg/kg 剂量饲喂大鼠两年，未发现异常现象。

作用方式 主要用于苗后茎叶处理，穿过角质层和细胞质膜，能迅速传导到植物各个部位，影响核酸和蛋白质的合成。当传到生长点时，使其停止生长，幼嫩叶片不能伸展，抑制光合作用进行。传到茎部，能促使茎部细胞异常分裂，根茎膨大，丧失吸收能力。当形成层膨大成团状物时，韧皮部破坏，筛管堵塞，有机营养运输受阻，造成植物死亡，这是双子叶植物对该药敏感的原因。

适用作物 主要适用于小（大）麦、玉米、谷子、燕麦、水稻、高粱、甘蔗、禾本科牧草等。

剂型 57%乳油，80%乳油。

防除对象 藜、蓼、反枝苋、铁苋菜、蓶草、荠菜、问荆、苦菜花、刺儿菜、苍耳、苘麻、田旋花、马齿苋、野慈姑、离蕊芥、雨久花、鸭舌草、醉马草。对婆娘蒿有特效，对荠菜、麦家公、婆婆纳、猪殃殃、米瓦罐等有强的抑制作用。

使用方法

1. 单用

（1）在北方冬小麦地区，可在冬前 11 月中旬至 12 月上旬，当麦苗达 3 大叶 2 小叶时，每亩用 72% 2,4-D 丁酯乳油 20～25mL，在越冬后可在 2 月下旬至 3 月下旬，气温稳定到 15℃时，即小麦已达到分蘖末期，每亩用 72% 2,4-D 丁酯乳油 50～70mL，不宜在小麦 4 叶以前或拔节以后，或气温偏低时施药，以免发生药害。

（2）春小（大）麦、青稞区：适宜施药期为小麦 4～5 叶期到分蘖盛期，3 叶期前和旗叶出现不宜施药，每亩喷 72% 2,4-D 丁酯乳油 40～50mL，加水 30～40kg，均匀喷雾，机动喷雾器，每亩加水 10～15kg。

（3）玉米田，适宜施药期为玉米 4～6 叶期，每亩用 72% 2,4-D 丁酯乳油 30～50mL，加水 20～30kg，作茎叶喷雾，亦可在播后苗前作土壤处理，对水 20～30kg，每亩施药 50～70mL。

（4）高粱田，当高粱生长出 5～6 叶时，每亩用 72% 2,4-D 丁酯乳油 40～60mL，加水 20～30kg，作茎叶喷雾。

（5）谷子田，当谷苗生长出 4～6 片叶时，每亩用 72% 2,4-D 丁酯乳油 30～50mL，对水 15～20kg，作茎叶喷雾。

（6）水稻田，在稻田翻耕前每亩用 72% 2,4-D 丁酯乳油 30～50mL。若在水稻分蘖末期施药，每亩用 35～75mL，分蘖盛期前不宜使用此药。

（7）牧场，每亩用 72% 2,4-D 丁酯乳油 150～200mL（有效成分 108～144g），对水 25～50kg 喷雾。

（8）甘蔗田，每亩用 72% 2,4-D 丁酯乳油 150～200mL，对水 30kg 在甘蔗芽发出前喷雾。

2. 混用

（1）2,4-D 丁酯可与百草敌混用，比例为 72% 2,4-D 丁酯 20～30mL，48% 百草敌 10～13.3mL，在小麦越冬后分蘖末期施药，必须喷布均匀，否则易发生小麦倒伏等药害。

（2）2,4-D 丁酯可与毒莠定 30～50mL 混用。

（3）2,4-D 丁酯可与尿素、硝酸铵肥料适量混用，也可与野燕枯混用，但不能与禾草灵、新燕灵混用。

（4）2,4-D 丁酯还可与甲磺隆、苯磺隆等混用。

注意事项

（1）环境条件对 2,4-D 丁酯的药效和安全性影响较大，一般在气温高、光照强、空气和土壤温度大时不易产生药害，而且能发挥药效，提高防治效果。

（2）该药的挥发性强，施药作物田要与敏感的作物如棉花、油菜、瓜类、向日葵等有一定的距离。特别是大面积使用时，应设 50～100m 以上的隔离区。还应在无风或微风的天气喷药。

（3）此药不得与酸碱性物质接触，以免因水解而降低药效。

（4）本剂不得与种子及化肥一起贮藏。

（5）喷施 2,4-D 丁酯的药械最好专用，否则要用碱水多次冲洗，做试验后再对阔叶作物使用，以防发生药害。

（6）应严格施药期与施药量，以防发生药害。如果在小麦上越冬前喷施发生叶子变细等药害症状，可在春季加水加肥或喷施激素类农药解除或减轻药害。

(7) 如发现施药人员感觉异常、昏睡、无力、颤动、抽搐、昏迷、大小便失禁、呼吸衰竭，便是中毒的象征。应立即催吐、洗胃、口服 10%硫酸亚铁，每次 10mL，隔 20min 左右，连服 3～5 次，勿用温水洗胃。

登记情况及生产厂家　57%乳油，吉林金秋农药有限公司（PD20096530）；80%乳油，安徽华星化工股份有限公司（LS20090972）；82.5%乳油，辽宁省大连松辽化工有限公司；57%乳油，山东胜邦绿野有限公司。

药害

(1) 大豆　药害产生原因：茎叶处理大豆对 2,4-滴丁酯敏感，误施或药液飘移到大豆植株上会产生药害。苗前土壤处理大豆对 2,4-滴丁酯比较耐药，一般比较安全。

药害症状：用其作土壤处理受害，表现下胚轴的下端膨大呈鹅头状，幼根变短、变粗或变为扁蹼状，通常不生根毛。受害严重时，从根部开始变色坏死。受其飘移危害的表现：嫩茎、叶柄弯曲，叶片变窄、变厚、变畸、皱缩，有的叶缘、叶尖坏死，顶芽和侧芽萎缩，下胚轴和幼根变粗、弯曲，根系短小，毛根少，难产生根瘤。

(2) 玉米　药害产生原因：无论土壤处理或茎叶处理玉米对 2,4-滴丁酯均耐药，玉米出苗前施药或 3～4 叶期施药，一般不产生药害。玉米 5 片叶的耐药性显著降低，过晚施药、施药量过高或施药不均匀都会产生药害。

药害症状：用其作土壤处理受害，表现出苗时胚芽鞘弯曲，有的变细、伸长，胚芽鞘紧卷而使叶片难以抽出，胚根缩短，不生侧根。出苗后叶片卷曲、紧裹，植株矮缩。用其作茎叶处理受害，表现出叶片变窄、皱缩、卷曲，叶色变浓，其中尤以心叶变形显著，常扭卷成马鞭状或变成葱叶状，茎部变扁弯曲、变脆易折，地下的初生根、次生根及侧根变短、变粗似呈毛刷状，地上的支持根常会变成扇板状而不入土，植株矮缩。受害严重时，雄穗难以从心叶中抽出。

（3）油菜　药害产生原因：土壤处理油菜对2,4-滴丁酯比较耐药，茎叶处理敏感，误施或药液飘落到油菜植株上即可产生药害。

药害症状：受其飘移危害，表现出嫩叶向背面横卷，叶柄稍显弯曲，顶芽（即产生茎叶的生长点）萎缩。

（4）小麦　药害症状：用其作茎叶处理受害，前期表现出茎叶弯曲，叶片褪色，心叶扭卷或变为葱叶状，植株矮小；中期表现出抽穗受阻，穗形弯曲或变畸。受害严重时，茎叶黄枯。

（5）甜菜　药害产生原因：土壤处理甜菜对2,4-滴丁酯比较耐药。茎叶处理敏感，误施或药液飘落到甜菜植株上引起药害。

药害症状：受其飘移危害，表现出叶柄弯曲，有的卷成螺旋状，叶片皱缩。受害严重时，叶片则缩成畸形，甚至生长停滞，心芽坏死。

（6）向日葵　药害产生原因：土壤处理向日葵对2,4-滴丁酯比较敏感，茎叶处理非常敏感，误施可造成严重药害。邻近地块施用2,4-滴丁酯，其雾滴飘移，甚至挥发的气体远距离飘移至向日葵地块，也会产生药害。

药害症状：在土壤中接触，表现出下胚轴下部肿胀变粗，幼根缩短变粗或聚缩成瘤状，不生根毛。受其飘移危害，表现嫩茎、叶柄弯曲，叶片变窄、翻卷皱缩或呈花叶病状变色与变形。

（7）南瓜　药害产生原因：土壤处理南瓜对2,4-滴丁酯比较耐药，茎叶处理敏感，误施或药液飘落到油菜植株上即可产生药害。

药害症状：受其飘移危害，表现出叶柄卷曲，嫩茎变粗并弯曲，新叶翻卷，老叶变黄而早枯。

（8）棉花　药害症状：在土中接触受害或受飘移危害，表现出子叶下垂、皱缩，叶片多向背面翻卷，嫩茎、叶柄弯曲。受害严重时，叶片变窄、叶背变红、顶芽变褐坏死。若在现蕾期受到飘移危害，则上部叶片会呈现出典型的鸡爪状。

（9）烟草　药害症状：受其飘移危害，表现出顶芽和幼叶显著卷缩，嫩叶翻卷，叶柄和嫩茎扭曲、变硬，植株生长缓慢或停滞。

复配剂及应用

（1）63％乙·莠·滴丁酯悬乳剂，辽宁省大连瑞泽农药股份有限公司（LS20100005），防除春玉米田一年生杂草，土壤喷雾，推荐剂量为1890～2362.5g/hm²。

（2）85％滴丁·乙草胺乳油，辽宁省大连松辽化工有限公司（LS20100124），防除春玉米田一年生杂草，播后苗前土壤喷雾，推荐剂量为2010～2295g/hm²（东北地区）。

（3）23％滴丁·烟嘧可分散油悬浮剂，吉林邦农生物农药有限公司（LS20110339），防除春玉米田一年生禾本科杂草及阔叶杂草，茎叶喷雾，推荐剂量为345～414g/hm²。

（4）60％乙·嗪·滴丁酯乳油，安徽华星化工股份有限公司（PD20095442），防除春玉米田、春大豆田一年生杂草，土壤喷雾，推荐剂量为1800～2250g/hm²。

2,4-滴异辛酯（2,4-D isooctyl ester）

$C_{16}H_{22}Cl_2O_3$，333.25，25168-26-7

化学名称　2,4-二氯苯氧乙酸异辛酯

理化性质　纯品为无色油状液体，原油为褐色液体，熔点9℃，沸点396.9℃（101324.72Pa）相对密度（水＝1）1.2428，不溶于水，易溶于有机溶剂，挥发性强，遇碱分解。

毒性　大白鼠、豚鼠和兔的急性经口 LD_{50}300～1000mg/kg。

剂型　87.5％乳油，96％原药。

防除对象　适用于麦类、玉米、大豆、谷子、高粱、水稻、甘蔗。可以防除藜、蓼、反枝苋、铁苋菜、马齿苋、问荆、苦菜花、小蓟、苍耳、苘麻、田旋花、野慈姑、雨久花、鸭舌草等。对播娘蒿、荠菜、离蕊荠、泽漆防除效果特别好。对麦家公、婆婆纳、猪殃殃、米瓦罐等有抑制作用。

使用方法

1. 单用

(1) 冬大麦、春小麦、春大麦在 4 叶至分蘖末期，杂草 2~5 叶期施药，施药过晚易造成药害，形成畸穗而影响产量。用药量每 667m^2 地用 72％ 2,4-滴异辛酯乳油 40~50mL，对水 7~10L。

(2) 玉米、高粱田，播种后 3~5d，在出苗前每 667m^2 用 72％ 2,4-滴异辛酯乳油 50mL，对水 12~20L 均匀喷施土表和已出土杂草。

(3) 谷子田，适用时期谷苗 4~5 叶期，每 667m^2 地用 72％ 2,4-滴异辛酯乳油 40~50mL，对水 7~10L，对杂草茎叶喷雾。

(4) 稻田适用期为水稻分蘖末期，每 667m^2 地用 72％ 2,4-滴异辛酯乳油 35~50mL，对水 20kg 喷雾使用，喷药前一天排干水层，施药后隔天上水，以后正常管理。

2. 混用

(1) 小麦 ① 72％ 2,4-滴异辛酯乳油每 667m^2 23.3mL＋75％ 噻吩磺隆 0.8~1.0g（或 22.5％ 溴苯腈 100mL，或 75％ 苯磺隆 0.7~1g）。② 72％ 2,4-滴异辛酯乳油每 667m^2 27~33mL＋48％ 麦草畏 13mL。③ 72％ 2,4-滴异辛酯乳油每 667m^2 23.3mL＋75％ 噻吩磺隆（或苯磺隆）0.8~1.0g＋64％ 野燕枯 120~150g。

(2) 大豆 72％ 2,4-滴异辛酯乳油每 667m^2 50mL 与广灭灵、禾耐斯、精异丙甲草胺、唑嘧磺草、速收等混用。

(3) 玉米 72％ 2,4-滴异辛酯乳油每 667m^2 50mL 与异丙甲草胺、异丙草胺、唑嘧磺草胺、禾耐斯等混用。

注意事项

(1) 2,4-滴异辛酯乳油对棉花、大豆、油菜、向日葵、瓜类等双子叶作物十分敏感。喷雾时一定在无风或微风天气进行，切勿喷到或飘移到敏感作物中去，以免发生药害。

(2) 严格掌握施药时期和使用量，麦类和水稻在 4 叶期前及拔节后对 2,4-滴异辛酯敏感，不宜使用。

(3) 喷雾器最好专用，以免喷其他农药出现药害。如不能专用，对 2,4-滴异辛酯敏感的作物，不宜使用。

登记情况及生产厂家　87.5％乳油，辽宁省大连松辽化工有限公司（LS20100094）；96％原药，江苏省常州永泰丰化工有限公司（PD20100053）等。

复配剂及应用

（1）459g/L 双氟·滴辛酯悬乳剂，美国陶氏益农公司（PD20060012），防除冬小麦田阔叶杂草，茎叶喷雾，推荐剂量为 206.4～275.2g/hm^2。

（2）69％乙·莠·滴辛酯悬浮剂，吉林八达农药有限公司（LS20110287），防除春、夏玉米田一年生杂草，播后苗前土壤喷雾，推荐剂量为夏玉米田 1020～1326g/hm^2，春玉米田 1530～1836g/hm^2。

（3）40％烟嘧·滴辛酯可分散油悬浮剂，河南省郑州大河农化有限公司（LS20110068），防除春玉米田一年生杂草，茎叶喷雾，推荐剂量为 480～600g/hm^2。

2 甲 4 氯（MCPA）

$C_9H_9ClO_3$，200.6，94-74-6

其他名称　兴丰宝，苏米大，MCP，Metaxone，Agritox，Rhomenc，Trasan，Agroxone

化学名称　2-甲基-4-氯苯氧乙酸

理化性质　纯品 2 甲 4 氯为白色结晶，熔点 118～119℃；工业品熔点 99～107℃。溶解性（20℃，g/L）：乙醚 770，乙醇 1530，甲苯 62，水 0.825，有腐蚀性。

毒性　2 甲 4 氯原药急性经口 LD_{50}（mg/kg）：大鼠 700～800，小鼠 550，对野生动物及鱼低毒。

剂型　95％原药，13％钠盐水剂。

防除对象　适用于水稻、小麦等作物防治三菱草、鸭舌草、泽泻、野慈姑及其他阔叶杂草。

使用方法

1. 单用

（1）小麦田　小麦完全分蘖末期至拔节前，每亩用20％2甲4氯水剂250～300mL(有效成分50～60g)，加水25～35kg，均匀喷雾，可防除大部分一年生阔叶杂草。玉米播后苗前，每亩可用20％2甲4氯水剂100mL进行土壤处理。

（2）移栽稻田　东北稻区防治阔叶杂草及日本藨草时，每亩用2甲4氯有效成分分别为30～60g，50～70g。一般在7月上旬施药。

（3）直播稻田　为了防止稗草和小三菱草，可在稻苗2～3叶期时用20％2甲4氯水剂50～75mL、20％敌稗乳油400～650mL、40％除草醚乳粉25～50g，混合后加水均匀喷雾。一般在稗草处于2叶期时，防治效果比较理想，稗草超过3叶期，应适当增加敌稗的用量。

（4）玉米田　玉米播后苗前施药，每亩用56％2甲4氯钠可湿性粉剂53～87g，13％2甲4氯钠水剂200～250mL。

（5）苎麻田，以根种繁殖的新麻地和老麻地在头麻出苗前，每亩用56％2甲4氯钠70～90g，13％2甲4氯钠253～260mL。

（6）亚麻田　苗后每亩用56％2甲4氯钠70～90g，13％2甲4氯钠250～260mL。

2. 混用

（1）小麦苗后　每亩用56％2甲4氯钠33.3g或13％2甲4氯钠100mL＋75％噻吩磺隆（或22.5％溴苯腈83mL，或75％苯磺隆0.7～1g，或20％氟草烟33.3～50mL），或每亩用56％2甲4氯钠33.3g或13％2甲4氯钠100mL＋75％噻吩磺隆（或苯磺隆）0.7～1g＋野燕枯120～150g。

（2）玉米苗前　每亩用56％2甲4氯钠53.3～87g，13％2甲4氯钠200～250mL与异丙甲草胺、异丙草胺、唑嘧磺草胺、禾耐斯等混用。

（3）亚麻苗后　13％2甲4氯钠100mL＋48％灭草松100mL或22.5％溴苯腈83mL。

注意事项

(1) 2甲4氯与2,4-D一样，与喷雾机接触部分的结合力很强，用后应彻底清洗机具的有关部件，最好是专用。

(2) 2甲4氯飘移对双子叶作物威胁极大，应尽量避开双子叶作物地块，应在无风天气施药。

(3) 要穿防护衣、裤，戴口罩、手套。施药后要用肥皂洗手、洗脸。要顺风喷雾，不要逆风喷雾，以免药物接触皮肤，进入眼睛能引起炎症。施药时严禁抽烟、喝水、吃东西。

(4) 中毒症状有呕吐、恶心、步态不稳、肌肉纤维颤动、反射降低、瞳孔缩小、抽搐、昏迷、休克等。部分病人有肝、肾损害。发现上述症状时，应立即送医院，请医生对症治疗，注意防治脑水肿和保护肝脏。

(5) 本品储存时应注意防潮，放置于阴凉干燥处，不得与种子、食物、饲料放在一起。勿与酸性物质接触，以免失效。

登记情况及生产厂家 95%原药，黑龙江佳木斯黑龙农药化工股份有限公司（PD20083982）；94%原药，巴斯夫欧洲公司（PD20080469）；13%水剂，安徽省安庆市兴隆化工有限责任公司（PD85102-7）等。

药害

(1) 大豆 药害产生原因：茎叶处理大豆对2甲4氯敏感，误施或药液飘落到大豆植株上可产生药害。

药害症状 受其飘移危害，表现出嫩茎、叶柄弯曲，新叶变黄、变厚，并向正面翻卷。受害严重时，老叶失水枯干，顶芽和侧芽生长停滞或萎缩。

(2) 小麦 药害症状：用其作茎叶处理受害，表现出茎叶多向一侧弯成弓形或抛物线形，外叶的中下部变为筒状而包住心叶。受害严重时，多数叶片变为褐色而枯死。

(3) 水稻 药害症状：用其作茎叶处理受害，表现出心叶、嫩叶纵卷呈筒状，分蘖扭曲并萎缩，叶色变暗或变浓，质地变硬，植株生长停滞。也有的表现出茎叶黄枯。若用其作芽前土壤处理受害，则会造成幼芽弯曲，出苗迟缓，植株矮小、纤细，先出叶片的中上部多有黄白色枯斑。

（4）甜菜　药害症状：受其飘移危害，表现出叶柄弯曲，叶片向背面横卷，幼叶和顶芽萎缩。

（5）油菜　药害症状：受其飘移危害，表现出叶柄弯曲，嫩叶向背面翻卷，老叶则产生大块白色枯斑，顶芽萎缩，植株逐渐停止生长，进而枯死。

（6）向日葵　药害症状：受其飘移危害，表现出嫩茎变粗，叶柄弯曲，上部新生叶片严重萎缩、变厚，尖端枯干。

（7）棉花　药害症状：受其飘移危害，表现出嫩茎、叶柄弯曲，叶片变小、稍卷，植株生长缓慢。

复配剂及应用

（1）460g/L 2甲·灭草松可溶液剂，巴斯夫欧洲公司（PD20080470），防除水稻移栽田、直播田阔叶杂草及莎草科杂草，茎叶喷雾，推荐剂量为920～1150g/hm²。

（2）35％甲·灭·莠去津可湿性粉剂，山东胜邦绿野化学有限公司（PD20090609），防除甘蔗田一年生杂草，喷雾，推荐剂量为1312.5～1837.5g/hm²。

（3）46％2甲·草甘膦可湿性粉剂，浙江天一农化有限公司（PD20086138），防除柑橘园、苹果园杂草，喷雾，推荐剂量为1035～1380g/hm²。

（4）42.5％ 2甲·氯氟吡乳油，利尔化学股份有限公司（PD20110671），防除水稻移栽田水花生、冬小麦田一年生阔叶杂草，茎叶喷雾，推荐剂量为318.8～478.1g/hm²。

（5）72％甲·灭·敌草隆可湿性粉剂，山东胜邦绿野化学有限公司（PD20121513），防除甘蔗田一年生杂草，定向茎叶喷雾，推荐剂量为1620～2160g/hm²。

喹禾灵 （quizalofop-ethyl）

$C_{19}H_{17}ClN_2O_4$，372.8，76578-14-8

其他名称 盖草灵，快伏草，禾草克，Targa Dt

化学名称 (RS)-2-[4-(6-氯-2-喹喔啉氧基)苯氧基]丙酸乙酯

理化性质 纯品喹禾灵为白色粉末状结晶，熔点 90.5～91.6℃。溶解性（20℃，g/L）：丙酮 111，二甲苯 121，乙醇 9，苯 290，不易溶于水。在酸及碱性介质中易分解。工业品为浅黄色粉末或固体，熔点 89～90℃。

毒性 喹禾灵原药急性 LD_{50}（mg/kg）：大鼠经口 3024.5（雄）、2791.3（雌）；大鼠经皮＞2000；对皮肤无刺激作用，对眼睛有轻度刺激性；以 25mg/(kg·d)剂量饲喂大鼠，未发现异常现象；对动物无致畸、致突变、致癌作用。

作用方式 是一种内吸性高效选择性苗后除草剂，可有效防除一年生及多年生禾本科杂草。叶片吸收可向上向下传导到整株，并在分生组织积累，对多年生禾本科杂草，能抑制地下根茎的生长，一般施药后 7～10d 能使杂草死亡。

剂型 10%乳油，95%原药。

防除对象 防除看麦娘、野燕麦、臂形草、雀麦、狗牙根、野茅、马唐、稗草、蟋蟀草、匍匐冰草、画眉草、秋稷、双穗雀稗、早熟禾、法氏狗尾草、金狗尾草、千金子、芦苇、阿拉伯高粱等多种 1 年生及多年生禾本科杂草，对阔叶草无效。

使用方法 用于大豆、棉花、油菜、甜菜等阔叶作物，一般在大豆 2～3 片复叶，棉花、油菜、甜菜等生长期，一年生禾本科杂草和多年生禾本科杂草 3～5 叶期施药，一年生禾本科杂草，每亩用 10%乳油 40～75mL，多年生禾本科杂草每亩用 75～125mL，对水 35kg 喷雾使用。

注意事项

（1）对禾本科作物敏感，喷药时切忌药液喷撒或飘移到水稻、玉米、大麦、小麦等禾本科作物上，以免产生药害。

（2）喷雾器使用完毕一定反复冲洗干净，否则易对敏感作物产生药害。

登记情况及生产厂家 10%乳油，江苏省激素研究所股份有限公司（PD20091075）；10%乳油，江苏省徐州市临黄农药厂

（PD20070072）；95％原药，江苏省南通江山农药化工股份有限公司（PDN63-2000）等。

复配剂及应用

（1）7.5％氟草·喹禾灵乳油，江苏省南通丰田化工有限公司（PD20085298），防除夏大豆田一年生杂草，苗后喷雾，推荐剂量为 $90\sim135g/hm^2$。

（2）21.2％喹·胺·草除灵悬浮剂，安徽嘉联生物科技有限公司（PD20093874），防除冬油菜田一年生杂草，茎叶喷雾，推荐剂量为 $127.2\sim159g/hm^2$。

（3）10.8％乳氟·喹禾灵乳油，开封大地农化生物科技有限公司（PD20095817），防除夏大豆田一年生杂草，喷雾，推荐剂量为 $81\sim97.2g/hm^2$。

精喹禾灵 （quizalofop-*P*-ethyl）

$C_{19}H_{17}ClN_2O_4$，372.8，100646-51-3

其他名称 精禾草克，Assure Ⅱ，Pilot Super，Targa Super

化学名称 (*R*)-2-[4-(6-氯-2-喹喔啉氧基)苯氧基]丙酸乙酯

理化性质 精喹禾灵原药为浅黄色粉状结晶，熔点 $76\sim77℃$，沸点220℃（26.7Pa）；溶解性（20℃，g/L）：丙酮650，乙醇22，二甲苯360。

毒性 精喹禾灵原药急性经口 $LD_{50}(mg/kg)$：大鼠1210(雄)、1182(雌)，小鼠1753(雄)、1805(雌)；大鼠经皮＞2000。对皮肤无刺激作用；以128mg/kg剂量饲喂大鼠90d，未发现异常现象；对动物无致畸、致突变、致癌作用。

作用方式 精喹禾灵是在合成喹禾灵的过程中去除了非活性的光学异构体后的改良制品。其作用机制和杀草谱与喹禾灵相似，通过杂草茎叶吸收，在植物体内向上和向下双向传导，积累在顶端及居间分生，抑制细胞脂肪酸合成，使杂草坏死。精喹禾灵是一种高度选择性的新型旱田茎叶处理剂，在禾本科杂草和双子叶作物间有高度的选择性，对阔叶作物田的禾本科杂草有很好的防效。精禾草克作用速度更快，药效更加稳定，不易受雨水气温及湿度等环境条件的影响。

剂型 8.8%乳油，95%原药。

防除对象 野燕麦、稗草、狗尾草、金狗尾草、马唐、野黍、牛筋草、看麦娘、画眉草、千金子、雀麦、大麦属、多花黑麦草、毒麦、稷属、早熟禾、双穗雀稗、狗牙根、白茅、匍匐冰草、芦苇等一年生和多年生禾本科杂草。

使用方法 适用于阔叶草坪田。为禾本科杂草3～5叶期防治。防治一年生禾本科杂草每亩地用5%精喹禾灵乳油50～70mL，对水30～40kg均匀茎叶喷雾处理。土壤水分空气湿度较高时，有利于杂草对精禾草克的吸收和传导。

注意事项

(1) 操作时，需戴口罩和橡皮手套。操作后，用肥皂将脸手脚等洗净，并用清水漱口。

(2) 误饮应多喝水，将药液吐出，并马上找医生采取抢救措施。

登记情况及生产厂家 95%原药，安徽丰乐农化有限责任公司（PD20070562）；5%乳油，江苏瑞禾化学有限公司（PD20080018）；10%乳油，山东胜邦绿野化学有限公司（PD20080746）；8.8%乳油，江苏丰山集团有限公司（PD20081050）等。

药害症状

(1) 玉米 受其飘移危害，表现为从茎顶的生长点及心叶基部开始变褐枯萎，心叶上部相继变黄、枯死，然后由内层叶片向外层叶片、由上位叶片向下位叶片依次变黄枯死。

(2) 小麦 受其飘移危害，表现出先从心叶基部开始向上褪绿转黄，然后逐渐向外层叶片扩展。受害严重时，全株变为黄白色或黄褐色，进而倒伏枯死。

(3) 水稻 受其飘移危害和误用受害，表现出心叶纵卷、颜色变黄，植株因心叶萎缩而变矮，生长停滞。受害严重时，会使所有叶片都蜷缩、变黄、变褐枯死。

（4）高粱 受其飘移危害，表现从茎顶的生长点及心叶基部开始变褐枯萎，心叶上部和其他叶片、叶鞘逐渐变黄，并产生紫红或紫褐色斑，根系变紫、变褐，植株生长停滞，然后枯死。

复配剂及应用

（1）35%精喹·乙草胺乳油，安徽丰乐农化有限责任公司（PD20080747），防除大豆田一年生禾本科杂草和部分阔叶杂草，茎叶喷雾，推荐剂量为900~1070g/hm²。

（2）42%灭·喹·氟磺胺微乳剂，吉林金秋农药有限公司（LS20120133），防除春大豆田一年生杂草，茎叶喷雾，推荐剂量为693~819g/hm²。

（3）31%精喹·嗪草酮乳油，辽宁省大连松辽化工有限公司（LS20110141），防除马铃薯田一年生杂草，茎叶喷雾，推荐剂量为232.5~325.5g/hm²。

禾草灵（diclofop-methyl）

$C_{16}H_{14}Cl_2O_4$，341.186，51338-27-3

其他名称 Illoxan，Hoe-Grass，Hoelon，禾草除，伊洛克桑

化学名称 2-[4(-2′,4′-二氯苯氧基)苯氧基]丙酸甲酯

理化性质 纯化合物为无色无臭固体，工业品为无色无臭胶体。熔点39~41℃，相对密度1.30（40℃）。22℃时在水中溶解度为0.3mg/100mL。在下列有机溶剂中的溶解度：丙酮249g/100mL，乙醇11g/100mL，乙醚228g/100mL，二甲苯253g/100mL。在20℃时蒸气压为0.034mPa。原药纯度≥93%，相对密度1.065（20℃），pH=6.8，闪点54.5℃。

毒性 急性经口LD_{50}（mg/kg）：雄大鼠>580，雌大鼠>557。雄大鼠90d饲喂的无作用剂量为12.5mg/kg，雄狗为80mg/kg。对野鸭和鹌鹑LD_{50}>2000mg/kg，虹鳟鱼LD_{50}（96h）10.7mg/kg。

对人眼有刺激作用。对皮肤有轻微刺激作用。在实验条件下未见致畸、致癌、致突变作用。

作用方式 禾草灵作叶面处理，可被植物的根、茎、叶吸收，主要作用于植物的分生组织。其原理是在植物体内以酸和酯的形式存在。酯类作用强烈，是植物激素拮抗剂，能抑制茎的生长。酸类为弱拮抗剂，能破坏细胞膜。受药的野燕麦，细胞膜和叶绿素被破坏，光合作用及同化物向根部运输受到抑制，经5～10d后即出现褪绿的中毒现象。具有局部内吸作用，传导性能差。

剂型 36％乳油，97％原药。

防除对象 禾草灵为选择性茎叶处理剂，有一定的内吸传导作用，对双子叶植物和麦类作物安全。主要用于大（小）麦、青稞、黑麦、大豆、花生、油菜、甜菜、亚麻、马铃薯等作物田防除野燕麦、看麦娘、稗草、马唐、狗尾草、毒麦、画眉草、千金子、蟋蟀草等禾本科杂草，对阔叶杂草无效。

使用方法 禾草灵宜在杂草苗期使用，采用喷雾法处理茎叶。

① 在小麦、大麦田防除野燕麦、看麦娘时，宜在大部分杂草2～4叶期施药，每亩用36％或28％乳油100～183mL（有效成分46～66g）加水20～30kg，稀释喷雾。施药越晚除草效果越低。

② 在油菜、大豆、甜菜等作物田防除野燕麦、狗尾草、稗草等，宜在杂草2～4叶期施药，每亩用36％或28％乳油160～200mL（有效成分60～72g）。防治看麦娘、马唐时，每亩用36％的乳油200mL（有效成分72g）在马唐1～2叶或看麦娘1分蘖时施药。双子叶作物对禾草灵耐药力低于禾谷类作物，每亩药有效成分超过72g时对小麦生长有抑制作用。

注意事项

（1）禾草灵不宜在玉米、高粱、谷子、棉花田使用。

（2）禾草灵在气温低时药效降低，麦田使用宜早。土地湿度高时有利于药效发挥，宜在施药后2～3d内灌水。

（3）禾草灵可与氨基甲酸酯类、取代脲类、腈类及甜菜宁、嗪草酮等除草剂混用。但不能与2,4-D丁酯、2甲4氯等苯氧乙酸类及百草敌、苯达松混用，也不宜与氮肥混用，否则会降低药效。

（4）美国和德国规定作物最高残留量为 0.1×10^{-6}。

（5）因本品含有溶剂，人误食后可服 200mL 石蜡油，再服 30g 活性炭解毒，不要让病人呕吐，注意保暖，静卧，禁用肾上腺素类药治疗。

登记情况及生产厂家　97％原药，捷马化工股份有限公司（PD20070661）；28％乳油，一帆生物科技集团有限公司（PD20082164）；36％乳油，捷马化工股份有限公司（PD20082592）等。

吡氟禾草灵 （fluazifop-butyl）

$$F_3C \underset{N}{\bigcirc} O \bigcirc O \overset{CH_3}{CHCO_2C_4H_9\text{-}n}$$

$C_{19}H_{20}F_3NO_4$，383.4，79241-46-6

其他名称　稳杀得，氟草灵，氟吡醚，氟草除，伏寄普，Fusilade，Super，Onecide，Ppooq

化学名称　2-[4-(5-三氟甲基-2-吡啶氧基)苯氧基]丙酸丁酯

理化性质　吡氟禾草灵原药为无色或淡黄色液体，熔点约5℃，沸点170℃（666.61Pa）；溶解性（20℃）：水 1mg/L，易溶于二氯甲烷、异丙醇、甲苯、丙酮、乙酸乙酯、己烷、甲醇、二甲苯等有机溶剂。对紫外光稳定，在潮湿的土壤中迅速分解。

毒性　吡氟禾草灵原药急性 LD_{50}（mg/kg）：大鼠经口 3680（雄）、2451（雌），小鼠经口 1490（雄）、1770（雌）。对皮肤有轻微刺激作用，对眼睛有中等刺激性作用；以 10mg/kg 以下剂量饲喂大鼠 90d，未发现异常现象；对动物无致畸、致突变、致癌作用。

作用方式　稳杀得（吡氟禾草灵）是一种内吸传导型的选择性茎叶处理除草剂。对禾本科杂草有良好的防除效果。用作茎叶处理，可以被茎叶吸收，并以水解的形态通过韧皮部、木质部的输导组织传导到生长点和分生组织，抑制其节、根茎、芽的生长，受药作物逐渐枯萎死亡。稳杀得作用速度缓慢，一般施药后 2～3d 内，禾本科杂草不会死亡，7d 左右节中或芽发生坏死、嫩叶枯萎，10～15d 杂草死亡。对杂草的有效控制期可达 45d 左右。

剂型 35％乳油。

防除对象 主要用于阔叶作物，如棉花、大豆、花生、油菜、薄荷、甜菜、甘薯、马铃薯、西瓜、亚麻、阔叶蔬菜、烟草、豌豆、果园、葡萄园、橡胶园及菜地防除一年生和多年生禾本科杂草，如看麦娘、狗尾草、稗、马唐、牛筋草、野燕麦、芦苇、石茅、狗眼根、蟋蟀草、匍匐冰草、宿根高粱等。但千金子、早熟禾等禾本科杂草对稳杀得具有一定的抗性。

使用方法 在禾本科杂草出草高峰后，杂草2～5叶期间，每亩用35％稳杀得乳油40～60mL对水30～40kg进行茎叶喷雾处理，对一年生禾本科杂草有良好效果。在干旱、杂草较大时，或防除多年生禾本科杂草时，亩用药量可以适当增加至65～100mL，或在药后40d前后再施药1次。防治多年生杂草如芦苇、茅草、狗牙根等，则需每亩130～165mL，方能取得较好的效果。在阔叶杂草与禾本科杂草混生的大豆田中，稳杀得可与虎威混用。在甜菜田中，可与16％的甜菜宁400mL混用。在亚麻田中，可与56％2甲4氯原粉50g混用兼治阔叶草。在花生地可与阔叶枯45％乳油150mL或48％苯达粉液剂100mL混用兼治阔叶杂草。

注意事项

（1）用稳杀得防除阔叶作物田禾本科杂草时，应防止药液飘移到禾本科作物上，以免发生药害。同时，用过稳杀得的器具应彻底清洗干净方可用于禾本科作物施药。

（2）空气湿度和土壤湿度较高时，有利于杂草对稳杀得的吸收、输导，药效容易发挥。高温干旱下施药，杂草茎叶不能充分吸收药剂，药效会受到一定程度的影响，此时应适当增加用药量。

（3）稳杀得仅能防除禾本科杂草，对阔叶杂草无效。因此，用稳杀得除草的田块应加强对阔叶杂草的防除。

（4）稳杀得可与虎威混用，但不能与对草快混用，与杂草焚混用应慎重。

（5）本品为易燃性液体，运输中应避开火源。

登记情况及生产厂家 35％乳油，日本石原产业株式会社（PD25-87）。

精吡氟禾草灵 （fluazifop-*p*-butyl）

$C_{19}H_{20}F_3NO_4$，383.36，79241-46-6

其他名称　Fusilade super，精稳杀得

化学名称　(*R*)-2-{4-[(5-三氟甲基吡啶-2-基)氧基]苯氧基}丙酸丁酯

理化性质　原药纯度为85.7%，外观为褐色液体，密度1.21（20℃），熔点−5℃，沸点164℃（2.67Pa），30℃时蒸气压133.3nPa。常温下在水中溶解度为1mL/L，可与二甲苯、丙酮、丙二酮、甲苯等有机溶剂混溶，在正常条件下贮存稳定。

毒性　按我国农业毒性分级标准，精吡氟禾草灵为低毒除草剂。原药大鼠急性经口 LD_{50} 为4096mg/kg（雄）、2712mg/kg（雌），制剂精稳杀得15%乳油大鼠经口 LD_{50} 为5000mg/kg。对饲养动物试验剂量内无致畸、致突变、致癌作用。

作用方式　内吸传导型茎叶处理除草剂，其优良选择性，对禾本科杂草具强力的杀伤作用，对阔叶作物安全。药剂主要通过茎叶吸收，在植物体内水解成酸，经筛管、导管传导至生长点、节间分生组织，干扰ATP（三磷酸腺苷）的产生和传递，破坏光合作用，抑制细胞分裂，阻止其生长。由于植物吸收传导强，施药后48h即可表现中毒症状，停止生长，芽和节的分生组织出现枯斑，心叶和其他叶片逐渐变成紫色和黄色至枯萎死亡。但精稳杀得药效发挥较慢，10～15d后才能杀死一年生杂草，在干旱、杂草较大的情况下效果较差，但其具有较强的抑制作用，使杂草生长矮小，结实极少。

剂型　15%乳油，90%原药。

适用范围

(1) 大田作物类：大豆、花生、棉花、油菜、甘薯、马铃薯、亚麻、胡麻、芝麻、向日葵、烟草、莲藕等。

（2）瓜果菜类：西瓜、草莓、葡萄、黄瓜、冬瓜、甜瓜、南瓜、西葫芦、白菜、甘蓝、芥菜、萝卜、茄子、番茄、辣椒、胡萝卜、芹菜、香菜、茴香、洋葱、大蒜、韭菜、大葱、莴苣、菠菜、苋菜、甜菜、菜花等。

（3）花草类：苜蓿及各种阔叶茶圃。

防除对象　防除一年生、多年生禾本科杂草，如野燕麦、狗尾草、旱稻、马唐、牛筋草、看麦娘、雀麦、臂形草等，提高剂量可除芦苇、狗牙根、双穗雀稗等多年生杂草。

使用方法

（1）大豆田：大豆 2～3 叶期，禾本科杂草 3～5 叶期，每亩用 15％精吡氟禾草灵乳油 50～80mL 加水 10L，茎叶喷雾处理。当水分条件较好，杂草幼嫩，出苗整齐，每亩 40～50mL 也能取得较好防效，干旱、杂草较大，则需适当提高剂量，每亩 67～80mL 才能取得较好防效。多年生杂草芦苇、狗牙根等用量应提高到每 $667m^2$ 133～167mL 加水 10L，芦苇 4～6 叶期作茎叶喷雾处理。

混用：每亩用 15％精吡氟禾草灵 50～80mL＋48％灭草松 167～200mL（或 25％氟磺胺草醚 67mL，或 48％广灭灵 67mL，或 24％乳氟禾草灵 33.3mL，或 21.4％三氟草醚 70～100mL）。难治杂草推荐三混，15％精吡氟禾草灵 50～80mL＋48％广灭灵 70mL＋25％氟磺胺草醚 60～70mL 或 48％灭草松 100mL。

（2）花生田　花生苗后 2～3 叶期，用 15％精吡氟禾草灵乳油每亩 50～67mL 加水 10L 茎叶喷雾处理，结合一次中耕除草，可控制全生育期杂草。在单双子叶混生情况下，15％精吡氟禾草灵乳油每亩 50mL 与 45％阔叶枯乳油每亩 150mL 或 48％灭草松液剂每亩 100mL 混用，可兼治马唐、稗草、牛筋草、狗尾草、藜、反枝苋等单双子叶杂草。

（3）油菜田　精吡氟禾草灵在各种栽培型冬油菜田中防除看麦娘效果显著，在看麦娘具 1～1.5 个分蘖时，用 15％精吡氟禾草灵乳油每亩 40mL 加水 10L 作茎叶喷雾处理。

（4）棉花田　棉苗 3～4 叶期，禾本科杂草 3～5 叶期，每亩

33～67mL 加水 10L 作茎叶喷雾处理。

（5）甜菜田　甜菜 3～4 叶期，禾本科杂草 3～5 叶期，每亩 50～67mL 加水 10L 作茎叶喷雾处理，防除以稗草、狗尾草等一年生禾本科杂草为主的地块，可获得较好防效。在单双子叶混生地，可与 16％甜菜宁乳油每亩 400mL 混用，防除野燕麦、稗草、藜、苋、禾草及阔叶草效果显著，对作物安全。

注意事项

（1）精稳杀得在土地湿度较高时除草剂效果好，干旱时较差，所以在干旱时应略加大药量和用水量。施药时应避免在高温、干燥的情况下施药。

（2）在亚麻田，与 2 甲 4 氯水剂混用可防治阔叶杂草。

（3）如误食中毒，需饮水催吐，并送医院治疗。

（4）本品应在阴暗、密封条件下贮存，防火。

登记情况及生产厂家　90％原药，山东绿霸化工股份有限公司（PD20081578）；15％乳油，山东侨昌化学有限公司（PD20091197）；150g/L 乳油，安徽丰乐农化有限责任公司（PD20090832）。

药害症状　高粱，受其飘移危害，表现先从茎顶的生长点及心叶基部开始变褐枯萎，随后心叶上部产生紫红色斑，并逐渐蔓延到外叶和根系，致使植株变黄枯死，叶片和叶鞘很容易从生长点上拔掉。

噁唑禾草灵 （fenoxaprop）

$C_{18}H_{16}ClNO_5$，361.6，66441-23-4

其他名称　豆田清，麦田清，噁唑灵，Supet，Furore，Puma，Exel，Whip，fenoxapropethyl

化学名称　2-[4-(6-氯-2-苯并噁唑氧基)苯氧基]丙酸乙酯

理化性质　纯品噁唑禾草灵白色固体，熔点 84～85℃；溶解性（25℃）：水 0.9mg/L，丙酮＞500g/kg，环己烷、乙醇＞10g/kg，乙酸乙酯＞200g/kg，甲苯＞300g/kg；对光不敏感，遇酸、碱分解。

毒性 噁唑禾草灵原药急性 LD_{50}（mg/kg）：大鼠经口 2357（雄）、2500（雌），小鼠经口 4670（雄）、5490（雌）；大鼠经皮＞2000。对鼠、兔皮肤和眼睛有轻微刺激性，对鱼有毒，对鸟低毒，对蜜蜂高毒；以 16mg/kg 剂量饲喂大鼠 90d，未发现异常现象。

作用方式 2-（4-芳氧基苯氧基）丙酸类内吸芽后除草剂，是脂肪酸合成抑制剂。选择性强、活性高、用量低。抗雨水冲刷，对人畜安全、对作物安全。

剂型 10%乳油。

防除对象 一年生和多年生禾本科杂草，如看麦娘、鼠尾看麦娘、野燕麦、自生燕麦、不结籽燕麦、稗草、黍、宿根高粱、䅟草、狗尾草等。

使用方法

（1）防治小麦田的日本看麦娘、看麦娘及野燕麦等，从杂草 2 叶期至拔节期均可使用，但以冬前杂草 3～4 叶期使用最好。冬前杂草 3～4 叶期，亩用噁唑灵乳油 65～80mL，加水 30～50L 喷雾。冬后使用，亩用 10%噁唑灵乳油 80～90mL，加水 40～60L 喷雾。防治小麦田的硬草、茵草等，在冬前杂草 3～4 叶期亩用 10%乳油 80～90mL 加水 40～60L 喷雾。

（2）大豆、棉花、花生等旱田阔叶作物芽后亩用 80～120mL，防治一年生禾本科杂草。防治宿根高粱等多年生杂草应加大剂量或二次施药。

注意事项

（1）不能用于大麦、燕麦、玉米、高粱田除草，不能防除一年生早熟禾和阔叶杂草。

（2）可与禾草灵，异丙隆等混用，不能与苯达松、百草敌、甲羧除草醚等混用。

（3）小麦播种出苗后，看麦娘等禾本科杂草 2 叶至分蘖期施药防效最好，防效 97%以上，施药量应视草情增减。

（4）长期干旱会降低药效。

（5）噁唑禾草灵制剂如不含安全剂时不能用于麦田。

精噁唑禾草灵 （fenoxaprop-p-ethyl）

$C_{18}H_{16}ClNO_5$，361.78，71238-80-2，113158-40-0（酸）

其他名称 骠马，Puma Super，Whip Super

化学名称 (R)-2-[4-(6-氯-1,3-苯并噁唑-2-基氧)苯氧基]丙酸乙酯

理化性质 参见噁唑禾草灵

毒性 急性经口 LD_{50}（mg/kg）：雄大鼠为 3040，雌大鼠为 2090。小鼠急性经口 $LD_{50}>5000$mg/kg，大鼠急性经皮 $LD_{50}>2000$mg/kg，大鼠急性吸入 $LD_{50}>6.04$mg/L。在 90d 饲喂试验中，小鼠无作用剂量为 1.4mg/(kg·d)，大鼠为 0.8mg/(kg·d)，狗为 15.9mg/(kg·d)。对非哺乳动物的毒性与外消旋体相似。

作用方式 内吸型苗后广谱禾本科杂草除草剂。

剂型 95%原药，6.9%水乳剂。

防除对象 威霸用作苗后除草剂，防除甜菜、棉花、亚麻、花生、油菜、马铃薯、大豆和蔬菜田的一年生和多年生禾本科杂草。骠马中加有安全剂解草唑（Hoe 070542），在小麦或黑麦内可被很快代谢为无活性的降解产物，而对禾本科杂草的敏感性无明显影响。适用于小麦、黑麦田适用。

使用方法 苗后除草剂，施药期很宽。可在禾本科杂草 2～3 叶期至分蘖期用药，最佳的施药时间应在杂草 3 叶期后，使用剂量为 40～108g/hm²，大约为相同活性所需外消旋体量的一半。

（1）小麦田 看麦娘及野燕麦等，杂草 2 叶期及拔节期均可使用，但以冬前杂草 3～4 叶期使用最好。冬前杂草 3～4 叶期时，亩用 6.9%威霸浓乳剂 40～50mL 或 10%乳油 25～30mL，加水 30～35mL 或加水 40～60L 喷雾。骠马防除小麦田的硬草、菵草，在冬前杂草 3～4 叶期使用，亩用 6.9%乳油 50～60mL，加水 30～50L 喷雾。冬后用 6.9%乳油 70～80mL，加水 40～60L 喷雾。

（2）大豆田　大豆芽后 2～3 复叶期，用 6.9％威霸浓乳剂每亩 50～70mL，加水 10L，茎叶处理。

（3）花生田　花生 2～3 叶期，杂草 3～5 叶期，用 6.9％威霸浓乳剂每亩 50～70mL，加水 10L，茎叶处理。

（4）油菜田　油菜 3～6 叶期，杂草 3 叶期喷药，冬油菜用 6.9％威霸浓乳剂每亩 50～70mL，加水 10L，茎叶处理；春油菜田 6.9％威霸浓乳剂每亩 50～70mL，加水 10L，茎叶处理。

注意事项

（1）威霸不含安全剂，不能用于麦田。

（2）骠马不能用于大麦。某些品种小麦冬后使用骠马会出现叶片短时间叶色变淡现象，7～10d 逐渐恢复。

（3）水稻田施用威霸后，水稻叶片可能出现"节节黄"现象，一般用药后 2～3 周消除，不影响产量。

登记情况及生产厂家　95％原药，安徽丰乐农化有限责任公司（PD20080493）；6.9％水乳剂，安徽华星化工股份有限公司（PD20085962）；10％乳油，浙江省杭州宇龙化工股份有限公司（PD20083367）。

药害症状

（1）小麦　用其加安全剂（Hoe 070542）的品种做茎叶处理受害，表现从幼叶基部向上褪绿转黄，并在叶鞘与叶基的结合部位缢缩、枯折，从而使叶片平伏。受害严重时，心叶蜷缩、变褐、枯死。

（2）水稻　受其飘移危害或误用于北方稻田而受害，表现心叶、嫩叶纵卷，颜色变黄或变暗，而呈青枯状，植株变矮，生长停滞。受害严重时，叶片全部卷缩、变黄、变褐枯死。

氟吡甲禾灵 （haloxyfop-methyl）

$C_{16}H_{13}ClF_3NO_4$，375.7，69806-40-2

其他名称 盖草能，Gallant，Verdict，Zellek，Dowco 453-ME

化学名称 (RS)-2-[4-(3-氯-5-三氯甲基-2-吡啶氧基)苯氧基]丙酸甲酯

理化性质 纯品氟吡甲禾灵为无色或白色晶体，熔点 $55 \sim 57℃$。溶解性（$25℃$，mg/L）：水 9.3，易溶于丙酮、二氯甲烷、二甲苯、甲醇、乙酸乙酯等有机溶剂。

毒性 原药大鼠急性 LD_{50}（mg/kg）：经口＞500，经皮＞2000。对皮肤无刺激作用，对兔眼睛有轻微刺激作用，对动物无致畸、致突变、致癌作用。

作用方式 苗后选择性除草剂，脂肪酸合成抑制剂，具有内吸传导作用，茎叶处理后很快被杂草吸收并传输到整个植株，水解成酸，抑制根和茎的分生组织生长，导致死亡。

剂型 94%原药。

防除对象 用于大豆、棉花、花生、油菜、苗圃、亚麻等多种阔叶作物，防除马唐、看麦娘、牛筋草、稗草、狗尾草、千金子等一年生禾本科杂草和狗牙根、白茅等多年生禾本科杂草，对阔叶草和莎草无效。

登记情况及生产厂家 94%原药，江苏扬农化工集团有限公司（PD20093250）。

高效氟吡甲禾灵（haloxyfop-*p*-methyl）

$C_{16}H_{13}ClF_3NO_4$，374.6，72619-32-0

其他名称 右旋吡氟乙草灵，精氟吡甲禾灵，高效盖草能，精盖草能，Gallant Super

化学名称 (R)-2-[4-(3-氯-5-三氯甲基-2-吡啶氧基)苯氧基]丙酸甲酯

理化性质 纯品高效氟吡甲禾灵为无色或白色晶体，熔点

107~108℃（酸）、55~57℃（甲酯）、56~58℃（乙酯）；溶解性（25℃，mg/L）：水43.3（酸）、9.3（甲酯）、0.58（乙酯），易溶于丙酮、二氯甲烷、二甲苯、甲醇、乙酸乙酯等有机溶剂。

毒性　原药大鼠急性 LD_{50}（mg/kg）：经口＞500，经皮＞2000。对皮肤无刺激作用，对兔眼睛有轻微刺激作用，对动物无致畸、致突变、致癌作用。

作用方式　高效氟吡甲禾灵施药后能很快被禾本科杂草的叶片吸收，并传导至整个植株，抑制植物分生组织生长，从而杀死杂草。施药期长，对出苗后到分蘖、抽穗初期的一年生和多年生禾本科杂草均具有很好的防除效果。正常使用情况下对各种阔叶作物高度安全。低温、干旱条件下仍能表现出优异的除草效果。

剂型　108g/L乳油，94%原药。

防除对象　一年生及多年生禾本科杂草。如马唐、稗草、千金子、看麦娘、狗尾草、牛筋草、早熟禾、野燕麦、芦苇、白茅、狗牙根等，尤其对芦苇、白茅、狗牙根等多年生顽固禾本科杂草具有卓越的防除效果。

使用方法　防除一年生禾本科杂草，于杂草3~5叶期施药，亩用10.8%高效氟吡甲禾灵乳油20~30mL，对水20~25kg，均匀喷雾杂草茎叶。天气干旱或杂草较大时，须适当加大用药量至30~40mL，同时对水量也相应加大至25~30kg。

用于防治芦苇、白茅、狗牙根等多年生禾本科杂草时，亩用量为10.8%高效氟吡甲禾灵乳油60~80mL，对水25~30kg。在第一次用药后1个月再施药1次，才能达到理想的防治效果。

（1）大豆田　防治一年生禾本科杂草3~4叶期施药，每亩用10.8%高效氟吡甲禾灵乳油25~30mL（有效成分2.7~3.2g）；4~5叶期，每亩用30~35mL（有效成分3.2~3.8g）；5叶期，用药量适当增加。防治多年生禾本科杂草，3~5叶期，每亩用40~60mL（有效成分4.3~6.5g）。

混用：亩用10.8%高效氟吡甲禾灵乳油25~35mL＋48%灭草松167~200mL（或24%乳氟禾草灵33.3mL，或21.4%三氟羧草醚70~100mL，或25%氟磺胺草醚70~80mL）。

防治难治杂草，每亩用 10.8％高效氟吡甲禾灵乳油 25～35mL＋48％广灭灵 70mL＋48％灭草松 100mL(或 25％氟磺胺草醚 60mL)。

（2）油菜田　油菜苗后杂草 3～5 叶期时用药。每亩用 10.8％高效氟吡甲禾灵乳油 20～30mL(有效成分 2.2～3.2g)，加水 15～30L，进行茎叶喷雾处理，可有效防除看麦娘、棒头草等禾本科杂草。

（3）棉花、花生等作物田　根据杂草的生育期，参照大豆田、油菜田的使用方法进行处理。棉花田每亩用 10.8％高效氟吡甲禾灵乳油 25～30mL(有效成分 2.7～3.2g)；花生田每亩用 10.8％高效氟吡甲禾灵乳油 20～30mL(有效成分 2.2～3.5g)。

注意事项

（1）本品使用时加入有机硅助剂可以显著提高药效。

（2）禾本科作物对本品敏感，施药时应避免药液飘移到玉米、小麦、水稻等禾本科作物上，以防产生药害。

登记情况及生产厂家　94％原药，美国陶氏益农公司(PD20080662)；108g/L 乳油，湖南大方农化有限公司（PD20081317)。

药害症状

（1）水稻　受其飘移危害，表现出心叶纵卷、褪绿、萎缩，其他叶片也逐渐纵卷、变黄、变褐枯死。

（2）小麦　受其飘移危害，表现从茎顶的生长点及心叶基部开始变褐枯萎，心叶上部变黄，根系变细、变短，植株生长停滞，随后茎叶由内向外逐渐变黄枯死。

炔草酯 （clodinafop-propargyl）

$C_{17}H_{13}ClFNO_4$，339.7，105512-06-9

其他名称　顶尖，炔草酸，麦极，Topic，Celio

化学名称　(R)-2-[4-(5-氯-3-氟-2-吡啶氧基)丙酸炔丙酯

理化性质　纯品为白色晶体，熔点 59.5℃，相对密度 1.37 (20℃)。蒸气压 $3.19×10^{-3}$ mPa(25℃)，分配系数 $K_{ow}lgP=3.9$ (25℃)。Henry 常数 $2.79×10^{-4}$ Pa/mol。水中溶解度 4.0mg/L (20℃)。其他溶剂中溶解度（g/L，25℃）：甲苯 690，丙酮 880，乙醇 97，正己烷 0.00896。在酸性介质中相对稳定，碱性介质中水解。

毒性　急性经口 LD_{50}（mg/kg）：大鼠＞1829，小鼠＞2000。大鼠急性经皮 LD_{50}＞2000mg/kg。对兔眼和皮肤无刺激性。大鼠急性吸入 LC_{50}（4h）3.325mg/L 空气。喂养试验无作用剂量 [mg/(kg·d)]：大鼠 0.35，小鼠 18 个月 1.2，狗 3.3。无致畸、无致突变性、无繁殖毒性。鱼毒 LC_{50}（96h，mg/L）：鲤鱼 0.46，虹鳟鱼 0.39。对野生动物、无脊椎动物及昆虫低毒，LD_{50}（8d）：山齿鹑＞2000mg/L，蚯蚓＞210mg/kg 土壤。蜜蜂 LD_{50}（48h,经口和接触)＞100μg/只。

作用方式　抑制植物体内乙酰辅酶 A 羧化酶的活性，从而影响脂肪酸的合成，而脂肪酸是细胞膜形成的必要物质。炔草酯主要被杂草叶部组织吸收，而根部几乎不吸收。叶部吸收后，通过木质部由上向下传导，并在分生组织中累积，高温、高湿条件下可加快传导速度。炔草酯在土壤中迅速降解为游离酸苯基和吡啶部分进入土壤，在土壤中基本无活性，对后茬作物无影响。

作用特点　该药杀草谱广，施药时期宽，混用性好。对小麦高度安全，适用于冬小麦和春小麦除草；加量使用不影响安全性，使用推荐剂量 2 倍药量对小麦无不良影响；温度变化不影响安全性，从 10 月份至次年 4 月份均可施药；安全性不受小麦生育期影响，从小麦 2 叶期至拔节期均可施药。该药残留期较短，在土壤中的半衰期为 10～15d，在通气条件下能快速降解，不易在土壤中移动、淋溶、累积，对下茬作物安全。

剂型　8%乳油，15%可湿性粉剂，15%微乳剂，95%原药。

防除对象　对恶性禾本科杂草特别有效，与安全剂以一定比例混合，用于小麦田，主要防治禾本科杂草，如对鼠尾看麦娘、燕麦、黑麦草、早熟禾、狗尾草等有高效作用，另外有资料记录对硬草、茵草、棒头草也表现十分卓越。对阔叶杂草和莎草无效。一般施药1~2d后杂草停止生长，10~30d后死亡。

使用方法　用药量有效成分一般在30~45g/hm²，用于小麦苗后茎叶喷雾1次，使用60g/hm²剂量可造成小麦叶片黄化，但20d后可以恢复，在推荐范围内对小麦安全。炔草酯的使用与杂草的种类和使用时期密切相关。如果对野燕麦、看麦娘杂草2~4叶期使用，亩用量3g对水15~30kg喷雾，就可以获得满意的防效；后期5~8叶期，使用剂量提高到4.5g即可。如果对硬草、茵草、棒头草等为主的田块，杂草2~4叶期，亩用量4.5g；5~8叶期，剂量提高到5.25~6g。一般来说，在禾本科杂草2~4叶期，在温暖、潮湿的气候下，大多数杂草已经发芽并且生长旺盛时使用效果最佳。炔草酸（麦极）还有一个特点，它的防效和水的使用量没有关系，如果使用适当的喷雾设备，保证杂草均匀受药的情况下，一般使用15kg水也能取得一样的防效，这样可以节省用水和劳力。

注意事项

（1）建议在麦田进行除草时和苯磺隆、苄嘧磺隆可湿性粉剂等除草剂混用，以提高阔叶杂草的防治效果。

（2）冬前使用施药适期为禾本科杂草2~4叶期。

（3）施药后遇低温或干旱，药效发挥速度变慢，防除效果变差。

（4）小麦拔节后不宜使用。

（5）在低温下使用对麦苗也有较好的安全性，但应避免在麦田受渍、生长弱的田块用药，否则容易出现药害，药害症状主要是麦苗生长受抑，并可能出现麦叶发黄症状。

（6）唑草酮与炔草酸混用，可以兼除麦田禾本科杂草和阔叶杂草，安全性和防效性均好，但如果用到上述田块（麦田受渍、生长弱的田块），小麦受到唑草酮药害后，生长变弱，可能进一步受到炔草酸药害而生长受抑。

登记情况及生产厂家　8%乳油，安徽省四达农药化工有限公司（LS20110013）；15%微乳剂，浙江省杭州宇龙化工有限公司

（LS20110224）；15％可湿性粉剂，瑞士先正达作物保护有限公司（PD20096826）；95％原药，瑞士先正达作物保护有限公司（PD20096825）。

复配剂及应用

（1）炔·苄·唑草酮可湿性粉剂，江苏省苏州富美实植物保护剂有限公司（LS20110197），防除冬小麦田一年生禾本科杂草及阔叶杂草，茎叶喷雾，推荐剂量为166.5～222g/hm²。

（2）5％唑啉·炔草酯乳油，瑞士先正达作物保护有限公司（PD20102141），防除冬小麦、春小麦田禾本科杂草，茎叶喷雾，推荐剂量为30～60g/hm²（春小麦），45～75g/hm²（冬小麦田）。

（3）18％氟吡·炔草酯悬浮剂，河南省郑州大河农化有限公司（LS20110279），防除冬小麦田一年生杂草，茎叶喷雾，推荐剂量108～135g/hm²等。

恶草醚（isoxapyrifop）

$C_{17}H_{16}Cl_2N_2O_4$，383.1，87757-18-4

化学名称　(RS)-2-{2-[4-(3,5-二氯-2-吡啶基氧)苯氧基]丙酰}-1,2-恶唑烷

理化性质　纯品为无色晶体，熔点121～122℃，在水中溶解度为9.8mg/L。

毒性　大鼠急性经口 LD_{50}（mg/kg）：雄500，雌1400。急性经皮 LD_{50}（mg/kg）：大鼠＞5000，家兔＞2000。小鼠慢性试验78周饲喂无作用剂量为0.02mg/(kg·d)，对兔皮肤无刺激，对兔眼睛有轻微刺激性，在试验条件下无致突变、致畸、致癌作用。对鸟类低毒，日本鹌鹑急性经口 LD_{50}＞5000mg/kg。对鱼为中等毒性，虹鳟鱼 LC_{50}（96h）1.3mg/L，蓝鳃鱼 LC_{50}（96h）1.4mg/L，水蚤 LC_{50}（6h）＞10mg/L。

作用方式 2-(4-芳氧基苯氧基）链烷酸类除草剂，是脂肪合成抑制剂。主要通过叶吸收，敏感性取决于生长速度，并在施药后1～3周内防效最明显，首先在最幼的组织上发生褪绿和坏死，施药后3～6周植株枯死。

剂型 50％分散颗粒剂。

防除对象 防治鼠尾看麦娘、野燕麦、臂形草属、马唐属、稗属、千金子属、和狗尾草等禾本科杂草，在低剂量下显示优异的芽后防除效果。

使用方法 以 75～150g/hm² 芽后用于水稻和小麦，可有效地防除禾本科杂草。使用时添加 0.5％～2％（体积分数）植物油可提高其渗透性。防除禾本科杂草，在 2～4 叶期，用药量 75g/hm²；在 75～100g/hm² 剂量下比稗草畏（5000g/hm²）能更有效地防除千金子和 4～6 叶稗草。对一年生禾本科杂草，在生长旺盛的 2～6 叶期防效最高，吸收主要通过叶子，添加 0.5％～2％（体积）作物油可提高渗透性，如石油润滑油或含 13％～17％ 乳油剂的种子油。施用量达 200g/hm² 时，直播水稻仍有优异的耐药性；75～150g/hm² 加 0.5％～1.0％（体积）作物油，对稗属、臂形草属和千金子属有极佳防效；比敌稗（5000g/hm²）能更有效的防除千金子属和 4～6 叶稗草。对三种水稻的产量均无影响。在 2～5 叶期施用，150g/hm²，春小麦有耐药性，对燕麦属、多花黑麦草有优异的防效，而在 75g/hm² 时即可抑制狗尾草。与防除阔叶杂草的除草剂桶混，在实验室和田间的水稻和小麦上进行试验，其与某些磺酰脲类除草剂、溴苯腈或绿草定混合，对禾本科杂草的防效略有下降。因此与 2,4-D、2 甲 4 氯丙酸和敌稗桶混有拮抗作用。

氰氟草酯（cyhalofop-butyl）

$C_{20}H_{20}FNO_4$，357.4，22008-85-9

其他名称 千金，氰氟禾草灵，Clincher，Cleaner

化学名称 (R)-2-[4-(4-氰基-2-氟苯氧基)苯氧基]丙酸丁酯

理化性质 纯品氰氟草酯为白色晶体,熔点50℃,沸点＞270℃(分解);溶解性(20℃):水0.44mg/L,乙腈、丙酮、乙酸乙酯、二氯甲烷、甲醇、甲苯＞250g/L;在pH＝1.2、9.0时迅速分解。

毒性 氰氟草酯原药急性 LD_{50}(mg/kg):大(小)鼠经口＞5000,大鼠经皮＞2000。对兔皮肤无刺激性,对兔眼睛有轻微刺激性;以0.8~2.5mg/(kg·d)剂量饲喂大鼠,未发现异常现象;对动物无致畸、致突变、致癌作用。

作用方式 内吸传导型除草剂。由植物体的叶片和叶鞘吸收,经韧皮部传导,积累于植物体的分生组织区,抑制乙酰辅酶A羧化酶,使脂肪酸合成停止,细胞的生长分裂不能正常进行,膜系统等含脂结构破坏,最后导致植物死亡。从氰氟草酯被吸收到杂草死亡比较缓慢,一般需要1~3周。杂草在施药后的症状如下:四叶期的嫩芽萎缩,导致死亡;2叶期的老叶变化极小,保持绿色。

剂型 10%乳油,10%水乳剂,95%原药。

防除对象 主要用于防除重要的禾本科杂草。氰氟草酯对千金子高效,对低龄稗草有一定的防效,还可防除马唐、双穗雀稗、狗尾草、牛筋草、看麦娘等,对莎草科杂草和阔叶杂草无效。

使用方法

(1) 秧田 稗草1.5~2叶期,每公顷用10%乳油450~750mL(每亩30~50mL),加水450~600kg(每亩30~40kg),茎叶喷雾。

(2) 直播田、移栽田和抛秧田 稗草2~4叶期,每公顷用10%乳油750~1005mL(每亩50~67mL),加水450~600kg(每亩30~40kg),茎叶喷雾,防治大龄杂草时应适当加大用药量。

注意事项

(1) 千金在土壤中和稻田中降解迅速,对后茬作物和水稻安全,但不宜用作土壤处理(毒土或毒肥法)。

（2）与千金混用无拮抗作用的除草剂有广灭灵、杀草丹、扫弗特、除草通、丁草胺、快杀稗、农思它、使它隆。千金与2,4-滴丁酯、2甲4氯、磺酰脲类以及苯达松、盖草能混用时可能会有拮抗现象，可通过调节千金用量来克服。如需防除阔叶草及莎草科杂草，最好施用千金7d后再施用防阔叶杂草除草剂。

（3）施药时，土表水层小于1cm或排干（土壤水分为饱和状态）可达最佳药效，杂草植株50％高于水面，也可达到较理想的效果。旱育秧田或旱直播田施药时田间持水量饱和可保证杂草生长旺盛，从而保证最佳药效。施药后24～48h灌水，防止新杂草萌发。干燥情况下应酌情增加用量。

（4）10％千金乳油中已含有最佳助剂，使用时不必再添加其他助剂。

（5）使用较高压力、低容量喷雾。

登记情况及生产厂家　10％乳油，江苏东宝农药化工有限公司（PD20110751）；95％原药，美国陶氏益农公司（PD20060040）；10％水乳剂，美丰农化有限公司（LS20120077）等。

药害症状　水稻幼苗期过量施药（亩用量5g），可产生不同程度的药害。在育苗秧田用其作茎叶处理受害，表现出心叶稍卷，叶尖变黄、变褐枯干，有时在外叶（第一片叶）上部产生褐斑，幼苗矮小，生长停滞。在移植本田用其作茎叶处理受害，表现出叶片的叶尖、叶缘产生漫连紫褐色斑，随后纵向蜷缩枯干，分蘖减少，根系短小。

复配剂及应用

（1）10％氰氟·精噁唑乳油，江苏省苏科农化有限责任公司（PD20094076），防除水稻直播田一年生禾本科杂草，茎叶喷雾，推荐剂量为60～90g/hm²。

（2）60g/L五氟·氰氟草可分散油悬浮剂，美国陶氏益农公司（PD20120363），防除直播水稻田千金子、稗草、及部分阔叶杂草和莎草，茎叶喷雾，推荐剂量为90～120g/hm²。

高效 2,4-滴丙酸盐 (dichlorprop-*P*)

$$C_9H_8Cl_2O_3, 235.0, 15165-67-0$$

其他名称　Duplosan DP

化学名称　(*R*)-2-(2,4-二氯苯氧基) 丙酸

理化性质　纯品为晶体，熔点 121～123℃，蒸气压 0.062mPa (20℃)。溶解度 (20℃)：水 0.59g/L(pH=7)，丙酮＞1000g/kg，乙酸乙酯 560g/kg，甲苯 46g/kg。对日光稳定，在 pH=3～9 条件下稳定。

毒性　大鼠急性 LD_{50} (mg/kg)：经口 825～1470，经皮＞4000。大鼠急性吸入 LC_{50} (4h)＞7.4mg/L 空气。大鼠（2 年）无作用剂量 3.6mg/kg。鹌鹑急性经口 LD_{50} 250～1500mg/kg，对蜜蜂无毒。

作用方式　本品属芳氧基烷基酸类除草剂，是激素型内吸性除草剂。

剂型　无飘移粉剂，液剂，乳油。

防除对象　对春蓼、大麻蓼特别有效，也可防除猪殃殃和繁缕，但对萹蓄防效差。

使用方法　在禾谷类作物上单用时，用量为 1200～1500g/hm^2，可与其他除草剂混用。也可在更低剂量下使用，以防止苹果落果。

第四章
二硝基苯胺类除草剂

1960 年筛选出具有高活性与选择性的氟乐灵，奠定了二硝基苯胺类除草剂的重要地位，随后相继开发出一些新品种。此类除草剂结构特点是苯环分子上含有 2 个 NO_2 基团。

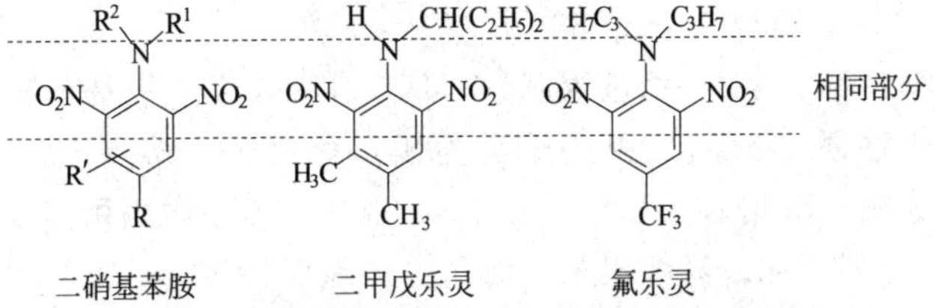

二硝基苯胺　　　二甲戊乐灵　　　氟乐灵

二硝基苯胺类除草剂主要是被正在萌发的幼芽吸收，根部的吸收是次要的。此类除草剂结合到微管蛋白上，抑制小管生长端的微管聚合，从而导致微管的丧失，抑制细胞的有丝分裂。

二硝基苯胺类除草剂为土壤处理剂，在作物播种前或移栽前、播后苗前施用。主要防治一年生禾本科杂草及种子繁殖的多年生禾本科杂草的幼芽，对一些一年生阔叶杂草（如藜、苋等）有一定效果。棉花、大豆、向日葵、十字花科作物对此类除草剂的耐药性较强。

易挥发和光解是此类除草剂的突出特性。因此，田间喷药后必须尽快进行耙地混土。其除草效果比较稳定，药剂在土壤中挥发的气体也起到重要的杀草作用，因而可适应于较干旱的土壤条件。在土壤中的持效期中等或稍长，大多数品种的半衰期为 2～3 个月。正确使用时，对于轮作中绝大多数后茬作物无残留毒害。

由于此类除草剂主要防治一年生禾本科杂草，对阔叶杂草的防除效果差。在生产中为提高防除效果，扩大杀草谱，常与防治阔叶杂草特效的除草剂混用或配合使用。

二甲戊乐灵 （pendimethalin）

$$O_2N \overset{NHCH(C_2H_5)_2}{\underset{CH_3}{\overset{NO_2}{\underset{H_3C}{\bigcirc}}}}$$

$C_{13}H_{19}N_3O_4$，281.3，40487-42-1

其他名称　除草通，二甲戊灵，除芽通，杀草通，施田补，胺硝草，Accotab，Stomp，Sovereign，Penoxalin，Horbaox，AC 92553，ANK 553，Stomp 330 E

化学名称　N-(1-乙基丙基)-2,6-二硝基-3,4-二甲基苯胺

理化性质　纯品二甲戊乐灵为橘黄色晶体，熔点 54～58℃，蒸馏时分解；溶解性（20℃，g/L）：丙酮 700，异丙醇 77，二甲苯 628，辛烷 138，易溶于苯、氯仿、二氯甲烷等。

毒性　二甲戊乐灵原药急性 LD_{50}（mg/kg）：大鼠经口 1250（雄）、1050(雌)，小鼠经口 1620(雄)、1340(雌)，兔经皮＞5000。以 100mg/kg 剂量饲喂大鼠两年，未发现异常现象；对动物无致畸、致突变、致癌作用；对鱼类低毒。

作用方式　二甲戊乐灵为二硝基苯胺类除草剂，主要抑制分生组织细胞分裂，不影响杂草种子的萌发。在杂草种子萌发过程中幼芽、茎和根吸收药剂后而起作用。双子叶植物吸收部位为下胚轴，单子叶植物吸收部位为幼芽，其受害症状为幼芽和次生根被抑制。

剂型　市售商品为施田补 33％乳油（含有效成分 330mL），由有效成分乳化剂及溶剂组成。

防除对象　适用于大豆、玉米、棉花、烟草、花生和多种蔬菜及果园中，防除一年生禾本科杂草和某些阔叶杂草，如马唐、狗尾草、牛筋草、早熟禾、稗草、藜、苋和蓼等杂草。

使用方法

(1) 大豆田　播前土壤处理。每公顷用 33％乳油 1500～2250mL。由于该药吸附性强，挥发性小，且不易光解，因此施药后混土与否对防除杂草效果影响不大。如果遇长期干旱，土壤含水量低时，适当混土 3～5cm，以提高药效。每公顷施用 33％乳油3.0～4.5kg(有效成分 0.99～1.485kg)，在大豆播种前土壤喷雾处理。本药剂也可以用于大豆播后苗前处理，但必须在大豆播种后出苗前 5d 内施药。在单、双子叶杂草混生田，可与灭草松（即苯达松）搭配使用。

(2) 玉米田　苗前苗后均可使用本药剂。如苗前施药，必须在玉米播后出苗前 5d 内用药。每公顷施用 33％除草通乳油 3.0kg(含有效成分 0.99kg)，对水 375～750kg 均匀喷雾。如果施药时土壤含水量低，可以适当混土，但切忌药接触玉米种子。如果玉米苗后施药，应在阔叶杂草长出 2 片真叶、禾本科杂草 1.5 叶期之前进行。药量及施用方法同上。本药剂在玉米田里可与莠去津混用，提高防除双子叶杂草的效果，混用量为每公顷用 33％乳油 3.0kg 和40％的莠去津胶悬剂 1.245kg。

(3) 花生田　本药剂可用于播前或播后苗前处理。每公顷用33％乳油 3.0～4.5kg(有效成分 0.99～1.485kg)，对水 375～600kg 喷雾。

(4) 棉田　施用时期、施药方法及施药量与花生田相同。本药剂可与伏草隆搭配使用或混用，对难以防治的杂草具有较好的效果。如在苗前混用，施药量各为单用的一半（伏草隆单用时，用药量为有效成分 1000～2000g/hm²）。

(5) 蔬菜田　韭菜、小葱、甘蓝、菜花、小白菜等直播蔬菜田，可在播种施药后浇水，每公顷用 33％乳油 1.5～2.25kg(有效成分 0.495～0.743kg) 对水喷雾，持效期可达 45d 左右。对生长期长的直播蔬菜如育苗韭菜等，可在第 1 次用药后 40～45d 再用药

1次，可基本上控制蔬菜整个生育期间的杂草危害。在甘蓝、菜花、莴苣、茄子、西红柿、青椒等移栽菜田，均可在移栽前或移栽缓苗后土壤施药，每公顷用33%乳油1.5～3.0kg（有效成分0.495～0.990kg）。

（6）果园　在果树生长季节，杂草出土前，每公顷用33%乳油3.0～4.5kg（有效成分0.99～1.485kg）土壤处理。对水后均匀喷雾。本药剂与莠去津混用，可扩大杀草谱。

（7）烟草田　可在烟草移栽后施药，每公顷用33%乳油1.5～3.0kg（有效成分0.495～0.990kg）对水均匀喷雾。除草通也可作为烟草抑芽剂，在大部分烟草现蕾时进行打顶，并将烟草扶直。将12mL 33%除芽通加水1000mL，每株用杯淋法从顶部浇灌或施淋，使每个腋芽都接触药液，有明显的抑芽效果。

（8）甘蔗田　可在甘蔗栽后施药。用药量为每公顷3.0～4.5kg（有效成分0.990～1.485kg）对水均匀喷雾。

（9）其他方法　本药剂可作为抑芽剂使用，用于烟草、西瓜等提高产量和质量。

注意事项

（1）除草通（施田补）防除单子叶杂草效果比双子叶杂草效果好。因此在双子叶杂草发生较多的田块，可同其他除草剂混用。

（2）为增加土壤吸附，减轻除草通对作物的药害，在土壤处理时，应先浇水，后施药。

（3）当土壤黏重或有机质含量超过2%时，应使用高剂量。

（4）除草通对鱼有毒，应防止药剂污染水源。

（5）接触本药剂的工作人员，需穿长袖衣、裤，戴手套、口罩等劳动保护用品，工作期间不可饮食或吸烟。工作结束时，要用肥皂和清水洗净。如果不慎使药液接触皮肤和眼睛，应立刻用大量清水冲洗，如果误服中毒，不可使中毒者呕吐，应立即请医生对症治疗。

（6）本产品为可燃性液体，运输及使用时应避开火源。液体贮存应放在原容器内，并加以封闭，贮放在远离食品、饲料及儿童、家畜接触不到的场地。使用的空筒或空瓶应深埋。

药害症状

（1）大豆　用其作土壤处理受害，表现出下胚轴和主根缩短、变粗，侧根、毛根减少，不长根瘤，叶片变小、皱缩，有的产生褐色锈斑，有的顶端缺损，植株矮小、抽缩。

（2）玉米　用其作土壤处理受害，表现出芽鞘缩短、变粗，叶片扭卷、弯曲、皱缩，茎部弯曲，根系缩短、变畸，植株变矮。受害严重时，根尖显著膨大，呈棒槌状或肿瘤状。

（3）油菜　用其作土壤处理受害，表现出苗缓慢，子叶缩小并向背面翻卷，有的变黄，下胚轴和胚根缩短变粗，胚根变褐，不生侧根，顶芽萎缩，植株生长停滞，迟迟不生真叶。

（4）花生　用其作土壤处理受害，表现出下胚轴和根系缩短、变粗，根尖膨大，侧根、根毛减少，子叶产生褐色枯斑，真叶产生淡白色云斑，植株矮缩，生长缓慢。

氟乐灵 （trifluralin）

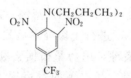

$C_{13}H_{16}F_3N_3O_4$，335.1，1582-09-8

其他名称　氟特力，特氟力，氟利克，特福力，茄科宁，Flutrix，Treflan，Triflurex，Trim，Treficon，Basalim，Elancolan，L 36352

化学名称　2,6-二硝基-N,N-二丙基-4-三氟甲基苯胺

理化性质　本品为橙黄色结晶固体。熔点 48.5～49℃（工业品为 42℃），蒸气压 2.65×10^{-2} Pa（29.5℃）、1.373×10^{-2} Pa（25℃），沸点 96～97℃（23.99Pa）。能溶于多数有机溶剂，二甲苯 58%，丙酮 40%，乙醇 7%，不溶于水。易挥发、易光解，能被土壤胶体吸附而固定，化学性质较稳定。

毒性　急性经口 LD_{50}（mg/kg）：大鼠＞10000，小鼠＞5000，狗＞2000。家兔急性经皮 LD_{50}＞2000mg/kg；以 2000mg/kg 剂量喂养大鼠 2 年，未见不良影响。对鱼类毒性较大，鲤鱼 LC_{50} 为

4.2mg/L(48h)，金鱼为 0.59mg/L，蓝鳃鱼为 0.058mg/L。蜜蜂致死量为 24mg/只。

作用方式　氟乐灵是选择性触杀型除草剂。在植物体内输导能力差。可在杂草种子发芽生长穿出土层的过程中被吸收。禾本科杂草通过幼芽吸收，阔叶杂草通过下胚轴吸收，子叶和幼根也能吸收，但出苗后的茎叶不能吸收。

剂型　480g/L 乳油，96％原药。

防除对象　氟乐灵为旱田作物及园艺作物的芽前除草剂，可用于棉花、花生、大豆、豌豆、油菜、向日葵、甜菜、蓖麻、果树、蔬菜及桑园等防除单子叶杂草和一年生阔叶杂草，如马唐、牛筋草、狗尾草、稗草、蟋蟀草、繁缕、野苋、马齿苋、藜、蓼等，对鸭跖草、半夏、艾蒿、繁缕、雀舌草、打碗花、车前等防效差，对多年生杂草如三棱草、狗牙根、苘麻、田旋花、茅草、龙葵、苍耳、芦苇、鲤肠、扁秆藨草、野芥及菟丝子、曼陀罗等杂草基本无效。

使用方法　氟乐灵是一种应用广泛的旱田除草剂。作物播前或播后，苗前或移栽前、后进行土壤处理后及时混土 3～5cm，混土要均匀，混土后即可播种。用药量根据土壤有机质含量及质地而定，一般有机质含量在 2％以下的每亩用 48％氟乐灵乳油 80～100mL，有机质含量超过 2％的每亩用 48％氟乐灵乳油 100～125mL。沙质地用低限，黏土用高限。如土壤湿度条件满足，南方油菜田可在播种后出苗前作土壤处理，不必进行混土，防除效果也好。

（1）棉田　直播棉田，播种前 2～3d，每亩用 48％氟乐灵乳油 100～125mL，对水 50kg 对地面进行常规喷雾，药后立即耕地进行混土处理，拌土深度 3～4cm，以免见光分解。地膜棉田，耕翻整地以后，每亩用 48％乳油 75～100mL，对水 50kg 左右，喷雾拌土后播种覆膜。移栽棉田，在移栽前进行土地处理，剂量和方法同直播棉田。移栽时应注意将开穴挖出的药土覆盖于棉苗根部周围。

（2）大豆田　每亩用药量 80～100mL，对水 50kg 施药后混土深度 3～5cm，施药后 5～7d 再播种。

（3）玉米田　播后或播后苗前，每亩用药 75～80mL，对水 50kg 喷雾后即混土。

（4）蔬菜田　一般在地粗平整后，每亩用 48% 氟乐灵乳油 75～100mL，对水 50kg 喷雾或拌土 20kg 均匀撒施土表，然后进行混土，混土深度为 2～3cm，混土后隔天进行播种。直播蔬菜，如胡萝卜、芹菜、茴香、香菜、架豆、豇豆、豌豆等蔬菜，播种前或播种后均可用药。大（小）白菜、油菜等十字花科蔬菜播前 3～7d 施药。移栽蔬菜如番茄、茄子、辣椒、甘蓝、菜花等移栽前后均可施用。黄瓜在移栽缓苗后苗高 15cm 时使用，移栽芹菜、洋葱、沟葱、老根韭菜缓苗后可用药。以上每亩用药量为 100～150mL，杂草多，土地黏重，有机质含量高的田块在推荐用量范围内用量宜高，反之宜低。施药后应尽快混土 3～5cm 深，以防光解，降低除草效果。氟乐灵特别适合地膜栽培作物使用。用于地膜栽培时，氟乐灵按常量减去三分之一。

上述计量和施药方法也可供花生、桑园、果园及其他作物使用氟乐灵时参考。氟乐灵可与扑草净、赛克津等混用以扩大杀草谱。

注意事项

（1）氟乐灵易挥发和光解，喷药后应及时拌土 3～5cm 深。不宜过深，以免相对降低药土层中的含药量和增加药剂对作物幼苗的伤害。从施药到混土的间隔时间一般不能超过 8h，否则会影响药效。

（2）药效受土壤质地和有机质含量影响较大，用药量应根据不同条件确定。沙质土地及有机质含量低的土壤宜适当减少用量。

（3）氟乐灵残效期较长。在北方低温干旱地区可长达 10～12 个月，对后茬的高粱、谷子有一定的影响，高粱尤为敏感。

（4）瓜类作物及育苗韭菜、直播小葱、菠菜、甜菜、小麦、玉米、高粱等对氟乐灵比较敏感，不宜应用，以免产生药害。氟乐灵饱和蒸气压较高，在棉花地膜苗床使用，一般每亩用量 48% 氟乐灵乳油不宜超过 80mL，否则易产生药害。氟乐灵在叶类蔬菜上使用，每亩用药量 48% 氟乐灵乳油超过 150mL，易产生药害。

（5）氟乐灵乳油对塑料制品有腐蚀作用，不宜用塑料桶盛装氟乐灵，以深色玻璃瓶避光贮存为宜，并不要靠近火源和热气，用前摇动。氟乐灵对已出土的杂草基本无效，因此使用前应铲除老草。

（6）药液溅到皮肤和眼睛上，应立即用大量清水反复冲洗。

登记情况及生产厂家 480g/L 乳油，江苏丰山集团有限公司（PD20060091）；96％原药，山东省济南绿邦化工有限公司（PD20090329）等。

第五章
环己烯酮类除草剂

环己烯酮类化合物的活性是由日本曹达公司在 20 世纪 70 年代发现的，并合成了此类的第一个除草剂品种烯禾定。该类化合物的除草作用特性和芳氧苯氧丙酸类除草剂相似，能被植物的叶片吸收，并在韧皮部传导。属于 ACCase 抑制剂，作用于乙酰辅酶 A 羧化酶，从而抑制脂肪酸的合成，茎叶处理后经叶片迅速吸收、传导到分生组织，抑制敏感植株支链脂肪酸和黄酮类化合物的合成，使植株细胞分裂受到破坏，抑制植物分生组织的活性，使植物生长缓慢、褪绿坏死、干枯死亡。主要用在阔叶作物地防除禾草，对作物安全。

环己烯酮类化合物的除草剂在阔叶作物和禾草之间的选择性是由于阔叶作物降解此类除草剂能力强以及其体内乙酰辅酶 A 对它们不敏感。

烯草酮 （clethodim）

$C_{17}H_{26}ClNO_3S$，359.7，99129-21-2

其他名称　赛乐特，收乐通，Select，Selectone，RE-45601

化学名称　(±)-2-{(E)-1-[(E)-3-氯烯丙氧基亚氨基]丙基}-5-[2-(乙硫基)丙基]-3-羟基环己-2-烯酮，(±)-2-{(E)-1-[(E)-3-chloroallyloxyimino]propyl}-5-[2-(ethylthio)propyl]-3-hydroxycyclohex-2-enone

理化性质　纯品烯草酮为透明、琥珀色液体，原药为淡黄色油状液体；溶于大多数有机溶剂；紫外光、高温及强酸碱介质中分解。

毒性　烯草酮原药急性 LD_{50}（mg/kg）：大鼠经口 1630（雄）、1360（雌），兔经皮＞5000。对兔眼睛和皮肤有轻微刺激性；以 30mg/(kg·d)剂量饲喂大鼠两年，未发现异常现象；对鱼类低毒，对动物无致畸、致突变、致癌作用。

作用方式　本品是一种内吸传导型高选择性芽后除草剂，可迅速被植物叶片吸收，并传导到根部和生长点，抑制植物支链脂肪酸的生物合成，被处理的植物体生长缓慢并丧失竞争力，幼苗组织早期黄化，随后其余叶片萎蔫，导致杂草死亡。

剂型　240g/L 乳油，90%原药。

防除对象　适用于大豆、油菜、棉花、花生等阔叶田防除野燕麦、马唐、狗尾草、牛筋草、早熟禾、硬草等一年生和多年生禾本科杂草以及许多阔叶作物田中的自生禾谷类作物。

对于阔叶杂草或苔草则没有或稍有活性。禾本科作物如大麦、玉米、燕麦、水稻、高粱及小麦等对烯草酮敏感，因此，在非禾本科作物田中的这些自生作物可用烯草酮防除。

使用方法　在禾本科杂草生长旺盛期，烯草酮可获得最好的防除效果。干旱、低温（15℃以下）及其他不利因素有时降低烯草酮的活性。一年生禾本科杂草于 3～5 叶期，多年生禾本科杂草于分蘖后施药；非施药适期则需要提高剂量或增加施药次数。如能获得雾滴的均匀分布，低喷液量（即 50L/hm²）比高喷液量（180～280L/hm²）更有效。加入植物油 2.34L/hm²，可提高生物活性。烯草酮中的有效成分在 1h 内即被植物吸收，因此，施药后的降雨不能降低效果。烯草酮可与某些防除双子叶杂草的除草剂混用。

多次施用低剂量的烯草酮（28～56g/hm²）可有效地防除阿拉伯高粱。狗牙根比一年生杂草难于防除，施用烯草酮（250g/hm² 1次或140g/hm²施用2次即可获得有效的防除。

注意事项

（1）掌握施药适期很关键。草龄3～5叶期且生长旺盛时施药，此时药剂易于喷洒到杂草叶面，杂草吸收传导速度也快，一次用药可有效防除大部分禾本科杂草。

（2）注意气候条件对药效的影响。温度过高会使杂草气孔关闭造成吸收缓慢，加之喷到叶面的药剂很快被蒸发，药效也就发挥不好。

登记情况及生产厂家　240g/L乳油，江苏省激素研究所股份有限公司（PD20090410）；12%乳油，山东省青岛瀚生生物科技股份有限公司（PD20091817）；90%原药，江苏省农用激素工程技术研究中心有限公司（PD20092487）等。

复配剂及应用

（1）16%二吡·烯·草灵可分散油悬浮剂，上虞颖泰精细化工有限公司（LS20110158），防除油菜田一年生禾本科杂草及阔叶杂草，茎叶喷雾，推荐剂量为240～300g/hm²。

（2）32%氟·松·烯草酮乳油，辽宁省大连松辽化工有限公司（LS20110101），防除春大豆田一年生禾本科杂草及阔叶杂草，茎叶喷雾，推荐剂量为528～624g/hm²。

烯禾定（sethoxydim）

$C_{17}H_{29}NO_3S$，361.3，74051-80-2（i），71441-80-0（ii）

其他名称　拿捕净，西草杀，硫乙草丁，乙草丁，硫乙草灭，Checkmate，Expand，Nabugram，Sertin，Super Monolox

化学名称　（±）-(*EZ*)-2-[1-(乙氧基亚氨基）丁基]-5-[2-(乙硫基）丙基]-3-羟基环己-2-烯酮

理化性质 纯品烯禾定为无嗅液体，沸点 $>90℃$（$3×10^{-5}$ mmHg）；溶解性（20℃，g/L）：水 4.7，与甲醇、己烷、乙酸乙酯、甲苯、辛醇、二甲苯等有机溶剂互溶，不能与无机或有机铜化合物相混配。

毒性 烯禾定原药急性 LD_{50}（mg/kg）：大鼠经口 3200（雄）、2676（雌），小鼠经口 5600（雄）、6300（雌），小鼠经皮 >5000。对兔眼睛和皮肤无刺激性；以 $17.2mg/(kg·d)$ 剂量饲喂大鼠两年，未发现异常现象；对动物无致畸、致突变、致癌作用；对鱼类低毒。

作用方式 拿捕净是一种具有高度选择性的芽后除草剂，主要被杂草茎叶吸收，迅速传导到生长点和节间分生组织，抑制细胞分裂。其作用缓慢，禾本科杂草一般在施药后 3d 停止生长，5～7d 叶片褪绿、变紫，逐渐变褐枯死，10～14d 后整株枯死，对阔叶作物安全。本剂在土壤中残留时间短，施药后当天可播种阔叶作物，药后 4 周可播种禾谷类作物。

剂型 96％原药，12.5％、20％乳油。

防除对象 防除稗草、看麦娘、马唐、狗尾草、牛筋草、野燕麦、狗牙根、白茅、黑麦属、宿根高粱等一年生和多年生禾本科杂草，对阔叶杂草、莎草属、紫羊茅、早熟禾无效。

使用方法 用于苗后茎叶喷雾处理。用药量应根据杂草的生长情况和土壤墒情确定。水分适宜，杂草小，用量宜低，反之宜高。一般情况下，在一年生禾本科杂草 3～5 叶期，每亩使用 20％乳油或 12.5％机油乳剂 50～80mL；防除多年生禾本科杂草，每亩需使用 80～150mL，每亩加水 30～50kg 进行茎叶喷雾。阔叶杂草发生多的田块，应和防除阔叶杂草的除草剂混用或交替使用。在大豆田可与虎威混用，或与苯达松等交替使用。

注意事项

（1）拿捕净是防除禾本科杂草的除草剂，在使用时应注意避免药液飘移到小麦、水稻等禾本科作物上，以免发生药害。

（2）拿捕净对阔叶杂草无效。阔叶草密度大时除结合中耕除草外，可采取拿捕净与其他防除阔叶杂草的药剂混用或交替应用的措施。

（3）施药时间以早晚为好，中午或气温较高时不宜用药。干旱杂草较大或防除多年生禾本科杂草应适当增加用药量。

（4）12.5％和20％乳油与磺酰脲类混用要慎重。

（5）施药后立即洗手、洗脸、漱口。药械要冲洗干净。

登记情况及生产厂家　12.5％乳油，海利尔药业集团股份有限公司（PD20082076）；20％乳油，日本曹达株式会社（PD3-86）；96％原药，山东先达农化股份有限公司（PD20060055）等。

三甲苯草酮（tralkoxydim）

$C_{20}H_{26}NO_3$，328.2，87820-88-0

其他名称　肟草酮，Grasp，Grasp 604，PP 604，Splendor，Achieve

化学名称　2-[1-(乙氧基亚氨基)丙基]-3-羟基-5-(2,4,6-三甲基)环己-2-烯酮

理化性质　纯品三甲苯草酮为无色无味固体，熔点106℃；溶解性（20℃，g/L）：水0.006(pH＝5.0)、9.8(pH＝9.0)，甲醇25，己烷18，甲苯213，二氯甲烷＞500，丙酮89，乙酸乙酯110。

毒性　三甲苯草酮原药急性LD_{50}（mg/kg）：大鼠经口1258（雄）、934（雌），小鼠经口1231（雄）、1100（雌），小鼠经皮＞2000。对兔眼睛和皮肤有轻微刺激性；以20.5mg/(kg·d)剂量饲喂大鼠90d，未发现异常现象；对动物无致畸、致突变、致癌作用；对鱼类低毒。

作用方式　叶面施药后迅速被植物吸收，在韧皮部转移到生长点，由此抑制新叶的生长。杂草失绿后变色枯死，一般3～4周内完全枯死，叶面喷雾后1h内下雨，影响药效。

剂型　97％原药。

防除对象 鼠尾看麦娘、风草、瑞士黑麦草、野燕麦、狗尾草和䅎草。对阔叶杂草和莎草科杂草无明显除草活性。

使用方法 芽后施药，用药量为 $150\sim350g/hm^2$。防除野燕麦施药适期宽，用药量是 $200\sim350g/hm^2$。几乎可彻底防除分蘖末期前的野燕麦，抑制期可延至拔节期。本药剂即便在 2 倍最大推荐剂量下，对小麦、大麦和硬粒小麦均安全。

登记情况及生产厂家 97%原药，沈阳科创化学品有限公司（PD20110890）。

磺草酮 （sulcotrione）

$C_{14}H_{13}ClO_5S$，328.7，99105-77-8

其他名称 Galleon，Mikado

化学名称 2-(2-氯-4-甲磺酰基苯甲酰基) 环己烷-1,3-二酮

理化性质 原药为褐灰色固体，熔点 139℃，蒸气压小于 $5\mu Pa(25℃)$，25℃水中溶解度为 165mg/L，溶于丙酮和氯苯。在水中，日光或避光下稳定，耐热高达 80℃。在肥沃沙质土壤中 DT_{50} 15d，细沃土中 DT_{50} 7d。工业品熔点 131~139℃。

毒性 大鼠急性经口 $LD_{50}>7500mg/kg$，兔急性经皮 $LD_{50}>4g/kg$。原药或制剂对哺乳动物的经口、经皮或吸入急性毒性均很低，皮肤吸收也很低，对使用者也很安全。该化合物对兔皮肤无刺激作用，对眼睛有轻微的刺激作用，对豚鼠皮肤有强过敏性，急性吸入 $LC_{50}(4h)>1.6mg/kg$。活体试验表明，本品对大鼠和兔不致畸。施药后 50~140d，在玉米和青饲料作物中未发现残留。对鸟类、野鸭、鹌鹑等野生动物的毒性很低；对鲤鱼毒性低，虹鳟鱼 $LC_{50}(96h)$ 为 227mg/L。对水蚤和蜜蜂安全。水蚤 $LC_{50}(48h)>100mg/L$ 高剂量下，对土壤微生物也无有害影响。

作用方式 为叶面除草剂，也可通过根系吸收，残留土壤活性使其优于仅有叶面活性的芽后除草剂。这一附加效果是防除某些杂

草如苋属的重要因素。施药后杂草很快褪色，缓慢死亡。三酮类除草剂的作用方式至今仍未完全弄清楚，很可能是叶绿素的合成直接受到影响，作用于类胡萝卜素合成。由于这一作用方式，它不可能与三嗪类除草剂有交互抗性。

剂型　98%原药，15%水剂，26%悬浮剂。

防除对象　阔叶杂草及某些单子叶杂草，如藜、茄、龙葵、蓼、酸模叶蓼、马唐、血根草、锡兰稗和野黍。

使用方法　芽后施用，用药量 $300\sim450g/hm^2$ 可防除阔叶杂草和禾本科杂草。高剂量（$900g/hm^2$）对玉米也安全，但遇干旱和低洼积水时，玉米叶会有短暂的褪色症状，对玉米生长的重量无影响。在正常轮作条件下，对冬小麦、大麦、冬油菜、马铃薯、甜菜和豌豆等安全。可以单用、混用或连续施用防除玉米杂草。

登记情况及生产厂家　98%原药，江苏中旗化工有限公司（PD20120793）；15%水剂，沈阳科创化学品有限公司（PD20096851）；26%悬浮剂，沈阳科创化学品有限公司（PD20120777）等。

甲基磺草酮（mesotrione）

$C_{14}H_{12}NO_7S$，339.32，104206-82-8

其他名称　米斯通，千层红，Callisto

化学名称　2-(4-甲磺酰基-2-硝基苯酰基) 环己烷-1,3-二酮

理化性质　纯品甲基磺草酮为固体，熔点 165℃；溶解性（20℃，g/L）：水 15。

毒性　甲基磺草酮原药急性 LD_{50}（mg/kg）：大鼠经口>5000、经皮>2000；对动物无致畸、致突变、致癌作用；对鱼类低毒。

作用方式　抑制对羟基丙酮酸双加氧酶（HPPD）的活性，HPPD 可将酪氨酸转化为质体醌，质体醌是八氢番茄红素去饱和酶的辅助因子，也是类胡萝卜素生物合成的关键酶。使用甲基磺草酮 3~5d，植物分生组织出现黄化症状随之引起枯斑，两周后遍及

整株植物。具有弱酸性，在大多数酸性土壤中，能紧紧吸附在有机物质上；在中性或碱性土壤中，以不易被吸收的阴离子形式存在。温度高，有利于甲基磺草酮药效发挥；施药后 1h 降雨，对甲基磺草酮药效无影响。

防除对象　适用于玉米田，防除一年生阔叶杂草和部分禾本科杂草（对阔叶防效优于禾本科）。

使用方法

（1）土壤处理：在 150g/hm² 时，对大部分供试阔叶杂草防效达 90％，对禾本科杂草防效 80％以上。甲基磺草酮的生物活性约为同类药剂磺草酮的 2 倍。

（2）茎叶处理：在 100g/hm² 时，对阔叶杂草的防效可达 90％，对禾本科杂草的防效达 70％。甲基磺草酮茎叶处理的生物活性约为同类药剂磺草酮的 3 倍。

（3）混配莠去津：弥补增效甲基磺草酮对禾本科杂草的药效，加入莠去津后能明显提高对禾本科杂草的防效，降低甲基磺草酮用量。

复配剂及应用　24％硝磺·烟·莠可分散油悬浮剂，山东省济南绿邦化工有限公司（LS20120350），防除玉米田一年生杂草，茎叶喷雾，推荐剂量为 594～720g/hm²。

茚草酮（indanofan）

$C_{20}H_{17}ClO_3$，340.7，133220-30-1

其他名称　Trebiace，kirifuda，Regnet，Grassy，Granule

化学名称　(RS)-2-[2-(3-氯苯基)-2,3-环氧丙基]-2-乙基茚满-1,3-二酮

理化性质　纯品为灰白色晶体，熔点 60.0～61.1℃，蒸气压 2.8×10^{-6} Pa(25℃)。溶解度（20℃）：水 17.1mg/L，在酸性条件

下水解。

毒性 大鼠急性经口 LD_{50}（mg/kg）：雌＞631，雄460。大鼠急性经皮 LD_{50}＞$2000mg/kg$，大鼠急性吸入 LC_{50}（4h）$1.5mg/L$ 空气。对兔皮肤无刺激性，对兔眼睛有轻微刺激性，无致突变性。

作用方式 是一种主要用于水稻和草坪上的新型的茚满类除草剂，由日本三菱化学公司于 1987 年发现，并于 1999 年在日本上市。

药剂特点

（1）杀草谱广，对作物安全。茚草酮具有广谱的除草活性，在苗后早期用 $150g/hm^2$ 茚草酮有效成分能很好地防除水稻田一年生杂草和阔叶杂草，如稗草、扁秆藨草、鸭舌草、异型莎草、牛毛毡等。苗后用 $250\sim500g/hm^2$ 茚草酮有效成分能防除旱田一年生杂草，如马唐、稗草、早熟禾、叶蓼、繁缕、黎、野燕麦等，对水稻、大麦、小麦以及草坪安全。

（2）用药时间长。茚草酮有一个宽余的用药时机，能防除水稻田苗后至 3 叶期稗草。

（3）低温性能好。即使在低温下，茚草酮也能有效地除草。

噁嗪草酮 （oxaziclomefone）

$C_{20}H_{19}Cl_2NO_2$，376.1，153197-14-9

其他名称 去稗安，Samoural，Homerun，Thoroughbred，Tredy

化学名称 3-[1-(3,5-二氯苯基)-1-甲基乙基]-2,3-二氢-6-甲基-5-苯基-4H-1,3-噁嗪-4-酮

理化性质 纯品为白色晶体，熔点 149.5～150.5℃，蒸气压 $\leqslant1.33\times10^{-5}Pa(50℃)$。溶解度（25℃）：水 $0.18mg/L$。

毒性 大（小）鼠急性经口 LD_{50}＞$5000mg/kg$。对兔皮肤无刺激性，对兔眼睛有轻微刺激性，无致突变、致畸性。

作用方式　属于有机杂环类，是内吸传导型水稻田除草剂，主要由杂草的根部和茎叶基部吸收。杂草接触药剂后茎叶部失绿、停止生长，直至枯死。

剂型　1％悬浮剂，96.5％原药。

防除对象　主要防治对象为稗草、沟繁缕、千金子、异型莎草等多种杂草；具有有效成分使用量低、适宜施药期长、持效期长、对水稻的选择安全性较高等特点。

使用方法　1％噁嗪草酮悬浮剂150～250mL＋10％苄黄隆可湿性粉剂30g处理对禾本科及莎草科杂草的防效达到95％以上。而对非禾本科和莎草科杂草的防治效果并不显著，与播前相比对其他杂草的防治效果有所增加。1％噁嗪草酮悬浮剂防治禾本科和莎草科杂草亩用量150mL，防效达到93％以上，适合防治田间禾本科及莎草科杂草，并且在播种前和播种后施用对水稻无明显药害。1％噁嗪草酮悬浮剂与其他阔叶杂草除草剂混用效果更佳。

登记情况及生产厂家　1％悬浮剂，日本拜耳作物科学公司（PD20050194）；96.5％原药，常熟立菱精细化工有限公司（PD20101800）等。

第六章
二苯醚类除草剂

1930 年 Raiford 等合成了除草醚，直到 1960 年罗门哈斯公司进行再合成并发现其除草活性后，开发了二苯醚类除草剂。近 30 年来此类除草剂先后研制出很多新品种，特别引人注目的是开发出的一些高活性新品种，如甲羧醚（茅毒）、乙氧氟草醚（果尔）、杂草焚、虎威等。它们的除草活性超过除草醚 10 倍以上，因而单位面积用药量大大下降，同时，扩大应用到多种旱田作物及蔬菜。

二苯醚类除草剂主要被植物胚芽鞘、中胚轴吸收进入体内。作用靶标是原卟啉原氧化酶，抑制叶绿素的合成，破坏敏感植物的细胞膜。此类除草剂的选择性与吸收传导、代谢速度及在植物体内的轭合程度有关。

二苯醚类除草剂除草醚是较早在我国广泛应用的除草剂之一，曾是水稻田主要的除草剂品种。但由于除草醚能引起小鼠的肿瘤，鉴于它可能对人类健康造成潜在的威胁，包括中国在内很多国家都已禁用该药。

此类除草剂属于触杀型除草剂，选择性表现在生理生化选择和位差选择两方面。受害植物产生坏死褐斑，对幼龄分生组织的毒害作用较大。

三氟羧草醚 （acifluorfen）

$C_{14}H_7ClF_3NO_5$，371.6，50594-66-6

其他名称 杂草净，杂草焚，豆阔净，氟羧草醚，木星，克达果，克莠灵，达克尔，布雷则，Tackle，Blazer

化学名称 5-(2-氯-α,α,α-三氟对甲氧基)-2-硝基苯甲酸(钠)

理化性质 纯品三氟羧草醚为棕色固体，熔点 142～146℃，235℃分解；溶解性 （25℃，g/kg）：丙酮 600，二氯甲烷 50，乙醇 500，水 0.12。纯品三氟羧草醚钠盐为白色固体，熔点 274～278℃（分解）；溶解性 （25℃，g/L）：水 608.1，辛醇 53.7，甲醇 641.5。

毒性 三氟羧草醚原药急性 LD_{50}（mg/kg）：大鼠经口 2025（雄），1370(雌)；小鼠经口 2050(雄)，1370(雌)；兔经皮 3680。对兔皮肤有中等刺激，对兔眼睛有强刺激性；对动物无致畸、致突变、致癌作用。

作用方式 杂草焚是一种触杀型除草剂。苗后早期处理，被杂草吸收后能促使其气孔关闭，借助光来发挥除草活性，增高植物体温引起坏死，并抑制线粒体电子的传导，以引起呼吸系统和能量生产系统的停滞，抑制细胞分裂使杂草致死。但进入大豆体内，被迅速代谢，因此，能选择性防除阔叶杂草。

剂型 95%原药，21.4%水剂。

防除对象 是一种触杀型选择性芽后除草剂，可被杂草茎叶吸收，在土壤中不被根吸收，且易被微生物分解，故不能作土壤处理，对大豆安全。主要防阔叶杂草，如防除铁苋菜、苋、刺苋、豚草、芸薹、灰藜、野西瓜、甜瓜、曼陀罗、裂叶牵牛等。对 1～3 叶期禾本科草如狗尾草、稷和野高粱也有较好的防效，对苣荬菜、刺儿菜有较强的抑制作用。

使用方法 杂草焚适用于大豆、花生等作物田，一般在大豆

1～3复叶期，田间一年生阔叶杂草基本出齐，株高5～10cm（2～4叶期）。亩用杂草焚有效成分12～18g对水25kg左右均匀喷雾。在阔叶杂草与禾本科杂草混合发生的田块，可在大豆播种前每亩先用48%氟乐灵100mL，对水35kg左右均匀喷雾于土表，随即充分均匀混土2～3cm，混土后隔天播种，等大豆1～3片复叶时再用杂草焚，可有效地防除一年生禾本科杂草和阔叶杂草，如大豆苗后禾本科杂草与阔叶杂草混合严重发生的田块，可在田间一年生阔叶杂草和禾本科杂草2～4叶期先用杂草焚隔1～2d再用15%精稳杀得50mL或者35%稳杀得50～100mL或者12.5%盖草能30～65mL对水35kg左右对杂草茎叶喷雾，可有效防除阔叶杂草和禾本科杂草。此外本剂可用于花生田（600g/hm²），水稻田（180～320g/hm²）除草，但应试验。

混用 亩用21.4%三氟羧草醚50mL＋48%灭草松100mL；21.4%三氟羧草醚70～100mL＋6.9%精噁唑禾草灵50～70mL（或15%精吡氟禾草灵50～80mL，或10.8%高效氟吡甲禾灵33mL）。

难治杂草推荐三混 亩用21.4%三氟羧草醚50mL＋48%灭草松100mL（或异噁草松70mL，或25%氟磺胺草醚60mL）＋6.9%精噁唑禾草灵50～70mL（或15%精吡氟禾草灵50～80mL，或10.8%高效氟吡甲禾灵33mL）。

注意事项

（1）杂草焚21.4%水溶液（Blazer 2S）已加入足够量表面活性剂，杂草焚21.4%水剂（Blazer 2L）不含表面活性剂，但使用方法完全相同。

（2）大豆3片复叶以后，叶片会遮盖杂草，此时施药会影响除草效果，并且大豆接触药剂多，耐药性减弱，会加重药害。

（3）大豆生长在不良的环境中，如遇干旱、水淹、霜冻、肥料过多或土壤中含过多盐碱，最高日温低于21℃或土温低于15℃均不施用，以免造成药害。应避免在6h之内下雨的情况下施药。

（4）该药对眼睛和皮肤有刺激性，施药时应戴面罩或眼镜，避免吸入药雾，如该药溅入眼睛中或皮肤上，立即用大量清水冲洗15min以上。若不慎误服，应让患者呕吐，本药剂无特效解毒剂，可对症治疗。

（5）该药剂须在0℃以上条件下贮存，在0℃以下（－18℃）贮存，将会结冰，可加温到0℃以上，彻底搅匀即可使用。

（6）勿使本剂流入湖泊、池塘或河流中，避免因洗涤器具或处理废物导致水源的污染。

登记情况及生产厂家 95％原药，山东省青岛瀚生生物科技股份有限公司（PD20091371）；21.4％水剂，合肥星宇化学有限责任公司（PD20100750）等。

药害

（1）小麦 受其飘移危害，表现先从叶片的着药部位开始失绿变为灰白、黄白或黄褐色而枯萎，并扭卷、弯曲、下垂，有的叶片则变为紫褐色，有的叶鞘也随之枯死。

（2）大豆 用其作茎叶处理受害，表现出着药叶片的叶肉失绿变为灰白，并产生漫连形锈褐色（中间色浅、边缘色深）枯斑。受害严重时，叶片大面积变褐或枯焦蜷缩，顶芽枯死，遂形成无主生长点的植株。

（3）甜菜 受其飘移危害，表现出着药子叶变黄白而枯死，真叶局部变灰白而枯萎、皱缩，叶柄和生长点变黑褐而枯萎。

复配剂及应用

（1）28％精喹·氟羧草乳油，辽宁省大连松辽化工有限公司（LS20110150），防除花生田一年生杂草，茎叶喷雾，推荐用量为168～210g/hm²。

（2）15.8％氟·喹·异噁松乳油，辽宁省大连松辽化工有限公司（PD20090786），防除春大豆田一年生杂草，茎叶喷雾，推荐剂量为474～521.4g/hm²（东北地区）。

（3）7.5％氟草·喹禾灵乳油，江苏省南通丰田化工有限公司（PD20085298），防除夏大豆田一年生杂草，苗后喷雾，推荐剂量为90～135g/hm²。

（4）440g/L氟醚·灭草松水剂，合肥星宇化学有限责任公司（PD20100447），防除春大豆田一年生阔叶杂草，茎叶喷雾，推荐剂量为825～990g/hm²。

氟磺胺草醚（fomesafen）

$C_{15}H_{10}ClF_3N_2O_6S$，438.8，72178-02-0

其他名称　虎威，除豆莠，豆草畏，福草灵，磺氟草醚，氟磺醚，氟磺草，北极星，Flexstar，Flex，Acifluorfen，Reflex，PP 021

化学名称　N-甲磺酰基-5-[2′-氯-4′-（三氟甲基）苯氧基]-2-硝基苯甲酰胺或5-(2-氯-α,α,α-三氟对甲苯氧基)-N-甲磺酰基-2-硝基苯甲酰胺

理化性质　纯品氟磺胺草醚为白色结晶体，熔点220～221℃；溶解性（20℃，g/L）：丙酮300。氟磺胺草醚呈酸性，能生成水溶性盐。

毒性　氟磺胺草醚原药急性LD_{50}（mg/kg）：大鼠经口1250～2000；兔经皮＞1000。以100mg/kg饲料剂量饲喂大鼠两年，无异常现象；对兔皮肤和眼睛有轻微刺激性；对动物无致畸、致突变、致癌作用。

作用方式　氟磺胺草醚（虎威）为选择性除草剂。它被植物的叶片、根吸收，进入植物叶绿体内，破坏光合作用引起叶部枯斑，使杂草迅速枯萎死亡。喷药后4h下雨不降低药效。药液在土壤里被根部吸收也能发挥杀草作用，大豆吸收药剂后能迅速降解。

剂型　95％原药，25％水剂，20％乳油。

防除对象　苘麻、铁苋菜、反枝苋、豚草、鬼针草、田旋花、荠菜、藜、刺儿菜、鸭跖草、问荆、裂叶牵牛、卷茎蓼、马齿苋、龙葵、苣荬菜、苍耳、马泡果等杂草。

使用方法　虎威用于大豆苗后，一般在大豆1～2片复叶时，田间复叶杂草在1～3叶期每亩用虎威50mL（有效成分12.5g）对水30kg均匀喷雾；如杂草达4～5叶时亩用药量应提高到75mL（有效成分18.8g）。防治鸭跖草需在3叶期前施药，该药用在鸭跖

草 4 叶期后仅有抑制作用。因残留对后茬作物不安全，不推荐苗前使用。对禾本科杂草与阔叶杂草混合严重发生的田块，可在田间禾本科杂草与阔叶杂草 2～3 叶期，每亩用 25％虎威 40mL 加 10％禾草克乳油 40mL，或者加 15％精稳杀得乳油 25mL，或者加 12.5％盖草能乳油 50mL 对水 30kg 均匀喷雾。混用：亩用 25％氟磺胺草醚 70～100mL＋15％精吡氟禾草灵 50～80mL（或 10.8％高效氟吡甲禾灵 33mL，或 5％精喹禾灵 50～100mL，或 12.5％烯禾啶 100mL，或 6.9％精噁唑禾草灵 50～70mL，或 12％烯草酮 33mL，或 4％喹禾糠酯 50～100mL）。难治杂草推荐三混：亩用 25％氟磺胺草醚 60mL＋48％异噁草松 70mL（或 48％灭草松 100mL）＋15％精吡氟禾草灵 50～80mL（或 10.8％高效氟吡甲禾灵 33mL，或 12.5％烯禾啶 100mL，或 6.9％精噁唑禾草灵 50～70mL）。

注意事项

（1）在大豆田后施用虎威用量不要随意加大，当亩用商品量达 125mL 时，大豆叶面出现褐色斑点，再加大剂量生长点扭曲，一般 7～10d 恢复。

（2）虎威在土壤中的残效期较长。当用药量高，每亩有效成分超过 60g 以上，大豆播前、播后苗前土壤处理，防除大豆田双子叶杂草虽有很好效果，但在土壤中残效过长，对后茬作物有影响；对第二年种敏感作物，如白菜、谷子、高粱、甜菜、玉米、小麦、亚麻等，均有不同程度药害，应降低用药剂量，使药害减轻至无影响。在推荐剂量下，大豆茬耕翻种玉米、高粱仍可能有轻度影响，应严格掌握用药量，选择安全后茬作物。

（3）玉米套种豆田中，不可使用虎威。大豆与其他敏感作物间作时，请勿使用。

（4）果树及种植园施药时，要避免将药液直接喷溅到树上，尽量用低压喷雾，用保护罩定向喷雾。

（5）接触原液时应戴手套、护目镜、穿工作服，施药时勿饮食或抽烟，若药液溅在衣服或皮肤上，应立即用清水冲洗。如误服中毒，应立即催吐，然后送医院治疗。此药无特效解毒剂，需对症治疗。

（6）运输时需用金属器皿盛载，贮放地点要远离儿童和家畜。

登记情况及生产厂家　95%原药，辽宁省大连松辽化工有限公司（PD20080156）；25%水剂，黑龙江省佳木斯黑龙农药化工股份有限公司（PD20080544）；20%乳油，辽宁省大连瑞泽农药股份有限公司（PD20082096）等。

药害

（1）小麦　受其残留危害，表现多在叶基、叶鞘部位发生水渍状变色，并伴生一些褐斑，心叶紧卷，并逐渐枯萎。

（2）油菜　茎叶处理油菜对虎威比较敏感，误施产生药害。受其残留危害，表现出子叶和真叶缩小、稍卷，并从叶基及叶缘开始失绿变白而枯萎，植株生长缓慢或停滞。受害严重时，幼苗在长出真叶之前便枯死。

（3）大豆　用其作土壤处理受害，表现出子叶、真叶、顶芽蜷缩，并产生褐色枯斑或枯死，植株生长缓慢，大小不一。用其作茎叶处理受害，表现出着药叶片的叶肉产生白色或黄褐色枯斑（或为密集的小斑点，或为漫连的大斑块），叶面皱缩，叶缘翻卷。

复配剂及应用

（1）42%灭·喹·氟磺胺微乳剂，吉林金秋农药有限公司（LS20120133），防除春大豆田一年生杂草，茎叶喷雾，推荐剂量为693～819g/hm^2。

（2）32%氟·松·烯草酮乳油，辽宁省大连松辽化工有限公司（LS20110101），防除春大豆田一年生禾本科杂草及阔叶杂草，茎叶喷雾，推荐剂量为528～624g/hm^2。

氯氟草醚（ethoxyfen-ethyl）

$C_{19}H_{15}Cl_2F_3O_4$，435.1，131086-42-5

其他名称　氯氟草醚乙酯，Buvirex

化学名称 O-[2-氯-5-(2-氯-α，α，α-三氟对甲氧基）苯甲酰基]-L-乳酸乙酯

理化性质 纯品氯氟草醚为黏稠状液体，易溶于丙酮、甲醇和甲苯等有机溶剂。

毒性 氯氟草醚原药急性 LD_{50}（mg/kg）：大鼠经口 843（雄）、963（雌），小鼠经口 1269（雄）、1113（雌）；兔经皮＞2000。对兔皮肤无刺激性，对兔眼睛有中度刺激性；对动物无致畸、致突变、致癌作用。

作用方式 原卟啉原氧化酶抑制剂，触杀型除草剂。

防除对象 主要用于苗后防除大豆、小麦、大麦、花生、豌豆等作物地中的阔叶杂草，如苘麻、西风古、猪殃殃、苍耳等十多种杂草。

使用方法 使用剂量为 $10\sim30g/hm^2$。

乳氟禾草灵 （lactofen）

$C_{19}H_{15}ClF_3O_7N$，461.7，77501-63-4

其他名称 眼镜蛇，克阔乐，Cobra，PPG 844

化学名称 O-[5-(2-氯-α,α,α-三氟对甲苯氧基)-2-硝基苯甲酰基]-DL-乳酸乙酯

理化性质 纯品乳氟禾草灵为深红色液体，几乎不溶于水，能溶于二甲苯。

毒性 乳氟禾草灵原药急性 LD_{50}（mg/kg）：大鼠经口＞5000，兔经皮＞2000。对兔皮肤刺激性很小，对兔眼睛有中度刺激性；对鱼类高毒、对蜜蜂低毒、对鸟类毒性较低；对动物无致畸、致突变、致癌作用。

作用方式 该药为选择性苗后茎叶处理型除草剂，施药后杂草被茎叶吸收，在体内进行有限传导，通过破坏细胞膜的完整性而导

致细胞内容物的流失，从而使杂草干枯而死。

剂型 240g/L乳油、80%原药。

防除对象 苍耳、反枝苋、龙葵、苘麻、柳叶刺蓼、酸膜叶蓼、节蓼、卷茎蓼、铁苋菜、野西瓜苗、狼把草、鬼针草、藜、小藜、香薷、水棘针、鸭跖草（3叶期以前）、地肤、马齿苋、豚草等一年生阔叶杂草，对多年生的苣荬菜、刺儿菜、大蓟、问荆等有较强的抑制作用，在干旱条件下对苍耳、苘麻、藜的效果明显下降。

使用方法 在大豆出苗后2～4片复叶期，阔叶杂草基本出齐且大多数杂草植株不超过5cm高时，每亩用24%g阔乐乳油22～50mL（含有效成分为5.3～12g），加水25kg进行均匀喷雾，使杂草茎叶能均匀接触药液。夏大豆用药量低，亩用有效成分不宜超过8g，否则药害重。克阔乐是苗后触杀型除草剂，苗后早期施药被杂草茎叶吸收，抑制光合作用，充足的光照有助于药效发挥。

混用：每亩用量24%阔乐17mL＋25%虎威40～70mL＋10.8%高效盖草能30mL；24%阔乐17mL＋48%广灭灵40～50mL＋12.5%拿浦净47～53mL，或15%精稳杀得40mL，或5%精禾草克40mL，或10.8%高效盖草能30mL；24%阔乐17mL＋48%排草丹100mL＋12.5%拿捕净83～100mL，或15%精稳杀得50～67mL，或5%精禾草克50～67mL，或10.8%高效盖草能35mL，或6.9%威霸50～70mL或8.05%威霸40～60mL；24%阔乐17mL＋25%虎威40～47mL＋12.5%拿捕净85～100mL，或15%精稳杀得50～67mL，或5%精禾草克50～67mL，或6.9%威霸50～70mL，或8.05%威霸40～60mL。

注意事项

（1）该药对作物的安全性较差，施药后会出现不同程度的药害，故施药时要尽可能地保证药液均匀，做到不重喷不漏喷，且严格限制用药量。

（2）杂草生长状况和气象条件均可影响该药的活性。该药对4叶期以前生长旺盛的杂草杀草活性高，低温、干旱不利于药效的发挥。故施药时应选择合适的天气。

（3）空气相对湿度低于 65％，土壤长期干旱或温度超过 27℃时不应施药，施药后最好半小时内不降雨。

（4）切勿让该药接触皮肤和眼睛，若不慎染上，应立即用清水冲洗 15min 以上，如入眼还需请医生治疗。如误服该药中毒应用牛奶蛋清催吐。

（5）本品应严格保管，勿与食物、饲料、种子存放一处。

登记情况及生产厂家　80％原药，江苏长青农化股份有限公司（PD20080618）；240g/L 乳油，安徽丰乐农化有限责任公司（PD20080579）；95％原药，山东省青岛瀚生生物科技股份有限公司（PD20092073）等。

药害

（1）大豆　用其作茎叶处理受害，表现出着药叶片产生漫连形灰白色或淡褐色、棕褐色枯斑，有的嫩叶失绿变白，有的嫩叶叶面皱缩、叶缘翻卷并枯焦破裂，有的叶脉变褐。受害严重时，部分叶片和顶芽完全变褐，蜷缩而枯死。

（2）花生　用其作茎叶处理受害，表现出着药叶片产生黄褐色枯斑，嫩叶皱缩，植株生长缓慢而瘦小。受害严重时，叶片失绿变为灰白色或黄白色而枯死，顶芽变褐枯死。

复配剂及应用

（1）15％乳禾·氟磺胺乳油，合肥星宇化学有限责任公司（PD20090272），防除春大豆田一年生阔叶杂草，茎叶喷雾，推荐剂量为 $270\sim337.5 g/hm^2$。

（2）10.8％乳氟·喹禾灵乳油，开封大地农化生物科技有限公司（PD20095817），防除夏豆田一年生杂草，茎叶喷雾，推荐剂量为 $81\sim97.2 g/hm^2$。

乙氧氟草醚 （oxyfluorfen）

$C_{15}H_{11}ClF_3NO_4$，304.6，42874-03-3

其他名称　果尔，Goal，Galigan

化学名称　2-氯-α,α,α-三氟对甲氧基-(3-乙氧基-4-硝基苯基)醚

理化性质　纯品乙氧氟草醚为橘色固体，熔点 85～90℃，沸点 358.2℃（分解）。溶解性（20℃，g/100g）：丙酮72.5，氯仿50～55，环己酮61.5，DMF>50。

毒性　乙氧氟草醚原药急性 LD_{50}（mg/kg）：大鼠经口>5000；兔经皮>2000。对兔皮肤有轻度刺激性，对兔眼睛有中度刺激性；以 100mg/kg 剂量饲喂狗两年，未发现异常现象；对鸟类、蜜蜂低毒；对动物无致畸、致突变、致癌作用。

作用方式　乙氧氟草醚是一种触杀型除草剂，在有光的情况下发挥杀草作用。主要通过胚芽、中胚轴进入植物体内，经根部吸收较少，并有极微量通过根部向上运输进入叶部。芽前和芽后早晨施用效果最好，对种子萌发的杂草除草谱较广，能防除阔叶杂草、莎草及稗，但对多年生杂草只有抑制作用。在水田里，施入水层中后在 24h 内沉降在土表，水溶性极低，移动性较小，施药后很快吸附于 0～3cm 表土层中，不易垂直向下移动，三周内被土壤中的微生物分解成二氧化碳，在土壤中半衰期为 30d 左右。

剂型　240g/L 乳油，97%原药。

防除对象　能防除多种阔叶杂草、莎草科杂草和多种禾本科杂草，如飞扬草、鸭舌草、鲤肠、苍耳、反枝苋、草龙、鬼针草、胜红蓟、矮慈姑、节节草、小藜、陌上草、旱稗、千金子、牛筋草、稗、孔雀稗、野燕麦、狗尾草、马唐、扁穗莎草、日照飘拂草、萤蔺、异型莎草、毛轴莎草、碎米莎草等。

使用方法

（1）水稻移植田　适用于秧龄 30d 以上、苗高 20cm 以上的一季中稻和双季晚稻移植田，插秧后 4～6d，稗草芽期至 1.5 叶期，视草情、气候条件确定用药量，每亩用果尔 24%乳油 10～20mL（有效成分 2.4～4.8g），对水 300～500mL 混合成母液，然后均匀洒在备用的 15～20kg 沙土中混匀。稻田水层 3～5cm，均匀撒施或将亩用药量对水 1.5～2kg 装入盖上打有三个小孔的瓶内，手持药

瓶每隔 4m 一行，前进四步向左右各撒 1 次，使药液均匀分布在水层中，施药后保水层 5～7d。混用：水稻移栽后，稗草 1.5 叶期前，667m² 用 24％乙氧氟草醚 6mL＋10％吡嘧磺隆 6g 或 12％噁草酮 60mL 混用；防治 3 叶期前的稗草，24％乙氧氟草醚 10mL＋96％禾草特 100mL。

（2）南方冬麦田　在水稻收割后、麦类播种 9d 前施药，亩用 24％乙氧氟草醚 12mL。

（3）棉田　棉花苗床在棉花播种后施药，亩用 24％乙氧氟草醚 12～18mL，与 60％丁草胺 60mL 混用；地膜覆盖棉田在棉花播种覆土后盖膜前施药，用 24％乙氧氟草醚 18～24mL；直播棉田在棉花苗后苗前施，用 24％乙氧氟草醚 36～48mL；移栽棉田在棉花移栽前施药，24％乙氧氟草醚 40～90mL。

（4）大蒜田　大蒜播种后至立针期或大蒜苗后 2 叶 1 心期以后，用 24％乙氧氟草醚 48～72mL，沙质土用低药量，壤质土、黏质土用较高药量；地膜大蒜用 24％乙氧氟草醚 40mL；盖草大蒜用 24％乙氧氟草醚 70mL，可与氟乐灵、二甲戊灵、奈丙酰草胺混用。

（5）洋葱田　直播洋葱 2～3 叶期施药，用 24％乙氧氟草醚 40～50mL；移栽洋葱在移栽后 6～10d（洋葱 3 叶期后）施药，用 24％乙氧氟草醚 70～100mL。

（6）花生田　播后苗前施药，用 24％乙氧氟草醚 40～50mL。

（7）针叶苗圃　在针叶苗圃播种后立即进行施药对苗木安全，用 24％乙氧氟草醚 50mL。

（8）茶园、果园、幼林抚育　杂草 4～5 叶期施药，用 24％乙氧氟草醚 30～50mL。

注意事项

（1）乙氧氟草醚为触杀型除草剂，喷施药时要求均匀周到，施药剂量要准。用于大豆田，在大豆出苗后即停止使用，以免对大豆产生药害。

（2）插秧田使用时，以药土法施用比喷雾安全，应在露水干后施药，施药田应整平，切忌水层过深淹没稻心叶。在移栽稻田时使用，稻苗高应在 20cm 以上，秧应为 30d 以上的壮秧，气温达 20～30℃。切忌在日温低于 20℃、土温低于 15℃ 或秧苗过小、过嫩或遭伤害还未恢复时施用。勿在暴雨来临之前施药，施药后遇大暴雨田间水层过深，需要排出水层，保浅水层，以免伤害稻苗。

（3）本药用量少，活性高，对水稻、大豆易产生药害，使用时切勿任意提高用药量，初次使用时，应根据不同气候带，先经小规模试验，找出适合当地使用的最佳施药方法和最适剂量后，再大面积使用。在刮大风、下暴雨、田间露水未干时不能施用，以免产生药害。

（4）乙氧氟草醚对人体每日允许摄入量（ADI）是 0.003mg/(kg·d)。安全间隔期为 50d。

（5）本药剂对人体有害，避免与眼睛和皮肤接触。若药剂溅入眼睛或皮肤上，立即用大量清水冲洗，并立即送医院。

（6）勿将本药剂置放在湖边、池塘或河沟边，避免清洗喷药器具和处理废物而导致水源污染，用后的空容器应予以压碎，并埋在远离水源的地方。

登记情况及生产厂家　240g/L 乳油，美国陶氏益农公司（PD109-89）；97％ 原药，美国陶氏益农公司（PD20030001）；23.5％乳油，上海惠光化学有限公司（PD20080438）等。

复配剂及应用

（1）45％戊·氧·乙草胺乳油，吉林金秋农药有限公司（LS20100163），防除大蒜田一年生杂草，播后苗前土壤喷雾处理，推荐剂量为 675～1080g/hm²。

（2）40％氧氟·草甘膦可湿性粉剂，江苏省通州正大农药化工有限公司（PD20094502），防除非耕地杂草，茎叶喷雾，推荐剂量为 1200～1500g/hm²。

（3）20％氧氟·甲戊灵乳油，山东省青岛好利特生物农药有限公司（PD20096040），防除姜田一年生杂草，土壤喷雾处理，推荐剂量为 390～540g/hm²。

甲羧除草醚（bifenox）

$C_{14}H_9Cl_2NO_5$，342.1，42576-02-3

其他名称　治草醚，茅丹，茅毒，Modown，Plodown，MC 4379，MC 79

化学名称　5-(2,4-二氯苯氧基)-2-硝基苯甲酸甲酯

理化性质　纯品为黄色晶体，原药是淡黄色或棕黄色结晶体。熔点84～86℃。溶解度：水中0.35mg/L，丙酮、氯苯中400g/L，乙醇中<50g/L，芳香烃中<10g/L，二甲苯中300g/L。在290～400nm紫外光下，48h分解<5%。

毒性　原药大鼠急性经口 LD_{50}>6400mg/kg，家兔急性经皮 LD_{50}>20000mg/kg，大鼠急性吸入 LC_{50}>1.04mg/L。该产品对人、畜和鱼均较为安全，没有致畸、致癌及其他慢性中毒作用，对哺乳动物低毒。在实验条件下未见致畸、致突变作用。

作用方式　甲羧除草醚是触杀型芽前土壤处理剂。被植物幼芽吸收，根吸收很少。药剂在体内很难传导，但在植物体内水解成游离酸后易于传导。本药剂需光活化后才能发挥除草作用，对杂草幼芽的毒害作用最强。杂草种子在药层中或药层之下发芽时接触药剂，其表皮组织遭破坏抑制光合作用。对阔叶杂草的作用比禾本科杂草大。甲羧除草醚的选择性与其在植物体内的吸收、代谢差异有关。播后苗前处理后，药在玉米、大豆中只存在于接触土层的部位，很少传导；但敏感杂草的整个茎、叶和子叶中均有分布。此外，水稻降解甲羧除草醚的速度快，而稗草慢，也是形成选择性原因之一。用药量受土壤质地影响小，湿度影响药效，持效期1.5个月。

剂型　97%原药。

防除对象　该产品用于大豆田防治鸭跖草、酸模叶蓼、龙葵、猪毛菜、苋、马齿苋、狼把草、苘麻、地肤、苍耳、鸭舌草、泽

泻等。

使用方法 大豆在播种前每亩用48%悬浮剂250～300g(有效成分120～145g),或80%可湿性粉剂145～175g,加水15～30L,均匀喷雾后混土3～5cm,然后播种。或大豆播后苗前,每亩用48%悬浮剂167～250g(有效成分80～120g),或83%可湿性粉剂100～145g,对表土进行喷雾处理。若土壤水分适宜或有灌溉条件时,可采用推荐剂量范围的低限;若干旱,可浅混土2～3cm,以不翻出种子为宜。单双子叶混生的地块,不宜单施茅毒。可在播前,每亩施茅毒有效成分100～120g与氟乐灵67g(有效成分),施后混土5～7cm。播后苗前每亩施有效成分茅毒120g与都尔100g,均可提高对一年生单子叶和阔叶杂草的防治效果。此外,该产品还可用于玉米、小麦、水稻、花生、高粱等作物防除阔叶杂草,以及一些禾本科及莎草科杂草。

注意事项

(1) 茅毒用于大豆田间除草,气候干旱时尽量采用播前混土施药,混土可增加对大豆的安全性。

(2) 施药后遇雨,药剂随水溅到大豆叶上会造成药害,表现为叶片枯斑,1～2周可恢复。在低温、低湿、播种过深的条件下,大豆在出土过程中,有的下胚轴被破坏,会造成大豆缺苗。

(3) 水稻插秧后施药注意水层不要过深,淹没稻苗心叶易产生药害。

(4) 甲羧除草醚在大豆、玉米、小麦、水稻中的残留量小于0.05mg/kg。

(5) 避免本药剂接触皮肤和眼睛。操作时应戴上手套和防护面具。工作完毕后,应彻底清洗皮肤和衣物。

(6) 该药对鱼类高毒,切勿污染水源和鱼池。

(7) 将该药贮存在远离水源、食物和饲料的地方。当遇到低温时,如发现本药结冰,可将其置放于13℃以上的温度下24h,待其化冰后可继续使用,使用前充分摇匀。

登记情况及生产厂家 97%原药,江苏辉丰农化股份有限公司(LS20110259);97%原药,广东省英德广农康盛化工有限责任公司（LS20110318）。

苯草醚（aclonifen）

$C_{12}H_9ClN_2O_3$，264.7，74070-46-5

其他名称　Bandren，Bandur

化学名称　2-氯-6-硝基-3-苯氧基苯胺

理化性质　黄色晶体，熔点81～82℃，蒸气压0.9mPa(20℃)。溶解度(20℃)。已烷4.5g/kg，甲醇50g/kg，甲苯390g/kg，水2.5mg/L。植物体内DT_{50}约为2周，土壤中DT_{50}为7～12周。

毒性　急性LD_{50}(mg/kg)：大小鼠经口＞5000，经皮＞5000。对兔皮肤有中等刺激（是可逆的）作用，但对兔眼睛无刺激作用。在饲喂试验中，大鼠90d无作用28mg/(kg·d)，在Ames试验中无诱变性。鱼毒LC_{50}(96h，mg/L)：虹鳟鱼10～2.3，鲤鱼3.3。

作用方式　属二苯醚类除草剂，是原卟啉氧化酶抑制剂。苯草醚施用后，在土壤表面沉积一层药膜，当禾本科杂草和阔叶杂草穿透土壤表面时，除草剂分别被幼苗的嫩芽、（下）胚轴或胚芽鞘吸收，吸入几天后，秧苗就变黄，生长受阻，最后死亡。制作良好的具有易碎土壤结构的种子床增强了除草的功效。施药后必须避免耕作，因为土壤表面的除草剂膜必须保持完整，才有最佳的除草活性。将除草剂混入土壤中则大幅度地降低除草功效。苯草醚对土壤湿度的依赖性，比大多数别的除草剂都小。

剂型　600g/L悬浮剂。

防除对象　可防除马铃薯、向日葵和冬小麦禾本科杂草和阔叶杂草。

使用方法　芽前施用2400g/hm²时，是一个优良的马铃薯除草剂，而且它对像猪殃殃这样一类重要杂草的防效与对比药剂嗪草酮相比，或是相等或是略高。在豌豆、胡萝卜和蚕豆田的试验表明，以2400g/hm²施用时，对鼠尾看麦娘的防效为90%，对知风草的防效为97%，与对照药剂绿麦隆相当。而对猪殃殃、野芝麻、田野勿忘草、繁缕、蓣蒮、常春藤、婆婆纳和波斯水苦荬以及田堇菜等防效超过对照药剂，对母菊、荞麦蔓的防效低于对照药剂。对作物安全，土壤翻耕后，在施药后4～6周即可种植。

乙羧氟草醚 （fluoroglycofen-ethyl）

$C_{18}H_{13}ClF_3NO_7$，437.7，77501-0-7

其他名称　Compete

化学名称　O-[5-(2-氯-a,a,a-三氟对甲苯氧基)-2-硝基苯甲酰基]氧乙酸乙酯

理化性质　纯品为深琥珀色固体，熔点65℃。相对密度1.01（25℃）。$K_{ow}\lg P = 3.65$。稳定性：0.25mg/L水溶液在22℃下的DT_{50}：231d(pH=5)、15d(pH=7)、0.15d(pH=9)。其水悬浮液因紫外光而迅速分解，土壤中因微生物而迅速降解。

毒性　大鼠急性经口$LD_{50}>1500$mg/kg，兔急性经皮$LD_{50}>5000$mg/kg，对兔皮肤和眼睛有轻微刺激性。大鼠急性吸入LC_{50}(4h)>7.5mg/L(EC)制剂。Ames试验结果表明，无致突变作用。山齿鹑急性经口$LD_{50}>3160$mg/kg，山齿鹑和野鸭饲喂试验LC_{50}(8d)>5000mg/kg。鱼毒LC_{50}(96h，mg/L)：虹鳟鱼23，大翻车鱼1.6。蜜蜂接触LD_{50}(96h)$>100\mu g$/只。

作用方式　本品属二苯醚类除草剂，是原卟啉氧化酶抑制剂。本品一旦被植物吸收，只有在光照条件下，才发挥效力。该化合物同分子氧反应，生成对植物细胞具有毒性的化合物四吡咯，积聚而发生作用。积聚过程中，使植物细胞膜完全消失，然后引起细胞内含物渗漏。

剂型　10%乳油，95%原药。

防除对象　新型高效二苯醚类豆田除草剂，适用于防除大豆、小麦、大麦、燕麦、花生和水稻田的阔叶杂草和禾本科杂草，尤其

是猪殃殃、婆婆纳、堇菜、苍耳属和甘薯属杂草。

使用方法　在大豆2～3片复叶期间，北方以每亩用10％乙羧氟草醚乳油40～60mL，对水10kg，均匀喷雾，气温高，阳光充足，有利于药效发挥。与2,4-滴丁酯、2甲4氯丙酸、醚苯磺隆、异丙隆、绿麦隆等混用可扩大杀草谱，提高药效。

注意事项　该除草剂常做成混合制剂使用，选购时要详细阅读使用说明和注意事项，以免购错药和使用不当产生药害；该除草剂为新型除草剂，使用经验还不丰富，应先试验后推广。

登记情况及生产厂家　10％乳油，山东省淄博新农基农药化工有限公司（PD20102153）；95％原药，江苏连云港立本农药化工有限公司（PD20095919）等。

药害

（1）小麦　用其作土壤处理受害，表现出出苗、生长较慢，叶色稍淡，并在叶片上产生漫连形白色枯斑，有的叶片从中基部枯折。用其作茎叶处理受害，表现在着药叶片上产生白色枯斑，有的叶片从枯斑较大的部位折垂。

（2）玉米　用其作土壤处理受害，表现出叶色褪淡，叶脉、叶鞘变紫，叶脉和叶肉形成两色相间的条纹，底叶叶尖黄枯，根系缩短并横长，植株矮缩，生长缓慢。

（3）大豆　用其作茎叶处理受害，表现出在着药叶片上产生小点状白色或淡褐色枯斑。用其作土壤处理受害，表现出叶片产生大块状淡褐色枯斑并扭卷皱缩，有的叶片变小蜷缩，下胚轴变粗而弯曲，根系纤细短小，植株显著萎缩。

（4）花生　用其作土壤处理受害，表现出下胚轴缩短、变粗，根系缩成秃尾状，子叶产生褐斑，真叶叶柄弯曲，叶片窄小。受害严重时，植株、顶芽萎缩，生长停滞。

（5）棉花　用其作土壤处理受害，表现出子叶产生漫连形褐色枯斑，并皱缩、变小。

复配剂及应用

（1）15％精喹·乙羧氟乳油，郑州科银生物制品有限公司（LS20100018），防除夏大豆田一年生杂草，茎叶喷雾，推荐剂量为 20～30mL/亩。

（2）30％乙羧·氟磺胺水剂，江苏长青农化股份有限公司（PD20096439），防除春大豆田一年生阔叶杂草，喷雾，推荐剂量为 180～225g/hm²（东北地区）。

草枯醚（chlorinitrofen）

$C_{12}H_5Cl_3NO_3$，317.5，1836-77-7

化学名称　4-硝基苯基-2,4,6-三氯苯基醚

理化性质　淡黄色晶体，熔点 107℃。溶解度（25℃）：水 0.25mg/L，二甲苯 360g/kg。

毒性　大、小鼠急性经口 LD_{50}＞10000mg/kg，大鼠急性经皮 LD_{50}＞10000mg/kg，急性吸入 LC_{50}（4h）＞0.52mg/L（空气）。两年喂养试验：大鼠无作用剂量 0.61mg/kg 饲料，小鼠 9.5mg/kg 饲料。

剂型　20％乳油，9％颗粒剂，25％可湿性粉剂。

防除对象　防除水稻初期一年生杂草，如稗草、鸭舌草、瓜皮草、马唐、水马齿、牛毛毡、看麦娘、狗尾草等。地区条件影响少，无药害。

使用方法　水稻本田在插秧后 3～6d 杂草发芽前及发芽初期处理，直播田灌水后即处理。施药量为有效成分 100～500g/hm²。在油菜、白菜地施有效成分 250～1000g/hm² 可防除禾本科杂草。

三氟硝草醚（fluorodifen）

$C_{13}H_7F_3N_2O_5$，282.1，15457-05-3

其他名称　氟甲消草醚，消草醚

化学名称 4-硝基苯基-α,α,α,-三氟-2-硝基-p-甲苯基醚

理化性质 棕黄色晶体,熔点93~94℃。溶解度(20℃):水2mg/kg,易溶于丙酮、苯、二氯甲烷。

毒性 大鼠急性 LD_{50}(mg/kg):经口>9000,经皮>3000。可引起轻度皮肤刺激,高剂量饲料喂养大鼠、狗和鸟类没有引起组织病理学和其他的中毒反应,对鱼有毒。

作用方式 为触杀型芽前或芽后除草剂,可被芽吸收,但传导很差,需光产生除草活性。

剂型 30%乳剂,含有2甲4氯的7.5%颗粒剂。

防除对象 一年生阔叶杂草和禾本科杂草如马唐、蟋蟀草等。

使用方法 每公顷用药量2~5kg。旱田在棉后苗前用药,在稻田中,可于芽前或芽后,以及移植后,杂草的3叶期前使用,有无水均可,不能在芽前施于土表播种的直播稻,但对移栽稻是安全的。在用于其他作物时,其除草作用可持续8~12周,尤其在干燥的土壤内。暴雨或灌溉,以及机械对土壤的搅动都可降低残效期。

双草醚 (bispyribac-sodium)

$C_{19}H_{17}N_4NaO_8$,452.2,125401-92-5

其他名称 双嘧草醚,Nominee,Grass-short,Short-keep

化学名称 2,6-双-(4,6-二甲氧嘧啶-2-氧基)苯甲酸钠

理化性质 纯品双草醚为白色粉状固体,熔点223~224℃。溶解性(25℃,g/L):水73.3,甲醇26.3,丙酮0.043。

毒性 双草醚药大鼠急性 LD_{50}(mg/kg):经口4111(雄)、2635(雌);大鼠>2000。对兔皮肤无刺激性,对兔眼睛有轻度刺激性;以1.1~1.4mg/(kg·d)剂量饲喂大鼠两年,未发现异常现象;对鸟类、蜜蜂低毒;对动物无致畸、致突变、致癌作用。

作用方式　属苯甲酸类除草剂，是高活性的乙酰乳酸合成酶（ALS）抑制剂，本品施药后能很快被杂草的茎叶吸收，并传导至整个植株，抑制植物分生组织生长，从而杀死杂草。高效、广谱、用量极低。

剂型　100g/L悬浮剂，95%原药，20%可湿性粉剂。

防除对象　有效防除稻田稗草及其他禾本科杂草，兼治大多数阔叶杂草、一些莎草科杂草及对其他除草剂产生抗性的稗草，如稗草、双穗雀稗、稻李氏禾、马唐、匍茎剪股颖、看麦娘、东北甜茅、狼巴草、异型莎草、日照飘拂草、碎米莎草、萤蔺、日本草、扁秆草、鸭舌草、雨久花、野慈姑、泽泻、眼子菜、谷精草、牛毛毡、节节菜、陌上菜、水竹叶、空心莲子草、花蔺等水稻田常见的绝大部分杂草。对大龄稗草和双穗雀稗有特效，可杀死1~7叶期的稗草。

使用方法

（1）直播稻田　本品在直播水稻出苗后到抽穗前均可使用，在稗草3~5叶期施药，效果最好。每亩用20%双草醚可湿性粉剂18~24g，对水25~30kg，均匀喷雾杂草茎叶。

（2）移栽田或抛秧田　水稻移栽田或抛秧田，应在移栽或抛秧15d以后，秧苗返青后施药，以避免用药过早，秧苗耐药性差，从而出现药害。每亩用20%双草醚可湿性粉剂12~18g，对水25~30kg，均匀喷雾杂草茎叶。施药前排干田水，使杂草全部露出，施药后1~2d灌水，保持3~5cm水层4~5d。

注意事项

（1）本品只能用于稻田除草，请勿用于其他作物。

（2）粳稻品种喷施本品后有叶片发黄现象，4~5d即可恢复，不影响产量。

（3）稗草1~7叶期均可用药，稗草小，用低剂量，稗草大，用高剂量。

（4）本品使用时加入有机硅助剂可提高药效。

登记情况及生产厂家　100g/L悬浮剂，日本组合化学工业株式会社（PD20040014）；95%原药，江苏省农用激素工程技术研究中心有限公司（PD20096883）；20%可湿性粉剂，江苏省激素研究所股份有限公司（PD20092237）等。

复配剂及应用 30%苄嘧·双草醚可湿性粉剂，江苏省激素研究所股份有限公司（PD20096247），防除南方地区直播水稻田一年生杂草及部分多年生杂草，喷雾处理，推荐剂量为 $45\sim67.5g/hm^2$。

嘧啶肟草醚（pyribenzoxim）

$C_{32}H_{27}N_5O_8$，609.59，168088-61-7

其他名称 韩乐天，Pyanchor

化学名称 O-[2,6-双-(4,6-二甲氧-2-嘧啶基) 苯甲酰基] 二苯酮肟

理化性质 纯品嘧啶肟草醚为白色固体，熔点 $128\sim130℃$。溶解性（25℃，mg/L）：水 3.5。

毒性 嘧啶肟草醚药急性 LD_{50}（mg/kg）：大鼠经口＞5000（雌）；小鼠经皮＞2000。对兔皮肤和眼睛无刺激性；对动物无致畸、致突变、致癌作用。

作用方式 巴斯夫公司开发的新一代嘧啶水杨酸类除草剂，属于原卟啉原氧化酶抑制剂（PPO），可以被植物的茎叶吸收，在体内传导，抑制敏感植物支链氨基酸的生物合成（主要是抑制乙酰乳酸合成酶即 ALS）。喷药后 24h 抑制植物生长，$3\sim5d$ 出现黄化（可以与池埂边杂草对比，确定是否黄化），$7\sim14d$ 枯死。

剂型 5%乳油，95%原药。

防除对象 可以用于水稻移栽田、直播田和抛秧稻田，防除禾本科、莎草科及一些阔叶杂草。防除效果较好的杂草种类：稗草、稻稗、稻李氏禾、扁秆藨草、日本藨草、异型莎草、野慈姑、泽

泻、陌上菜、节节菜。防除效果一般的杂草种类：雨久花、鸭舌草（小的，效果还可以）、萤蔺。无防除效果的杂草种类：马唐、千金子，防除这两种杂草可与氰氟草酯复配使用。

使用方法　施药前一天排水，使杂草茎叶充分露出水面，每亩对水 15L，将药液均匀喷到杂草茎叶上，喷药后 1～2d 灌水正常管理（灌水可以抑制杂草的萌发，可以减少后期杂草的数量）。最佳用药时期：杂草 2～4 叶期，用韩乐天 $600mL/hm^2$；杂草 5～7 叶，用韩乐天 $750mL/hm^2$。水直播以杂草叶龄为基准，但要考虑水稻是否没于水内。

注意事项

（1）韩乐天用药后 6h 之内降雨会影响药效，应及时补喷。

（2）温度低于 15℃ 持续 3～4d，药效不好；15～30℃，效果正常，温度升高，效果增强；超过 30℃，不会出现药害，但水稻黄化现象会出现得早。

（3）不要倍量使用此药效（即不应减少对水量），不要重喷，水稻没于水中使用此药剂，易产生药害。

（4）韩乐天落水失效，所以使用前应排水，使杂草充分露出水面。

（5）水稻出现黄化现象后，应立即灌水，保持水稻正常生长。

（6）不能与敌稗、灭草松等触杀型药剂混用。

登记情况及生产厂家　95% 原药，韩国 LG 生命科学有限公司（PD20101262）；5% 乳油，韩国 LG 生命科学有限公司（PD20101271）。

嘧草醚（pyriminobac-methyl）

$C_{17}H_{19}N_3O_6$，361.1，136191-64-5

其他名称　必利必能，Prosper

化学名称　2-(4,6-二甲氧基-2-嘧啶氧基)-6-(1-甲氧基亚胺乙基）苯甲酸甲酯

理化性质　纯品嘧草醚为白色粉状固体。为顺式和反式混合物，熔点 105℃（纯顺式 70℃，纯反式 107～109℃）。溶解性（20℃，g/L）：甲醇 14.0～14.6，难溶于水。工业品原药纯度＞93％，其中顺式 75％～78％，反式 21％～11％。

毒性　嘧草醚原药急性 LD_{50}（mg/kg）：大鼠经口＞5000；兔经皮＞5000。对兔皮肤和眼睛有轻微刺激性；对动物无致畸、致突变、致癌作用。

作用方式　是日本组合化学新近研发的一种内吸传导型专业除稗剂，它可以被杂草的茎叶和根吸收，并迅速传导至全株，抑制乙酰乳酸合成酶（ALS）和氨基酸的生物合成，从而抑制和阻碍杂草体内的细胞分裂，使杂草停止生长，最终使杂草白化而枯死。

剂型　97％原药，10％可湿性粉剂。

防除对象　3 叶期以前的稗草。

使用方法　水稻移栽后，稗草 3 叶期前，嘧草醚 300～450g/hm^2＋苄嘧磺隆 300g/hm^2（混用），毒土、毒肥或茎叶喷施。

注意事项

（1）嘧草醚只是除稗剂，尤其对 1～3 叶期的稻稗效果最好。施药时，为了防除其他杂草，应与相应的除草剂混用为最好。

（2）施药后杂草死亡速度比较慢，一般为 7～10d，嘧草醚对未发芽的杂草种子和芽期杂草无效。

（3）对水稻很安全，可适用于移栽田、抛秧田、直播田以及水育秧田。

（4）可在播后无水层时使用，但在施药后需要 3～5cm 水层并保水 5d 以上。

（5）对水稻芽期很安全无药害，在播种后 0～3d 也可施用，但是稗草在 1 叶期以后才能够吸收嘧草醚有效成分，因此稗草都是在 1 叶期以后才出现中毒现象，之后稗草白化枯死。

登记情况及生产厂家　10％可湿性粉剂，日本组合化学工业株式会社（PD20086020）；10％可湿性粉剂，江苏省农垦生物化学有限公司（PD20086020F110011）；97％原药，日本组合化学工业株式会社（PD20086021）等。

嘧草硫醚 （pyrithiobac-sodium）

$C_{13}H_{10}ClN_2NaO_4S$，348.6，123343-16-8

其他名称 硫醚草醚，Staple

化学名称 2-氯-6-(4,6-二甲氧基嘧啶-2-基硫基) 苯甲酸钠盐

理化性质 纯品嘧草硫醚为白色固体，熔点 233.8～234.2℃（分解）。溶解性 （20℃，g/L）：水 705，丙酮 0.812，甲醇 270。

毒性 嘧草硫醚原药急性 LD_{50}（mg/kg）：大鼠经口 3300(雄)、3200(雌)；兔经皮＞2000。对兔皮肤无刺激，对兔眼睛有刺激性；以 58.7～278mg/kg 剂量饲喂大鼠两年，未发现异常现象；对动物无致畸、致突变、致癌作用。

作用方式 日本组合化学公司研制的嘧啶水扬酸类除草剂，由组合化学公司，庵原公司和美国杜邦公司共同开发，是一种乙酰乳酸合成酶抑制剂，通过阻止氨基酸的生物合成而达到防除杂草的作用。

剂型 水分散颗粒剂。

防除对象 以防除一年生、多年生禾本科杂草和大多数阔叶杂草。对难除杂草如各种牵牛、苍耳、苘麻、刺黄花禾念、田普、阿拉伯高粱等都有很好的防除效果。

使用方法 主要用于棉田，苗前苗后均可使用，土壤处理和茎叶处理均可。茎叶处理，45g/hm²，土壤处理 105g/hm²。用于防治棉花田一年生和多年生阔叶杂草，稗草施药量为 35～105g/hm²。

环庚草醚 （cinmethylin）

$C_{18}H_{23}O_2$，271.2，87818-31-3

其他名称　艾割，噁庚草烷，仙治，Argold，Cinch，SKH 301，SD 95481，WL 95481

化学名称　(1RS，2SR，4SR)-1,4-桥氧对盂烷-2-基-2-甲基苄基醚

理化性质　本品为深琥珀色液体。沸点 313℃，相对密度 1.014（20℃），蒸气压 10.1×10^{-3} Pa(20℃)。能溶于大多数有机溶剂，在水中溶解度为 63mg/L，pH=3～11 时水解反应半衰期为 30d（25℃）。

毒性　大鼠急性经口 $LD_{50}>3960$mg/kg，兔急性经皮 $LD_{50}>2000$mg/kg。对兔眼睛有轻度刺激作用，对皮肤有刺激作用。大鼠 13 周饲喂试验无作用剂量为 300mg/kg，大鼠 2 年饲喂试验无作用剂量为 100mg/kg、小鼠 30mg/kg。未见致癌、致突变作用。虹鳟鱼 LC_{50} 为 6.6mg/L(96h)、水蚤 LC_{50} 为 7.2mg/L(48h)。鹌鹑经口 $LD_{50}>2150$mg/kg，野鸡>5620mg/kg。

作用方式　属桉树脑（cineole）类除草剂，抑制分生组织生长。

使用方法　水稻移植后，本品以 25～100g/hm² 施用，可有效防除大多数禾本科杂草，如稗草、鸭舌草、异型莎草等。以≥200g/hm² 施用时，对稗草防效优异，施药期较宽，从稗草芽前期至 3 叶期施药均可。在我国以 15～25g/hm² 施用，对稗草防效优异，鸭舌草、节节菜和一年生莎草科杂草对本品也敏感，在插秧后施药（施药量 200g/hm²）对移栽水稻安全。

第七章
取代脲类和磺酰脲类除草剂

　　取代脲类除草剂的化学结构的核心是脲，在脲分子中氨基上的取代基不同，而形成不同取代脲类除草剂品种。取代脲类除草剂水溶性差，在土壤中易被土壤胶粒吸附，而不易淋溶。此类除草剂易被植物的根吸收，茎、叶吸收少。因此，药剂须到达杂草的根层，才能杀灭杂草。取代脲类除草剂随蒸腾流从根传导到叶片，并在叶片中积累。此类除草剂不随同化物从叶片往外传导。

　　取代脲类除草剂抑制光合作用系统Ⅱ的电子传递，从而抑制光合作用。作物和杂草间吸收、传导和降解取代脲类除草剂能力的差异是这类除草剂选择性的原因之一，另外作物和杂草根部的位差，也是这类除草剂选择性的一个重要方面。

　　取代脲类除草剂在土壤中残留期长，在正常用量下可达几个月，甚至一年多，对后茬敏感作物可能造成药害。在土壤中主要由微生物降解。该类除草剂的除草效果与土壤墒情关系极大，在土壤干燥时施用，除草效果不好。另外，在沙质土壤田慎用，以免发生药害。

　　大多数取代脲类除草剂主要作苗前土壤处理剂，防除一年生禾本科杂草和阔叶杂草，对阔叶杂草的活性高于对禾本科杂草的活性。敌草隆和绿麦隆在土壤湿度大的条件下，苗后早期也有一定的效果。异丙隆则可作为苗前和苗后处理剂，在杂草2～5叶期施用仍有效。莎扑隆主要用来防除一年生和多年生莎草，对其他杂草活性极低，敌草隆可防治眼子菜。

磺酰脲类除草剂品种的开发始于 20 世纪 70 年代末期。磺酰脲类除草剂易被植物的根、叶吸收，在木质部和韧皮部传导，抑制乙酰乳酸合成酶（ALS）的活性，ALS 是支链氨基酸缬氨酸、异亮氨酸生物合成的一个关键酶。磺酰脲类除草剂对杂草和作物选择性是由降解代谢的差异决定的。

磺酰脲类除草剂的活性极高，用量特别低，每公顷的施用量只需几克到几十克，被称为超高效除草剂。此类除草剂能有效地防除阔叶杂草，其中有些除草剂对禾本科杂草也有抑制作用。大部分磺酰脲类除草剂（如甲磺隆、绿磺隆、甲嘧磺隆、苄嘧磺隆、氯嘧磺隆、胺苯磺隆、烟嘧磺隆）既能作苗前处理剂，也能作苗后处理剂（杂草苗后早期），部分磺酰脲类除草剂（如苯磺隆、阔叶散）只能用作茎叶处理剂，作土壤处理的效果不好。

施用磺酰脲类除草剂后，敏感杂草的生长很快受抑制，3～5d 后叶片失绿，接着生长点枯死，但杂草完全死亡则很慢，需要 1～3 周。大部分磺酰脲类除草剂的选择性强，对当季作物安全。但是，氯嘧磺隆对大豆的安全性不太好，在施用后，气温下降（<12℃）或遇高温（>30℃），可能出现药害。另外，施药后多雨，在低洼的地块也易出现药害。

有些磺酰脲类除草剂（如绿磺隆、甲磺隆、氯嘧磺隆、胺苯磺隆）属于长残效除草剂，在土壤中的持效期长。施用这些除草剂后，在下茬种植敏感作物将会发生药害。如在小麦地施用甲磺隆或绿磺隆，下茬种植棉花就会出现药害。为了防止这些除草剂的残留药害，可采用混用的方法，降低它们的施用量。

杀草隆 （daimuron）

$C_{17}H_{20}N_2O$, 268.2, 42609-52-9

其他名称　莎捕隆，莎草隆，莎扑隆，香草隆，Dymrone，Shouron

化学名称　1-(1-甲基-1-苯基乙基)-3-对甲苯基脲，1-(α,α-二甲基苄基)-3-(对甲苯基)脲，N'-(α,α-二甲基苄基)-N-(对甲苯基)脲

理化性质　纯品杀草隆为无色或白色针状结晶，熔点203.2℃。溶解性（20℃，g/L）：水 0.0012，甲醇 10，丙酮 16，苯 0.5。

毒性　杀草隆原药急性 LD_{50}（mg/kg）：大、小鼠经口＞5000，大鼠经皮＞2000。以 30.6mg/kg 剂量饲喂雄狗一年，未发现异常现象；对动物无致畸、致突变、致癌作用。

作用方式　该药不似其他取代脲类除草剂能抑制光合作用，而是抑制根和地下茎的伸长，从而抑制地上部分的生长。

剂型　75％可湿性粉剂，与除草醚或草枯醚的混合颗粒剂，50％、80％莎扑隆可湿性粉剂，7％莎扑隆颗粒剂，5％莎扑隆＋7％除草醚颗粒剂，7％莎扑隆＋9％草枯醚颗粒剂。

防除对象　防除扁秆藨草、异型莎草、牛毛草、萤蔺、日照飘拂草、香附子等莎草科杂草，对稻田稗草也有一定的效果，对其他禾本科杂草和阔叶草无效。

使用方法　本药用于土壤混合处理，土壤表层处理或杂草茎叶处理无效。

（1）防除水田牛毛草，每亩只需用 50～100g。莎扑隆主要应用于水田，旱地用药量比水田用量应高一倍。每亩用 5％莎扑隆＋7％除草醚混合粉 1000～1600g 能有效防除稻田稗草、牛毛草、鸭舌草、萤蔺等。在犁、耙前将每亩药量拌细土 15kg，撒到田里，再耙田。还可以在稻田耘稻前撒施，持效期 40～60d。旱地应在萌芽前使用。

（2）水稻秧田使用防除异型莎草、牛毛草等浅根性莎草。先做好粗秧板，每公顷用 50％莎扑隆可湿性粉剂 1.5～3kg，拌细潮土300kg 左右，制成毒土均匀撒施在粗秧板上，然后结合做平秧板，把毒土均匀混入土层，混土深度为 2～5cm，混土后即可播种。若

防除扁秆藨草等深根性杂草或在移栽水稻田使用，必须加大剂量，每公顷用50%可湿性粉剂5～6kg，制成毒土撒施于翻耕后基本耕平的土表，并增施过磷酸钙或饼肥，再用牛或机械混土5～7cm，随后平整稻田，即可做成秧板播种或移栽。

注意事项

（1）莎扑隆只能防除莎草科杂草，如需兼除其他杂草，须与其他除草剂如除草醚，草枯醚混用。

（2）莎扑隆使用量与混土深度应根据杂草种子与地下茎、鳞茎在土壤中的深浅而定，一般浅根性的用量低混土浅，反之用量则高，混土也深。但每公顷用量不得超过6kg，否则对水稻有明显影响。

异丙隆 （isoproturon）

$C_{12}H_{18}N_2O$，206.1，34123-59-6

其他名称 Alon，Arelon，Graminon，Tokan

化学名称 N'-(4-异丙苯基)-N,N-二甲基脲，3-(4-异丙苯基)-1,1-二甲基脲，3-对枯烯基-1,1-二甲基脲

理化性质 纯品异丙隆为无色晶体，熔点158℃。溶解性（20℃，g/L）：水0.065，二氯甲烷63，甲醇75，二甲苯4，丙酮38。在强酸、强碱介质中水解为二甲胺和相应的芳香胺。

毒性 异丙隆原药急性LD_{50}(mg/kg)：大鼠经口1826～2457，小白鼠经口3350；大鼠经皮>2000。对兔皮肤和眼睛无刺激性；以400mg/kg以下剂量饲喂大鼠90d，未发现异常现象。

作用方式 为内吸传导型土壤处理剂兼茎叶处理剂。药剂被植物根部吸收后，输导并积累在叶片中，抑制光合作用，导致杂草死亡。

剂型 97%原药，50%、70%、25%可湿性粉剂。

防除对象 防除马唐、小藜、看麦娘、早熟禾、黑麦草属、春

蓼、兰堇、田芥菜、田菊、萹蓄、大爪草、繁缕及滨藜属、粟草属、苋属、风剪股颖、矢车菊属等。

使用方法 异丙隆主要被根部吸收，可作播后苗前土壤处理，也可作苗后茎叶处理。以麦田为例，播后苗前处理一般在小麦或大麦播种覆土后至出苗前，每公顷用75％异丙隆可湿性粉剂1.5～2.0kg对水750kg均匀喷雾土表。苗后处理一般在小麦或大麦3叶期至分蘖前期，田间杂草在2～5叶期，每公顷用75％可湿性粉剂1.3～2kg，对水600kg左右，均匀喷雾杂草茎叶。该药在土壤中的半衰期20d，秋季持效期2～3个月。

注意事项

(1) 使用过磷酸钙的土地不要使用。

(2) 作物生长势弱或受冻害的，漏耕地段及沙性重或排水不良的土壤不宜施用。

登记情况及生产厂家 97％原药，江苏快达农化股份有限公司（PD20040266）；50％可湿性粉剂，安徽华星化工股份有限公司（PD20040805）；70％可湿性粉剂，江苏常隆农化有限公司（PD20040814）；25％可湿性粉剂，江苏遍净植保科技有限公司（PD20050141）等。

复配剂及应用

(1) 50％苄·戊·异丙隆可湿性粉剂，江苏省南京惠宇农化有限公司（LS20100085），防除南方地区直播水稻田一年生杂草，播后苗前土壤喷雾，推荐剂量450～525g/hm²。

(2) 50％苯磺·异丙隆可湿性粉剂，江苏富田农化有限公司（PD20081656），防除冬小麦田一年生杂草，茎叶喷雾，推荐剂量为900～1125g/hm²。

(3) 72％噻磺·异丙隆可湿性粉剂，安徽丰乐农化有限责任公司（PD20081906），防除冬小麦田一年生杂草，喷雾处理，推荐剂量为1080～1296g/hm²。

(4) 50％绿麦·异丙隆可湿性粉剂，江苏省苏科农化有限责任公司（PD20096244），防除冬小麦田一年生杂草，喷雾处理，推荐剂量为925～1125g/hm²。

绿麦隆 （chlorotoluron）

$$C_9H_{13}ClN_2O, 220.6, 15545-48-9$$

其他名称　迪柯兰，Dicurance，Tolurex

化学名称　N'-(3-氯-4-甲基苯基)-N,N-二甲基脲

理化性质　纯品绿麦隆为白色结晶，熔点 147～148℃。溶解性（20℃）：水 10mg/L，丙酮 5.3％，苯 2％～4％，氯仿 4.3％。

毒性　绿麦隆原药急性 LD_{50}（mg/kg）：大白鼠经口＞1000、经皮＞2000。对兔皮肤和眼睛无刺激性，对蜜蜂无毒；600mg/kg 剂量饲喂大鼠 90d，未发现异常现象。

作用方式　绿麦隆主要被杂草根部吸收向上传导，并有叶面触杀作用。叶片也能吸收一部分。药剂进入植物体内以后，抑制光合作用中的希尔反应，干扰电子传递过程，使叶片褪绿，不能制造养分而"饥饿"死亡。施药后 3d，野燕麦等杂草开始表现出中毒症状，叶片绿色减退，叶尖和心叶相继失绿，约 10d 后整株失绿干枯死亡。绿麦隆杀草作用缓慢，一般需两周后才能见效。抗淋溶性强，持效期可达 70d 以上，120d 后土壤中无残留。

剂型　95％原药，25％可湿性粉剂。

防除对象　主要用于麦田防除看麦娘硬草、碱茅、早熟禾、牛繁缕、雀舌草、卷耳、婆婆纳、荠菜、萹蓄等。也可用于玉米、棉花、花生、大豆、马铃薯、蚕豆、白菜、萝卜等作物田防除马唐、狗尾草、藜、苋等一年生杂草。对猪殃殃、向荆、田旋花、苣荬菜、酸模、蓼等基本无效。

使用方法

（1）麦田　在小麦播种后出苗前或麦苗 2 叶 1 心期之间均可用药。翻耕播种麦田可在播后苗前施药，每亩用 25％绿麦隆可湿性粉剂 200～300g 对水 50～60kg 喷雾，或拌细土 30kg 均匀撒施。土壤处理用药量高，叶面处理用药量低。免耕（少耕）麦田可在水稻

收割后施药，过 2d 再播种小麦，然后浅旋 2～3cm 混土盖籽，也可在施药后，用条播机直接播种。在元麦、大麦田，以播后苗前用药较为安全。如大（元）麦已出苗，则不宜喷雾，可采用毒土法，并适当降低用药量。在淮北地区，用 25％绿麦隆 100g 加 20％2 甲 4 氯 150mL 混配，于冬前苗期对水 60kg 喷雾，可有效地防除小麦田的硬草、牛繁缕、看麦娘、播娘蒿及荠菜等杂草。在徐州等地 10 月初每亩用 25％绿麦隆 200g，或 11 月初每亩用 25％绿麦隆 150g 加 2 甲 4 氯 150mL 对阔叶杂草鹅不食、播娘蒿、荠菜、离蕊芥的防效均在 90％以上。苗期茎叶喷雾处理较苗前土壤处理的除草效果高，但安全性略差，处理计量应选用下限。绿麦隆在土壤中半衰期 30d 左右，持效期可在 60d 以上。每亩用量 300g，小麦收获时测定土壤中残留量在 0.1mg/kg 以下，麦粒中残留量仅为 0.005mg/kg。

(2) 玉米地除草　玉米播后芽前处理，每亩用 25％绿麦隆可湿性粉剂 250g，拌细土 20～30kg，均匀撒施于土表。或者玉米 4～5 叶期，每亩用 25％可湿性粉剂 200～250g，对水 40kg，作叶面喷雾处理。为了有效地防除猪殃殃、婆婆纳、罂粟属杂草，可与 2 甲 4 氯丁酸混用。其他旱田作物，一般在播后苗前用药。夏季防除棉田杂草宜先进行中耕然后采用定向喷雾，尽量避开作物幼苗。亩用药量，25％绿麦隆 150g 加 25％除草醚 250g 对水 60kg。

注意事项

(1) 绿麦隆的用量应根据土质掌握。以 25％绿麦隆每亩 150～300g 为宜，不宜超过 300g，以防残留产生后茬药害。

(2) 绿麦隆的药效与气温及土壤湿度关系密切。干旱及气温在 10℃ 以下均不利于药效的发挥。因此，在适期范围内，冬前用药时间不宜过长。入冬后及寒潮来临前不宜用药。土壤干旱时应注意浇水。

(3) 在麦田轮作地区用绿麦隆防除麦田杂草用药要均匀，以免局部用药过量使后茬水稻产生药害。严禁在水稻田使用绿麦隆。对小麦、大麦、青稞基本安全，若施药不均，会稍有药害。表现出轻度变黄现象，经 20d 左右可恢复正常。除草效果以及安全程度受气温、土壤湿度、光照等影响较大，应因地制宜地使用。油菜、蚕豆、豌豆、红花、苜蓿等作物对绿麦隆较敏感，不能在这些作物上使用。绿麦隆可湿性粉剂易吸潮，应贮存于干燥处。

登记情况及生产厂家　95％原药，江苏快达农化股份有限公司（PD85137-3）；25％可湿性粉剂，江苏省南通利华农化有限公司（PD85166-12）等。

敌草隆 （diuron）

$C_9H_{10}Cl_2N_2O$，233.09，330-4-1

其他名称　Lucenti；Seduron；Marmex；Dailon；DMU

化学名称　N-(3,4-二氯苯基)-N',N'-二甲基脲

理化性质　纯品为白色无臭结晶固体，熔点 158～159℃，工业品 135℃以上，蒸气压 0.413mPa（50℃）。25℃时水中溶解度 42mg/L。27℃时丙酮中溶解度 5.3％，稍溶于醋酸乙酯、乙醇及热苯。在空气中稳定，不易氧化和水解，在升温及碱性条件下水解速度增大，在 189～190℃时分解，无腐蚀性，不易燃。

毒性　急性毒性：大鼠急性经口 LD_{50}＞3400mg/kg。浓度高时刺激眼及黏膜，鱼类 LC_{50} 为 3.2mg/L。慢性毒性：对大鼠以 250mg/L 剂量饲养两年，没有影响；对狗以 500mg/kg 剂量饲养一年，没有影响。

剂型　80％可湿性粉剂、20％悬浮剂、98.4％原药。

作用方式　敌草隆是内吸传导型除草剂。可被植物的根叶吸收，以根系吸收为主。杂草根系吸收药剂后，传到地上叶片中，并沿着叶脉向周围传播。抑制光合作用中的希尔反应，干扰电子传递过程，使受药杂草从叶尖和边缘开始褪色，最终致全叶枯萎，不能制造养分，"饥饿"而死。敌草隆对种子萌发及根系无显著影响，药效期可维持 60d 以上。

适用作物　棉花、大豆、花生、高粱、玉米、甘蔗等。

防除对象 敌草隆杀草谱很广，对大多数一年生和多年生杂草都有效。主要用于棉花、大豆、花生、高粱、玉米、甘蔗、果园、茶园、桑园、橡胶园防除马唐、牛筋草、狗尾草、旱稗、藜、苋、蓼、莎草等，也可用于水稻田防除眼子菜、四叶萍、牛毛草等，还可用于直播黄瓜田杂草的防除，并能用于非耕地作灭生性除草。

使用方法

（1）稻田 防除眼子菜，在栽秧后 20～25d 秧苗分蘖期，眼子菜基本出齐时，叶色由红转绿时施药效果为好。每亩可用 25％敌草隆和 50％扑草净各 20～25g 混合，拌湿润细土 40kg 均匀撒施，根据秧苗长势，再加入碳酸氢铵 5～10kg 混用，可以增效。用药后田间需保持 4～6cm 水层 5～7d。

（2）旱田使用 可在播种后苗前亩用 25％敌草隆 200～300g 对水 50～60kg 喷洒地面或搅成毒土进行撒施。为提高防除效果，保证作物安全，棉花、花生、大豆田可用 25％敌草隆 100～150g 加 25％除草醚 200～400g 混用，对水喷洒。

（3）桑、茶、果园 可在 3 月间杂草萌发时每亩用 25％敌草隆 250～400g，或 25％敌草隆 100～200g 加 25％除草醚 200～300g 混用，对水喷洒地面。

（4）防除直播黄瓜田除草 在黄瓜播种后第二天用 25％敌草隆 2250g/hm^2 对水 50～60kg 喷雾，不仅能较好地防除禾本科杂草，而且对马齿苋等杂草也有良好防除效果。

（5）非耕地灭生性除草 可在杂草发芽出土前，亩用 25％敌草隆 250～500g 对水 50～60kg 喷洒，能杀灭所有一年生杂草。亩用 500～1000g 能灭除多年生杂草。

注意事项

（1）敌草隆对麦苗有杀伤作用，麦田禁用。在茶、桑、果园宜采用毒土法，以免发生药害。

（2）对棉叶有很强的触杀作用，施药必须施于土表，棉苗出土后不宜使用敌草隆。

（3）沙性土壤，用药量应比黏质土壤适当减少。沙性漏水稻田不宜用。

（4）敌草隆对果树及多种作物的叶片有较强的杀伤力，应避免药液飘到作物叶片上。桃树对敌草隆敏感，使用时应注意。

（5）喷过敌草隆的器械必须用清水反复清洗。

登记情况及生产厂家 80%可湿性粉剂，苏州遍净植保科技有限公司（PD20120736）；98.4%原药，美国杜邦公司（PD20090445）；20%悬浮剂，江苏嘉隆化工有限公司（PD20081833）等。

复配剂及应用

（1）70%甲·灭·敌草隆可湿性粉剂，广西田园生化股份有限公司（LS20120033），防除甘蔗田一年生杂草，定向茎叶喷雾，推荐剂量为 $1260 \sim 1890 g/hm^2$。

（2）540g/L 噻苯·敌草隆悬浮剂，德国拜耳作物科学公司（PD20090444），防止棉花田脱叶，茎叶喷雾，推荐剂量为 $72.9 \sim 97.2 g/hm^2$。

氟草隆（fluometuron）

$C_{10}H_{11}F_3N_2O$，234.1，2164-17-2

其他名称 伏草隆，Cotoran

化学名称 1,1-二甲基-3-(α,α,α-三氟间甲苯基)脲

理化性质 纯品为白色结晶，熔点 $163 \sim 164.5℃$，相对密度为 1.39（20℃），蒸气压 $6.65 \times 10^{-5} Pa(20℃)$，能溶于乙醇、异丙醇、丙酮等有机溶剂，水中溶解度为 80mg/L。常温贮存 2 年稳定，遇强酸强碱易分解。工业品熔点 155℃。

毒性 大鼠急性 LD_{50}（mg/kg）：经口＞6400，经皮＞2000。按每天 100mg/kg 剂量饲喂大鼠，180d 后无中毒症状。大鼠 2 年饲喂试验无作用剂量为 30mg/kg，小鼠为 10mg/kg。动物试验无致畸、致癌、致突变作用，繁殖试验也未见异常。虹鳟鱼 LC_{50} 为 47mg/L（96h），鲤鱼 LC_{50} 为 170mg/L。蜜蜂 LD_{50} 为 193μg/只。对鸟低毒。对眼睛和皮肤有轻微刺激作用。

作用方式 伏草隆是一种选择性的除草剂。主要被杂草根部吸收，有较弱的叶部活性。若药液中加入表面活性剂或无毒油类时，可以增加叶部的吸收量。伏草隆其杀草机理与敌草隆相似，为抑制杂草的光合作用的电子传递过程，而对杂草种子的萌发无影响。

剂型 50%、80%可湿性粉剂。

防除对象 伏草隆适用于防除棉田、甘蔗田中一年生单、双子叶杂草，如马唐、蟋蟀草、狗尾草、刺苋、藜、牵牛花、苍耳等，对多年生的木本植物及深根杂草无效。也可用于玉米、果园、葱、马铃薯、石刁柏、林木等及非耕地。伏草隆对一年生禾本科和阔叶杂草都有较理想的除草效果，持效期长，约100d，一次施药基本可控制作物整个生育期的杂草危害。可用于棉花、玉米、马铃薯、葱、甘蔗、果树等作物田防治稗草、马唐、狗尾巴草、千金子、蟋蟀草、看麦娘、早熟禾、繁缕、龙葵、小旋花、马齿苋、铁苋菜、藜、碎米荠等杂草。

使用方法 作物播后苗前或苗后中耕后，杂草在出苗前至1.5叶期前施药。每公顷用药量0.75～2.5kg，沙质土0.75～1kg，黏性土2～2.5kg。杂草苗前用药量高，出苗后用药量低。

（1）播后苗前土壤处理 苗前土表喷雾或施药后浅混土。

（2）苗后茎叶处理 作物苗后施药应定向喷药，不要将药液喷到作物叶片上。

（3）棉田除草 本品特别适于防除棉花地的阔叶和窄叶杂草。

① 育苗移栽田除草 在整好地，开好沟，棉田移栽前施药。每亩用80%伏草隆可湿性粉剂133～150g，对水20～25kg，均匀喷雾。对禾本科杂草，如马唐牛筋草、狗尾草、画眉以及酱瓣草等双子叶杂草都有很好的效果。如药液直接喷洒于棉苗时，有部分叶片会出现轻微药害症状，但能很快恢复生长。

② 麦垄套种（直播）棉田除草 每亩用80%伏草隆可湿性粉剂200g，对水25kg，播种后2～12d进行土壤处理，对稗草、马唐、牛筋草、繁缕、苋等一年生单、双子叶杂草都有较好防除效果。每亩用50%伏草隆可湿性粉剂300g，对水25kg，施药时间及

施药方法同上。对单、双子叶杂草效果优于80%可湿性粉剂。

注意事项

（1）土壤干旱时降低除草效果，配合灌水可提高药效，高温多雨时药效高。

（2）小麦、甜菜、黄瓜、茄子、大豆对本品敏感，不可使用。

（3）本品具有中等程度的持效期，根据土壤条件不同，半衰期65～75d，持效期100d。

利谷隆 （linuron）

$C_9H_{10}Cl_2N_2O_2$，249.2，330-55-2

其他名称 Lorox，Afalon，Garnitran，Prefalon，Sarclex，Premalin，Linurex，Du Pont Herbicide 326，Hoe 02810，AEF 002810，DPX-Z326

化学名称 3-(3,4-二氯苯基)-1-甲氧基-1-甲基脲

理化性质 纯品为白色结晶，熔点93～94℃，25℃水溶性为75mg/L，并可以溶于丙酮、乙醇等。化学性质稳定。

毒性 原药对大白鼠急性经口 $LD_{50}>4000mg/kg$；对狗慢性试验，以1000～2500mg/kg饲喂90d无中毒反应。对虹鳟鱼 LC_{50} （96h）为16mg/L。

作用方式 利谷隆为取代脲类除草剂，具有内吸传导和触杀作用。药效高，但选择性差。土壤黏粒及有机质对本品吸附力强，因此肥沃黏土应比沙质薄瘦地块用量大。

剂型 50%可湿性粉剂，97%原药。

防除对象 稗草、马唐、狗尾草、牛筋草、稷、粟米草、反枝苋、藜、小藜、繁缕、柳叶刺蓼、萹蓄、酸模叶蓼、节蓼、狼把草、鬼针草、苍耳、猪毛菜、地肤、鸭跖草、辣子草、马齿苋、铁苋菜、香薷、水棘针、野萝卜、豚草等部分一年生禾本科和多种一年生阔叶杂草，对多年生的刺儿菜、大蓟、苣荬菜等有较强的抑制

作用。

使用方法　玉米播后至出苗前3～5d施药，最好大豆播后立即施药。全田施药或苗带施药均可。施药可采用高容量，人工背负式喷雾器每公顷喷液量20L，拖拉机喷雾机13L以上。施药后土壤干旱要进行浅混土，深度为1～2cm，有利于药效发挥，起垄播种大豆的播后苗前施药后可培土2～3cm。

利谷隆的药效受土壤质地的影响小于土壤有机质。50％利谷隆可湿性粉剂在土壤有机质含量1％～2％时，沙质土每亩66.7～113g，壤质土用80～150g，黏质土用86.7～180g；土壤有机质含量3％～5％时，沙质土每公顷用113～200kg，壤质土用167～267g，黏质土用180～333g。土壤有机质含量低于1％或高于5％不宜施用利谷隆，有机质含量太低时易产生药害，有机质含量太高时又易被吸附，降低除草效果，同时也不经济。

推荐以50％利谷隆可湿粉2250g/hm² 用于大豆和玉米，1800～2300g/hm² 用于棉花，1500～2000g/hm² 用于冬小麦，田间泥块都要整细，加水600kg，于作物播后苗前均匀喷雾土表。玉米、蔬菜、甘蔗等可在苗高20～40cm时施药。可用50％利谷隆可湿性粉剂1200g/hm² 与48％拉索乳油1.5L/hm² 或72％都尔乳油1.2L/hm² 混用。水稻在插秧后施400～600g/hm²，可防除眼子菜等，施后应保水数天。在上述浓度下，一般四个月后即无植物毒性，对后茬安全。

注意事项

（1）大豆田使用，要求大豆播种深度为4～5cm，过浅易产生药害，并注意防暴雨积涝。

（2）棉花田使用量超过50％利谷隆2300g/hm²，易产生药害。

（3）在作物芽后使用时药量一定要严格控制，否则易产生药害。

（4）药后半个月内不下雨，应进行浅混土，混土深度为1～2cm，以保证药效。

（5）土壤有机质含量低于1％或高于5％的田块不宜使用，沙性重，雨水多的地区不宜使用。

登记情况及生产厂家　97％原药，迈克斯（如东）化工有限公司（LS20110250）。

苄嘧磺隆（bensulfuron-methyl）

$C_{16}H_{18}N_4O_7S$，410.4，83055-99-6

其他名称　农得时，稻无草，苄磺隆，便磺隆，便农，威农，免速隆，Londax

化学名称　N-(4,6-二甲氧基嘧啶-2-基)-N'-(邻甲酯基苄基磺酰基)脲，α-(4,6-二甲氧基嘧啶-2-氨基甲酰基氨基磺酰基)-邻-甲苯甲酸甲酯

理化性质　纯品苄嘧磺隆白色固体，熔点 185～188℃。溶解性（20℃，g/L）：二氯甲烷 11.7，乙酸乙酯 1.66，乙腈 5.38，二甲苯 0.28，丙酮 1.38，水（25℃）0.12。在微碱性介质中特别稳定，在酸性介质中缓慢分解。

毒性　苄嘧磺隆原药急性 LD_{50}（mg/kg）：大鼠经口＞5000，兔经皮＞2000。对兔皮肤和眼睛无刺激性；以 750mg/(kg·d) 剂量饲喂大鼠，未发现异常现象；对动物无致畸、致突变、致癌作用。

作用方式　苄嘧磺隆是选择性内吸传导型除草剂。有效成分可在水中迅速扩散，为杂草根部和叶片吸收，并转移到杂草各部，阻碍缬氨酸、亮氨酸、异亮氨酸的生物合成，阻止细胞的分裂和生长。敏感杂草生长机能受阻，幼嫩组织过早发黄，并抑制叶部生长，阻碍根部生长而坏死。

剂型　97.5％原药，30％水分散粒剂，10％可湿性粉剂。

适用作物　水稻移栽田、直播田。有效成分进入水稻体内迅速代谢为无害的惰性化学物质，对水稻安全。

防除对象　主要用于防除阔叶杂草及莎草如鸭舌草、眼子菜、

节节菜、繁缕、雨久花、野慈姑、慈姑、矮慈姑、陌上菜、花蔺、萤蔺、日照飘拂草、牛毛毡、异型莎草、水莎草、碎米莎草、泽泻、窄叶泽泻、茨藻、小茨藻、四叶萍、马齿苋等。对禾本科杂草效果差，但高剂量对稗草、狼把草、稻李氏禾、藨草、扁秆藨草、日本藨草等有一定的抑制作用。

使用方法 苄嘧磺隆的使用方法灵活，可用毒土、毒沙、喷雾、泼浇等方法。在土壤中移动性小，温度、土质对其除草效果影响小。通常在水稻苗后、杂草苗前或苗后使用，剂量为 $20\sim75$g/hm^2 亩用量通常为 $1.34\sim5$g。以 25g/hm^2、50g/hm^2、100g/hm^2 亩用量为 1.67g、3.33g、6.67g。施药时，对水稻有轻微、中等、严重药害，若与哌草丹混配按照 25g/hm^2 ＋1000g/hm^2、150g/hm^2 ＋2000g/hm^2、2000g/hm^2 ＋4000g/hm^2 亩用量为 1.67g＋66.7g、10g＋133.3g、133.3g＋266.7g。使用时，对水稻的药害分别为零、轻微、叶缘损害。为了扩大防除对象可与丁草胺等混用。

注意事项

（1）施药时稻田内必须有水 $3\sim5$cm，使药剂均匀分布，施药后 7d 内不排水、串水，以免降低药效。

（2）（移栽田）水稻移栽前至移栽后 20d 均可使用，但以移栽后 $5\sim15$d 施药为佳。

（3）视田间草情，苄嘧磺隆适用于阔叶杂草及莎草优势地块和稗草少的地块。

登记情况及生产厂家 30%水分散粒剂，江苏快达农化股份有限公司（LS20091311）；10%可湿性粉剂，美国杜邦公司（PD132-91）；97.5%原药，上海杜邦农化有限公司（PD20060148）等。

复配剂及应用

（1）35.75%苄嘧・禾草丹可湿性粉剂，上海杜邦农化有限公司（PD20070636），防除水稻秧田一年生杂草，喷雾或毒土法，推荐剂量为 $804.5\sim1072.5$g/hm^2（南方地区）。防除水稻直播田稗草、莎草及阔叶杂草，毒土法，推荐剂量为 $1072.5\sim1605$g/hm^2（南方地区），$1605\sim2145$g/hm^2（北方地区）。

（2）38％苄嘧·羧稗磷可湿性粉剂，吉林八达农药有限公司（LS20110184），防除水稻移栽田一年生杂草，药土法，推荐剂量为 $285\sim342g/hm^2$。

（3）10％苄嘧·甲磺隆可湿性粉剂，上海杜邦农化有限公司（PD20030011），防除水稻移栽田一年生莎草及阔叶杂草，喷雾或药土，推荐剂量为 $6\sim10.05g/hm^2$。

吡嘧磺隆 （pyrazosulfuron-ethyl）

$C_{14}H_{18}N_6O_7S$，414.3，93699-74-6

其他名称 草克星，水星，韩乐星，Agreen，Sirius

化学名称 N-(4,6-二甲氧基嘧啶-2-基)-N'-(1-甲基-4-甲酸乙酯基吡唑-5-磺酰基）脲，5-(4,6-二甲氧基嘧啶-2-基氨基羰基氨基磺酰基)-1-甲基吡唑-4-羧酸乙酯

理化性质 纯品吡嘧磺隆为白色结晶体，熔点 $177.8\sim179.5℃$；溶解性（20℃，g/L）：水 0.00996，甲醇 4.32，氯仿 200，苯 15.6，丙酮 33.7；在酸、碱性介质中不稳定。

毒性 吡嘧磺隆原药急性 LD_{50}（mg/kg）：大、小鼠经口＞5000，大鼠经皮＞2000。对兔皮肤和眼睛无刺激性；以 400mg/kg 剂量饲喂大鼠 90d，未发现异常现象；对动物无致畸、致突变、致癌作用。

作用方式 吡嘧磺隆为磺酰脲类高活性内吸选择性除草剂。药剂能迅速地被杂草的幼芽、根及茎叶吸收，并在植物体内迅速进行传导。主要通过抑制植物细胞中乙酰乳酸合成酶（ALS）的活性，阻碍必需氨基酸的合成，使杂草的芽和根很快停止生长发育，随后整株枯死。

剂型 97％原药，10％可湿性粉剂。

防除对象 吡嘧磺隆杀草谱广，药效稳定，安全性高，主要用

于水稻秧田、直播田及移栽田防除异型莎草、水莎草、牛毛毡、萤蔺、扁秆藨草、泽泻、鲤肠、鸭舌草、水芹、眼子菜、节节菜、矮慈姑、野慈姑、陌上菜等一年生和多年生杂草，对稗草有较强的抑制作用。

使用方法　秧田和直播田使用，早稻在播种至秧苗3叶期，晚稻在1叶至3叶期，每亩用10%可湿性粉剂，南方10～15g，北方15～20g，对水40kg喷雾，若以防除稗草为主，早稻则宜在播种后用药，晚稻在1叶1心期用药，并应选用上限剂量。若稗草特别严重田块，则可在水稻2至3叶期与50%二氯喹啉酸每亩20g混用。移栽田使用，在水稻移栽后3～7d，每亩用10%可湿性粉剂，南方7～10g，北方10～13g，拌土均匀撒施。防除眼子菜、四叶萍等多年生阔叶杂草，施药期适宜推迟。防除稗草，必须掌握在稗草1叶1心期前施药。稗草密度特高田块，应另加50%二氯喹啉酸每亩20g毒土撒施，或者与60%丁草胺乳油65～85mL或20%乙草胺可湿粉30g或90.9%禾大壮乳油100～150mL混用。本品（0.07%）还可与苯噻草胺（3.5%）、喹草酸（0.9%）、丙草胺（1.5%～2.0%）、草灭达（7.0%）等混用。

注意事项

（1）秧田或直播田施药，应保证田地湿润或有薄层水，移栽田施药应保水5d以上，才能取得理想的除草效果。

（2）在磺酰脲类除草剂中，该药对水稻是最安全的一种，但是不同水稻品种对吡嘧磺隆的耐药性有较大差异，早籼品种安全性好，晚稻品种（粳、糯稻）相对敏感，应尽量避免在晚稻芽期使用，否则易产生药害。

（3）吡嘧磺隆药雾和田中排水对周围阔叶作物有伤害作用，应予注意。

（4）万一误服，饮大量水催吐，药液如进入眼睛，要用清水冲洗干净。

登记情况及生产厂家　97%原药，江苏常隆农化有限公司（PD20080594）；10%可湿性粉剂，江苏瑞邦农药厂有限公司（PD20080852）等。

药害 水稻，用其拌土撒施受害，表现出心叶、嫩叶褪绿转黄并缩短，植株矮缩，根系变短，根尖稍粗，侧根从次生根上垂直长出、长短一致、排列整齐而呈瓶刷状，受害的时间持续较长。

复配剂及应用

(1) 40%吡嘧·苯噻酰泡腾粒剂，吉林八达农药有限公司 (LS20100131)，防除水稻移栽田单、双子叶杂草，毒土法，推荐剂量南方地区为 $241.8 \sim 483.6g/hm^2$，北方地区为 $483.6 \sim 604.5g/hm^2$。

(2) 26%吡嘧·西·扑草净可湿性粉剂，浙江省长兴第一化工有限公司 (PD20085143)，防除水稻移栽田一年生杂草、莎草科杂草及部分阔叶杂草，药土法，推荐剂量为 $234 \sim 390g/hm^2$。

(3) 20%吡嘧·二甲戊可湿性粉剂，辽宁省大连松辽化工有限公司 (LS20120166)，防除水稻移栽田一年生禾本科、莎草科及部分阔叶杂草，药土法，推荐剂量为 $165 \sim 225g/hm^2$。

(4) 20%吡嘧·二氯喹可湿性粉剂，江苏省南通丰田化工有限公司 (PD20090013)，防除水稻直播田、移栽田、秧田、抛秧田一年生及部分多年生杂草，茎叶喷雾，推荐剂量为 $210 \sim 270g/hm^2$，或 $210 \sim 300g/hm^2$（直播田）。

氯嘧磺隆 (chlorimuron-ethyl)

$C_{15}H_{15}ClN_4O_6S$，414.7，90982-32-4

化学名称 N-(4-甲氧基-6-氯嘧啶-2-基)-N'-邻甲酸乙酯基苯磺酰脲，2-[(4-氯-6-甲氧基嘧啶-2-基) 氨基甲酰基氨基磺酰基] 苯甲酸乙酯

理化性质 纯品氯嘧磺隆为无色固体，熔点181℃；溶解性 (25℃)：水 1200mg/L；在水中稳定，在酸性介质中缓慢分解。

毒性 氯嘧磺隆原药急性 LD_{50} (mg/kg)：大鼠经口 4102(雄)、

4236（雌）；兔经皮＞2000。对兔皮肤稍有刺激性；以 250mg/kg 以下剂量饲喂大鼠两年，未发现异常现象；对动物无致畸、致突变、致癌作用。

作用方式 豆草隆在植物体内主要从处理部位（根和幼芽）向上传导，至生长点发挥作用。敏感植物的叶在 3～5d 失绿，生长点坏死，在 7～21d 内，敏感植物生长受到抑制，有些植物虽保持绿色，但被矮化而无竞争性。

剂型 95％原药，50％可湿性粉剂，75％水分散粒剂。

防除对象 大豆芽前芽后选择性地防除莎草、阔叶杂草及某些禾本科杂草，可有效地防除苍耳、反枝苋、蓼、藜、苋、苘麻、独行菜、香薷、铁苋菜、牵牛、狼把草、苦菜、羊蹄叶、鼠曲草、决明等，对稗草、早熟禾等也有较好的防效作用，对龙葵、荞麦蔓、刺儿菜、马唐等防除较差，对野黍、千金子等几乎无效。该药发挥作用较慢，一般 10～20d。

使用方法 见表 7-1。

表 7-1　氯嘧磺隆在大豆田中的使用方法

使用时期		制剂亩用量（20％可湿性粉剂）	亩对水量
大豆	杂草		
播后苗前	出土至3 叶期前	东北 5～7.5g华东 3～5g	10～50kg，一般 50kg 以上（旱）
第 1 片 3 出复叶完全展开期		东北 3～5g	

施用时先将药剂用少量水搅拌后，再加足所需水量，全田均匀喷雾处理。氯嘧磺隆酯与嗪草酮（1∶6 或 10）混用即为 Canopy，氯嘧磺隆与利谷隆（1∶10 或 16）混用即为 Gemini，用于豆田除草，可扩大杀草谱，提高防效。

注意事项

（1）喷药设备采用常规喷雾设备，不宜采用超低量喷雾、弥雾喷雾或航喷。

（2）本药剂土壤处理安全，茎叶处理必须在植物保护部门小面积试验后，方可在指导下使用。

（3）在下述情况下，不宜使用本品：①低洼易涝、盐碱地和土壤 pH≥7 时；②施药时期，持续低温（10℃以下），持续高温（30℃以上）和多雨天气；③弱苗或大豆病虫害较多时；④土壤有机质超过 6％时，不宜进行土壤处理。

（4）该药药效期长，后茬以种植大豆、小麦、大麦为宜。

（5）使用本品，特别是茎叶处理后，会对大豆产生轻微抑制作用，应加强田间管理。

（6）贮存本品应注意防潮、防热，勿与食品、饲料等混合存放。

（7）本品保质期两年。

登记情况及生产厂家 95％原药，江苏天容集团股份有限公司（PD20081765）；50％可湿性粉剂，江苏瑞邦农药厂有限公司（PD20120209）；75％水分散粒剂，江苏瑞东农药有限公司（PD20120397）；97.8％原药，美国杜邦公司（PD20120509）等。

药害

（1）玉米 受其残留危害，表现出叶片的叶肉褪绿变黄，并稍带紫红，叶脉保持浅绿，即形成黄绿相间的条纹状，植株变矮，次生根缩短。受害严重时，叶片逐渐枯干而使植株死亡。

（2）大豆 用其作土壤或茎叶处理受害，表现出顶芽萎缩，幼叶、嫩叶褪绿变黄并皱卷，叶柄弯曲，叶片下垂，叶脉变褐，植株矮缩，下胚轴弯曲。受害严重时，顶芽和幼叶、嫩叶变褐枯死。

（3）油菜 受其残留危害，表现出出苗、生长缓慢，植株萎缩，子叶变黄。受害严重时，叶背、叶柄及叶脉变紫，生长点枯死。

（4）甜菜 受其残留危害，表现出出苗、生长缓慢，植株矮小，叶片褪绿变黄并变窄，缩小，根系也甚短小。受害严重时，从根部向上枯死。

（5）棉花 受其飘移危害，表现出在叶片上产生浅黄色斑点，受害严重时，叶片褪绿变黄，叶脉变褐（背面明显），叶柄、叶片局部产生褐斑。

（6）水稻 在秧田受其残留危害，表现出种子发芽、出苗特别缓慢，胚芽、胚根缩短、弯曲。在移植田受其残留危害，表现出心叶褪绿转黄，叶尖变黄、枯干，叶片缩短、变小，植株主茎和分蘖矮缩。

（7）马铃薯 受其残留危害，表现出出苗缓慢，植株矮缩，叶片皱缩。受其飘移危害，表现出嫩叶枯萎，茎部变褐，甚至植株枯死。

胺苯磺隆 （ethametsulfuron-methyl）

$C_{15}H_{18}N_6O_6S$，410.3，97780-06-8

其他名称 金星，菜王星，油磺隆，Muster

化学名称 N-(4-甲氨基-6-乙氧基-1,3,5-三嗪-2-基)-N'-(2-甲酯基苯磺酰基)脲,2-[(4-甲氨基-6-乙氧基-1,3,5-三嗪-2-基)氨基甲酰基氨基磺酰基]苯甲酸甲酯

理化性质 纯品胺苯磺隆为无色晶体，白色结晶，熔点194℃；溶解性（25℃，mg/L）：水 50，二氯甲烷 3900，丙酮1600，甲醇 350，乙酸乙酯 680，乙腈 800。

毒性 胺苯磺隆原药急性 LD_{50}（mg/kg）：大鼠经口＞11000（雄）、经皮＞2150。对兔眼睛无刺激性，对皮肤刺激性很小；以5000mg/kg 剂量饲喂大白鼠、小鼠 90d，未发现异常现象；对动物无致畸、致突变、致癌作用。

作用方式 本品属磺酰脲类除草剂，是侧链氨基酸合成抑制剂，抑制乙酰乳酸合成酶的活性。药剂被植物的叶和根吸收，施药后杂草立即停止生长，1～3 周后出现坏死症状。

剂型 96％原药，5％、25％可湿性粉剂，20％可溶粉剂，20％水分散粒剂。

防除对象 防除油菜田阔叶杂草和禾本科杂草，如母菊、野芝麻、绒毛蓼、春蓼、野芥菜、黄鼬瓣花、苋菜、繁缕、猪殃殃、碎

米荠、大巢菜、泥胡菜、雀舌草和看麦娘等。

使用方法 冬播油菜田以 $22.5\sim30g/hm^2$ 施用。播后苗前土壤处理，移栽田于油菜移秧栽 $7\sim10d$ 活棵后茎叶处理；直播田及菜秧田于油菜籽播种后苗前或播种前 $1\sim3d$ 土壤处理。北方秋播油菜田应停止施用，否则会危害春播作物，但南方秋播移栽田可以施用。对水量 $600\sim750kg/hm^2$。

注意事项

（1）应注意油菜品种对该药的耐性差异，一般甘蓝型油菜抗性较强，芥菜型油菜敏感。

（2）油菜秧苗 $1\sim2$ 叶期茎叶处理有害，为危险期；秧苗 $4\sim5$ 叶期抗性增强，茎叶处理一般无害，为安全期。

（3）该药在土壤中残效长不可超量使用，否则会危害下茬作物。若后作是水稻直播田、小苗机插田或抛秧田，需先试验后用。对后作为水稻秧田或棉花、玉米、瓜豆等旱作物田的安全性差，禁止使用。

登记情况及生产厂家 96％原药，安徽华星化工股份有限公司（PD20070618）；5％可湿性粉剂，湖南海利化工股份有限公司（PD20080564）；25％可湿性粉剂，南京保丰农药有限公司（PD20090101）；20％可溶性粉剂，辽宁省大连瑞泽农药股份有限公司（PD20080494）；20％水分散粒剂，江苏省农用激素工程技术研究中心有限公司（PD20081250）等。

复配剂及应用

（1）20％喹·胺·草除灵可湿性粉剂，江苏富田农化有限公司（PD20092667），防除冬油菜田一年生杂草，喷雾处理，推荐剂量为 $150\sim210g/hm^2$。

（2）14％精噁·胺苯悬浮剂，安徽华星化工股份有限公司（PD20094694），防除冬油菜田一年生杂草，茎叶喷雾，推荐剂量为 $195\sim234g/hm^2$。

（3）14.5％胺·吡·草除灵可湿性粉剂，湖北省武汉天惠生物工程有限公司（PD20121828），防除油菜田一年生杂草，茎叶喷雾，推荐剂量为 $108.75\sim130.5g/hm^2$。

四唑嘧磺隆（azimsulfuron）

$C_{14}H_{17}N_{10}O_5S$，311.2，120162-55-2

其他名称　康宁，JS 458，DPX-A 8947，IN-A 8947，A 8947

化学名称　1-(4,6 二甲氧基嘧啶-2-基)-3-[1-甲基-4-(2-甲基-2H-四唑-5-基) 吡唑-5-磺酰基] 脲

理化性质　纯品四唑嘧磺隆为白色固体，熔点 170℃；溶解性 (20℃，mg/L)：水 1050，乙腈 13.9，二氯甲烷 65.9，甲醇 2.1，丙酮 26.4。

毒性　四唑嘧磺隆原药急性 LD_{50} (mg/kg)：大鼠经口＞5000；兔经皮＞2000。对兔皮肤和眼睛无刺激性；对动物无致畸、致突变、致癌作用。

特点　杜邦公司开发的一种新型稻田苗后除草剂，对稗草、北水毛花、异型莎草、紫水苋菜、欧泽泻、披针叶泽泻、花蔺、眼子菜等杂草有优异的防除效果。用量为 20～25g/hm²，对日本山茶和水稻安全。

环丙嘧磺隆（cyclosulfamuron）

$C_{17}H_{19}N_5O_6S$，469.3，136849-15-5

其他名称　金秋，环胺磺隆，AC322140，Sultan

化学名称　1-[2-(环丙基羰基) 苯基氨基磺酰基]-3-(4,6-二甲氧嘧啶-2-基) 脲

理化性质　纯品环丙嘧磺隆为灰色固体，熔点 $160.9 \sim 162.9$℃；溶解性（20℃，mg/L）：水 6.25。

毒性　环丙嘧磺隆原药急性 LD_{50}（mg/kg）：大、小鼠经口＞5000；兔经皮＞4000。对兔皮肤无刺激性，对兔眼睛有轻微刺激性；以 $50mg/(kg \cdot d)$ 剂量饲喂大鼠两年，未发现异常现象；对动物无致畸、致突变、致癌作用。

作用方式　属磺酰胺类化合物，主要通过抑制杂草体内乙酰乳酸合成酶（ALS）的活性，从而阻碍支链氨基酸的合成，使细胞停止分裂，最后导致死亡。

剂型　10%可湿性粉剂。

防除对象　主要用于水稻直播田及移栽田，还可用于小麦、大麦、草皮中。用于防阔叶和莎草科杂草如鸭舌草、雨久花、泽泻、狼巴草、母草、瓜皮草、牛毛毡、矮慈姑、异型莎草等。对多年生鹿杆草也有较强抑制效果，对水稻有增产作用。

使用方法

(1) 水稻移栽田　插秧后 $3 \sim 5d$ 用毒土法施药，撒毒土 $670 \sim 1000g/hm^2$，水层保持 $4 \sim 5cm$，药后 5d 不排灌。南方使用剂量 $15 \sim 20g/hm^2$，北方 $20 \sim 30g/hm^2$。

(2) 水稻直播田　播种后 $10 \sim 15d$（秧田 1 叶 1 心至 2 叶期）施药前一天灌水后排干，茎叶喷雾，药后第二天覆水，南方用量 $20 \sim 30g/hm^2$。

(3) 大麦、小麦田　防除海绿、荠菜、白芥菜、婆婆纳、猪殃殃、荞麦蔓、苦苣菜、虞美人等，用药量 $25 \sim 50g/hm^2$，苗前土壤处理或茎叶处理均可。

注意事项　在高剂量下，如 $60g/hm^2$，水稻会发生矮化或白化

现象，但能很快恢复，对后期生长和产量无任何影响。

啶嘧磺隆 （flazaculfuron）

$$C_{13}H_{12}F_3N_5O_5S，407.2，104040-78-0$$

其他名称　秀百宫，SL-160，OK-1166

化学名称　1-(4,6-二甲氧基嘧啶-2-基)-3-(3-三氟甲基-2-吡啶磺酰基）脲

理化性质　纯品啶嘧磺隆为白色结晶粉末，熔点 166～170℃；溶解性（25℃，g/L）：水 2.1，甲醇 4.2，乙腈 8.7，丙酮 22.7，甲苯 0.56。

毒性　啶嘧磺隆原药急性 LD$_{50}$（mg/kg）：雌、雄大、小鼠经口＞5000；大鼠经皮＞2000。对兔皮肤无刺激性，对兔眼睛有中等刺激性；对动物无致畸、致突变、致癌作用。

作用方式　一般情况下，处理后杂草立即停止生长，吸收 4～5d 后新发出的叶子褪绿，然后逐渐坏死并蔓延至整个植株，20～30d 杂草彻底枯死。该药剂主要抑制产生支链氨基酸、亮氨酸、异亮氨酸和缬氨酸的前驱物乙酰乳酸合成酶的反应。该药剂主要由叶面吸收并转移至植物各组织。

剂型　95％原药，25％水分散粒剂。

防除对象　可有效防除大多数草坪杂草如结缕草和狗牙根，对短叶水蜈蚣和香附子防效极佳，对稗草、狗尾草、具芒碎米莎草、绿苋、早熟禾、荠菜、繁缕持效期 30（夏季）～90d（冬季）。啶嘧磺隆不仅能极好地防除一年生阔叶和禾本科杂草，而且还能防除多年生阔叶杂草和莎草科杂草，25～100g/hm²，对稗草、狗尾草、具芒碎米莎草、绿苋、早熟禾、荠菜、油莎草、天胡荽、宝盖草、

繁缕、巢菜防效达 95%～100%；50～100g/hm^2 对短叶水蜈蚣、香附子防效达 95%～100%。该药在任何季节均可芽后施用，其土壤或叶面施药均可，但以芽后早期施药为好，特别是在杂草 3～4 叶期时最好。土壤处理对多年生杂草防效低于对一年生杂草的防效，防效达 95%～100%。

登记情况及生产厂家　95%原药，浙江海正化工股份有限公司（PD20110579）；25%水分散粒剂，日本石原产业株式会社（PD390-2003）等。

氟啶嘧磺隆（flupyrsulfuron-methyl-sodium）

$C_{15}H_{13}F_3N_5O_7S$，487.2，144740-54-5

化学名称　2-(4,6-二甲氧嘧啶-2-氨基羰基氨基磺酰基)-6-三氟甲基烟酸甲酯单钠盐

理化性质　纯品氟啶嘧磺隆为白色粉末状固体，熔点 165～170℃。溶解性(20℃,mg/L)：水(25℃,pH 5)63，乙酸乙酯 490，乙腈 4332，丙酮 3049，二氯甲烷 600。在水中稳定。

毒性　氟啶嘧磺隆原药急性 LD_{50}（mg/kg）：大、小鼠经口 5000；兔经皮＞2000。对兔皮肤和眼睛无刺激性；对动物无致畸、致突变、致癌作用。

特点　氟啶嘧磺隆作用新颖，由杜邦公司发现并开发的一种防除芽前、芽后杂草的除草剂，并于 1995 年在英国布莱顿植保会议上报道的除草剂，主要用于防除重要的禾本科杂草和大多数的阔叶杂草，可用于秋、春季播种的谷物，选择性防除鼠尾看麦娘等，芽后用药，具有一定的持效作用，用量为 10g/hm^2。无论该药秋季施用还是春季施用，对后茬作物均无影响。杜邦公司开发了许多氟啶嘧磺隆的复配产品，其配物主要包括吡氟酰草胺、噻吩磺隆、甲磺

隆。氟啶嘧磺隆的使用主要局限于欧盟和东欧一些市场。

烟嘧磺隆（nicosulfuron）

$C_{15}H_{18}N_6O_4S$，378.3，111991-09-4

其他名称　烟磺隆，玉农乐，Accent，Nisshin，SL 950，DPX-V 9360，MU 495

化学名称　1-(4,6-二甲氧嘧啶-2-基)-3-(3-二甲氨基甲酰吡啶-2-基磺酰）脲，2-(4,6-二甲氧嘧啶-2-氨基羰基氨基磺酰基)-*N*,*N*-二甲基烟酰胺

理化性质　纯品烟嘧磺隆为无色晶体，熔点 169～172℃；溶解性（25℃，g/kg）：水 12.2，乙醇 23，乙腈 23，丙酮 18，二氯甲烷 140。

毒性　烟嘧磺隆原药急性 LD_{50}（mg/kg）：大、小鼠经口 5000；大鼠经皮＞2000。对兔皮肤无刺激性，对兔眼睛有中度刺激性；对动物无致畸、致突变、致癌作用。

作用方式　烟嘧磺隆被杂草叶片或根部迅速吸收后，通过木质部和韧皮部在植物体内传导，通过抑制植物体内的乙酰乳酸合成酶（ALS）的活性，阻止支链氨基酸缬氨酸、亮氨酸与异亮氨酸合成，进而阻止细胞分裂，使敏感植物生长停滞、茎叶褪绿、逐渐枯死。

剂型　20%可分散油悬浮剂，75%水分散粒剂，95%原药，80%可湿性粉剂。

防除对象　玉米田防除一年生、多年生禾本科杂草和某些阔叶杂草。

使用方法　芽后施用，玉米 3～4 叶期，杂草出齐达 5cm 左右株高，每亩用 4%玉农乐胶悬剂 50～75mL（夏玉米），65～100mL（北方春玉米）加水 30L 茎叶喷雾处理，防除禾本科杂草优于阔叶杂草。可采用 4%玉农乐 40～50mL 与 4%阿特拉津（SC）75～

100mL 或 72% 2,4-D 丁酯 20～30mL 混用，提高对阔叶杂草防效。对玉米安全。

注意事项　烟嘧磺隆药效作用不仅因杂草种类而异，而且受叶龄、降雨时间、土壤湿度及黏度、助剂等影响较大。有研究表明，在杂草 3～5 叶期施药，防效高达 89.9%，而在 7 叶期施药，其防效仅为 75%；药后 1.5～3h 降雨明显降低烟嘧磺隆药效，而 6h 后降雨对药效影响较小，药后 8h 方可保证药效充分发挥；玉米 3～4 叶期，杂草 2～5 叶期为烟嘧磺隆的最佳施药期；田间土壤湿度高有利于提高烟嘧磺隆的除草效果，而在干旱条件下则防效较差。

登记情况及生产厂家　75% 水分散粒剂，山东省淄博新农基农药化工有限公司 (LS20100103)；20% 可分散油悬浮剂，陕西美邦农药有限公司 (LS20110236)；95% 原药，江苏省新沂中凯农用化工有限公司 (PD20082978)；80% 可湿性粉剂，浙江石原金牛农药有限公司 (PD20083325F030356) 等。

药害

（1）玉米　用其作茎叶处理受害，表现出幼嫩叶片的叶肉褪绿转黄，叶基尤其明显，叶脉仍绿，遂形成两色条纹，植株滞长、矮缩。受害严重时，心叶扭卷呈牛尾状而不能正常抽出展开。

（2）小麦　受其残留危害，表现出苗后叶肉褪绿转黄，叶脉颜色不变，遂形成黄绿相间的条纹，植株矮缩。受害严重时，叶片枯萎，植株死亡。

（3）甜菜　受其残留危害，表现出幼苗的子叶和真叶稍微褪绿转黄，并扭卷或弯曲下垂，顶芽变黄，植株生长缓慢。受害严重时，于下胚轴近地面处缢缩、倾倒，从而变褐枯死。

氟磺隆 （prosulfuron）

$C_{15}H_{16}F_3N_5O_4S$，419.3，94125-34-5

其他名称　顶峰，必克，三氟丙磺隆，Excecd，Peak

化学名称　1-(4-甲氧基-6-甲基-1,3,5-三嗪-2-基)-3-[2-(3,3,3-三氟丙基)苯基磺酰]脲

理化性质　纯品氟磺隆为无色晶体，熔点 155℃；溶解性 (25℃，g/L)：水 4.0，乙醇 8.4，丙酮 160，乙酸乙酯 56，二氯甲烷 180。pH＝5 介质中迅速水解。

毒性　磺隆原药急性 LD_{50}(mg/kg)：大鼠经口 986，小鼠经口 1247；兔经皮＞2000。对兔皮肤和眼睛无刺激性；对动物无致畸、致突变、致癌作用。

作用方式　汽巴-嘉基公司开发的一种玉米地除草剂，对玉米具有高度的安全性，对苘麻属、苋属、藜属、繁缕属和蓼属等均有优异的防效，主要用于芽后除草，用量为 10～30g/hm²。

砜嘧磺隆 （rimsulfuron）

$C_{14}H_{17}N_5O_7S_2$，431.3，122931-48-0

其他名称　宝成，玉嘧磺隆，Titus

化学名称　1-(4,6-二甲氧嘧啶-2-基)-3-(3-乙基磺酰基-2-吡啶磺酰基）脲

理化性质　纯品砜嘧磺隆为无色晶体，熔点 176～178℃；溶解性 (25℃，g/kg)：水＜10。

毒性　砜嘧磺隆原药急性 LD_{50}(mg/kg)：大鼠经口＞7500；兔经皮＞5500。对兔皮肤无刺激性，对兔眼睛稍有刺激性；对动物无致畸、致突变、致癌作用。

作用方式　磺酰脲类除草剂，支链氨基酸合成抑制剂，选择性芽后除草剂。

剂型　99％原药，25％水分散粒剂。

防除对象　用于防除玉米地中一年生或多年生禾本科及阔叶杂草，如田蓟、铁荠、香附子、皱叶酸模、阿拉伯高粱、野燕麦、止

血马唐、稗草、多花黑麦草、苘麻、反枝苋、猪殃殃、虞美人、繁缕。

使用方法 对一年生杂草芽后早期使用尤佳，推荐用量5～15g/hm²。用于玉米和马铃薯除草；对玉米安全，对春玉米最安全。砜嘧磺隆在玉米中的半衰期仅为6h，用推荐剂量的2～4倍处理时，玉米仍很安全。在玉米田按推荐剂量5～15g/hm²。使用时，对后茬作物无不良影响，但甜玉米、爆裂玉米、糯玉米及制种田不宜使用。砜嘧磺隆若与莠去津或噻吩磺隆（噻磺隆）混用，不仅可扩大杀草谱，还可提高对阔叶杂草如藜、蓼等的防除效果。每亩用25%砜嘧磺隆5g加38%莠去津120mL加表面活性剂60mL，对水30L喷雾。或每亩用25%砜嘧磺隆5g加75%噻吩磺隆0.7g加表面活性剂60mL，对水30L喷雾（仅限于东北地区）。

登记情况及生产厂家 99%原药，美国杜邦公司（PD20040018）；25%水分散粒剂，上海杜邦农化有限公司（PD20040019F040141）等。

噻吩磺隆 （thifensulfuron-methyl）

$C_{12}H_{13}N_5O_6S_2$，387.3，79277-27-3

其他名称 阔叶散，噻磺隆，宝收，Harmony，thiameturon-methyl，DPX-M 6316

化学名称 3-(4-甲氧基-6-甲基-1,3,5-三嗪-2-氨基羰基氨基磺酰基)噻吩-2-羧酸甲酯

理化性质 纯品噻吩磺隆为无色晶体，熔点176℃；溶解性（25℃，mg/L）：水6270，乙酸乙酯2.6，丙酮11.9，乙腈7.3，甲醇2.6，乙醇0.9。

毒性 噻吩磺隆原药急性LD_{50}（mg/kg）：大鼠经口＞5000；兔经皮＞2000。对兔皮肤无刺激性，对兔眼睛有中度刺激性；以

25mg/kg 剂量饲喂大鼠两年，未发现异常现象；对动物无致畸、致突变、致癌作用。

作用方式 芽后处理，敏感植物几乎立即停止生长并在 7～21d 内死亡。加上表面活性剂可提高 Harmony 对阔叶杂草的活性。在有效剂量下，冬小麦、春小麦、硬质小麦、大麦和燕麦等作物对本剂具有耐受性。由于本剂在土壤中有氧条件下能迅速被微生物分解，在处理后 30d 即可播种下茬作物。本品属选择性内吸传导型磺酰脲类除草剂，是侧链氨基酸合成抑制剂。阔叶杂草叶面和根系迅速吸收药剂并转移到体内分生组织，抑制缬氨酸和异亮酸的生物合成，从而阻止细胞分裂，达到杀除杂草的目的。

剂型 干燥悬浮剂。

防除对象 一年生和多年生阔叶杂草，如苘麻、野蒜、凹头苋、反枝苋、皱果苋、臭甘菊、荠菜、藜、鸭跖草、播娘蒿、香薷、问荆、小花糖芥、鼬瓣花、猪殃殃、堇草、地肤、本氏蓼、卷茎蓼、酸模叶蓼、桃叶蓼、马齿苋、猪毛菜、米瓦罐、龙葵、苣荬菜、牛繁缕、繁缕、遏蓝菜、王不留行、婆婆纳等。对田蓟、田旋花、野燕麦、狗尾草、雀麦等防效不显著。

使用方法 对一年生阔叶杂草，用量为 9～40g/hm²，并加入 0.2%～0.5%（体积分数）非离子表面活性剂或 2.8L/hm² 的非菜籽油。于作物 2 叶期至开花期，杂草高度或直径小于 10cm、生长旺盛但未开花以及作物冠层无覆盖杂草的时期进行芽后喷药。鉴于用量、环境条件及杂草种类不同，其持效期也不一样，但不超过 30d。对野蒜（*Allium vineale*），用量为 9～35g/hm²。大豆 1 复叶至开花前，阔叶草 2～4 叶期喷药，用量 8.25～12g/hm²。小麦 2 叶至拔节期，阔叶草 2～4 叶期，用量 15～22.5g/hm²。玉米 3～7 叶期，阔叶草 3～4 叶期，用量 12～18g/hm²。以上均对水 300～750L/hm²，进行茎叶喷雾。在药液中加入 0.2%～0.5% 的非离子型表面活性剂（如中性洗衣粉）有助降低药量及提高药效。

混用：在大豆田，噻磺隆可与拿捕净、稳杀得、盖草能及禾草克等混用；在小麦田，噻磺隆可与 2,4-滴、2 甲 4 氯等混用，用量为噻磺隆 10～12g/hm²＋2,4-滴或 2 甲 4 氯 270～540g/hm²；防除野燕麦，噻磺隆可与野燕枯或2,4-滴丙酸甲酯混用；防除狗尾草，噻磺隆可与2,4-滴苯丙酸甲酯混用；噻磺隆可与禾谷地用的杀虫剂混用或顺序施用。但在不良环境下（如干旱等），噻磺隆与有机磷剂（如对硫磷）混用或顺序施用，可能有短暂的叶片变黄等药害。所以，在大面积施用前应先进行小规模试验。噻磺隆不能与马拉硫磷混用。

注意事项

（1）在同一田块里，每一作物生长季中噻磺隆的用量以不超过 $32.5g/hm^2$ 为宜，残留期 $30\sim60d$。

（2）当作物处于不良环境时（如严寒、干旱、土壤水分过饱和及病虫危害等），不宜施药，否则可能产生药害。

（3）喷药后要彻底冲洗喷雾剂。

药害

（1）玉米　用其作茎叶处理受害，表现出心叶、嫩叶的叶肉褪绿变黄，叶脉颜色绿中带紫，遂形成变色条纹，外层底叶由叶尖沿中脉向下呈"V"形变黄、变褐枯死，植株逐渐矮缩。

（2）小麦　用其作茎叶处理受害，表现出内层的心叶、嫩叶褪绿转黄，外层的底叶从叶尖向下黄枯。受害严重时，茎叶枯萎、披散，植株死亡。

（3）大豆　用其作茎叶处理受害，表现出嫩叶褪绿转黄并皱缩、翻卷、下垂，叶脉变褐，主生长点萎缩。受害严重时，顶芽变褐枯萎，植株生长停滞或枯死。

（4）油菜　受其飘移危害，表现出顶芽和叶片褪绿转黄，然后逐渐变为黄白色而蜷缩枯萎，也有的顶芽变褐枯萎，底叶沿边缘逐渐变黄或红褐色、紫褐色。

苯磺隆 （tribenuron-methyl）

$C_{15}H_{17}N_5O_6S$，395.2，101200-48-0

其他名称　阔叶净，巨星，麦磺隆，Express，Express TM，DPX-L 5300

化学名称　2-[4-甲氧基-6-甲基-1,3,5-三嗪-2-(甲基)氨基甲酰氨基磺酰基]苯酸甲酯

理化性质　纯品苯磺隆为浅棕色固体，熔点 141℃；溶解性（25℃，mg/L）：水 2040，乙酸乙酯 2.6，丙酮 43.8，乙腈 54.2，甲醇 3.39，乙酸乙酯 17.5。

毒性　苯磺隆原药急性 LD_{50}（mg/kg）：大鼠经口＞5000；兔经皮＞2000。对兔皮肤无刺激性，对兔眼睛有轻度刺激性；以 20mg/(kg·d)剂量饲喂大鼠两年，未发现异常现象；对动物无致畸、致突变、致癌作用。

作用方式　本品属选择性内吸传导型磺酰脲类除草剂，是侧链氨基酸（缬氨酸、亮氨酸、异亮氨酸）生物合成抑制剂。阔叶杂草经叶面与根吸收后转移到体内，抑制乙酰乳酸合成酶的活性，使不能合成缬氨酸和异亮氨酸，阻止细胞分裂，抑制芽鞘和根生长，对阔叶杂草敏感，杂草在 14d 之内死亡。温度低时杂草死亡速度慢。

麦类作物对本品有抗性，能迅速转化有效成分为无害物质。在正常用量下对作物安全。

剂型　95%原药，75%水分散粒剂，18%可湿性粉剂。

防除对象　防除阔叶杂草如繁缕、麦家公、大巢菜、蓼、鼬瓣花、野芥菜、雀舌草、碎米荠、播娘蒿、反枝苋、田芥菜、地肤、遏兰菜、田蓟等。对猪殃殃防效较差，对田旋花、泽漆、荞麦蔓等杂草效果不显著。

使用方法　在小麦、大麦 3～4 叶期，杂草萌芽出土后株高不超过 10cm 时喷药，每亩用 75%干悬浮剂 0.89～1.77g，对水 30L 喷雾。杂草个体较小时，低量即可取得较好防效，杂草个体较大时，应用高量。防除多年生杂草时药量为 18～34.5g/hm²。为提高药效可加入少量 0.2%非离子表面活性剂。可与其他除草剂混用，如 2 甲 4 氯、碘苯腈、氰草津等，以扩大杀草谱。

注意事项

（1）阔叶净活性高，用药量低，施用药量应准确，并与水充分混匀。

（2）喷洒时注意防止药剂飘到敏感的阔叶作物上。

（3）喷洒完毕，喷雾剂应彻底清洗干净。

（4）阔叶净人体每日允许摄入量（ADI）是 0.01mg/kg，在大麦和小麦中的最高残留限量为 0.05mg/kg。

（5）使用本药剂时，防止药液溅入眼内，如溅入眼中，应用大量清水冲洗 15min。如误服，在引吐后对症治疗。

（6）本药剂应贮存在远离食品、饲料及儿童接触不到的地方。

登记情况及生产厂家　95％原药，上海杜邦农化有限公司（PD20040008）；18％可湿性粉剂，美国杜邦公司（PD20070216）；75％水分散粒剂，安徽丰乐农化有限责任公司（PD20070642）等。

药害

（1）玉米　受其飘移危害，表现出幼嫩叶片的叶肉褪绿转黄，叶脉仍绿，遂形成黄绿相间的条纹状，有的叶基和叶脉稍变紫红，叶尖变黄、变褐枯死，植株矮缩。

（2）大豆　受其残留危害，表现出出苗迟缓，子叶弯曲，真叶皱缩、褪绿变黄，叶脉变褐，主生长点萎缩，植株变矮。受害严重时，主生长点坏死。

（3）花生　受其残留危害，表现出发芽、出苗及生长迟缓，下胚轴缩短、变粗，胚根缩短、变粗、秃尖，胚芽萎缩，嫩茎、叶柄弯曲。受害严重时，植株生长停滞或根部变黑坏死。

复配剂及应用

（1）24％唑草·苯磺隆可湿性粉剂，安徽丰乐农化有限责任公司（LS20120336），防除小麦田一年生杂草，茎叶喷雾，推荐剂量为 28.8～43.2g/hm²。

（2）29.5％苯·唑·氯氟吡可湿性粉剂，陕西上格之路生物化学有限公司（LS20120370），防除冬小麦田一年生阔叶杂草，茎叶喷雾，推荐剂量 99～132g/hm²。

（3）70％苯磺·异丙隆可湿性粉剂，江苏东宝农药化工有限公司（PD20080783），防除冬小麦田一年生杂草，茎叶喷雾，推荐剂量为 1050～1575g/hm²。

碘甲磺隆钠盐（iodosulfuron-methyl-sodium）

$C_{14}H_{13}IN_5NaO_6S$，529.1，144550-36-7

其他名称　Husar

化学名称　4-碘-2-[3-(4-甲氧基-6-甲基-1,3,5-三嗪-2-基)脲基磺酰基]苯甲酸甲酯钠盐

理化性质　纯品为无臭白色固体，熔点 152℃。蒸气压 6.7×10^{-9} Pa(25℃)。水中溶解度(25℃，g/L)：0.16(pH=5)、25(pH=7)、65(pH=9)。生物水解半衰期(20℃)：31d(pH=5)、>365d(pH=7)、362d(pH=9)。光解半衰期：约 50d(北纬 50°)。

毒性　大鼠急性 LD_{50}(mg/kg)：经口>2678，经皮>5000。无致突变性，对兔眼睛和皮肤无刺激性。对鱼类、鸟、蜜蜂、蚯蚓等无毒。

作用方式　属磺酰脲类除草剂，通过抑制乙酰乳酸合成酶的活性而起作用，主要用于小麦田，苗后早期防除黑麦草、野燕麦、梯牧草和多种阔叶杂草。

氟嘧磺隆（primisulfuron-methyl）

$C_{15}H_{12}F_4N_4O_7S$，468.2，86209-51-0

其他名称　Beacon，Tell，Bifle

化学名称　2-[4,6-双（二氟甲氧基）嘧啶-2-基-氨基甲酰胺基

磺酰基〕苯甲酸甲酯

理化性质 纯品为白色固体，熔点 203.1℃。在水中的溶解度：pH＝5 时为 1mg/L，pH＝7 时为 70mg/L，微溶于多种有机溶剂。水解反应半衰期：pH 为 3～5 时约为 10h，pH 为 7～9 时＞300h，土壤中半衰期为 10～60h，≤100℃稳定。

毒性 大鼠急性经口 LD_{50} ＞5050mg/kg，急性经皮 LD_{50} ＞2010mg/kg，急性吸入 LC_{50} ＞4.8mg/L(4h)。对豚鼠皮肤无致敏性，对兔皮肤和眼睛无刺激作用。大鼠亚急性无作用剂量每天 24.5mg/kg，虹鳟鱼 LC_{50} ＞70mg/L，鹌鹑急性经口 LD_{50} ＞2150mg/kg，对蜜蜂安全。

作用方式 本品种属于磺酰脲类除草剂。被根和叶吸收，其吸收的比例取决于植物的生长阶段和环境条件，如土壤湿度和温度。若在喷雾液中添加非离子表面活性剂，则增加叶的摄取量。本药剂迅速被吸收，并在韧皮部和木质部系统有效地转移，迅速传导到植物分生组织，抑制植物侧链氨基酸的合成。活性速率是相当缓慢的，在实际条件下，立即停止生长，在 10～20d 后才发生干枯。

剂型 75％可湿性粉剂，5％水分散颗粒剂。

防除对象 可防除玉米地的禾本科杂草和阔叶杂草，其中包括苋属、豚草属、曼陀罗属、茄属、蜀黍、苍耳属以及野麦属的匍匐野麦。

使用方法 用药量每公顷有效成分 10～20g(可加非离子表面活性剂)。在玉米 3～7 叶，杂草处于芽前是最佳使用时期，施药时间拖后防效较差。对一年生高粱属杂草有一定防效，对双色高粱、石茅高粱及野黍等其他高粱属杂草的活性分别为 80％以上（10g/hm²、90％以上 20g/hm²）。

由于本药剂缺乏对其他黍类禾本科杂草的活性，故应在芽前施用禾本科杂草除草剂，如施用异丙甲草胺后施用氟嘧磺隆，效果很好。如防除多年生石茅高粱，施药时期可适当迟一些，株高至少达 15～20cm 时进行。在低剂量下，对偃麦草也有活性，当防除多年生石茅高粱时，最佳施药时间是偃麦草长到 10～20cm 高时。在某些情况下，持效期相当短，而且使偃麦草完全枯萎是达不到的。但施过氟嘧磺隆的第二年，偃麦草数明显减少。在 20g/hm² 剂量下

（加表面活性剂），对几个重要的阔叶杂草也显示活性，在早期芽后施用对下述杂草的防效超过或等于 80％，即苍耳属杂草、苋属杂草、豚草属杂草、曼陀罗属杂草和大多数十字花科杂草。另外，本药剂对藜、茄属杂草和蓼科杂草也特别有效。氟嘧磺隆与低剂量溴苯腈（300～600g/hm²）混用，对三嗪类除草剂产生抗性的阔叶杂草，有很好的防效，在上述推荐剂量下，对与玉米轮作的后茬作物无任何限制，尚未发现对秋播小麦、大麦、黑麦和燕麦以及向日葵、玉米、高粱、甜菜和豆类作物有任何危害。

氟酮磺隆 （flucarbazone-sodium）

$C_{12}H_{10}F_3N_4NaO_6S$，418.2，181274-17-9

其他名称　Everest，彪虎

化学名称　*N*-(2-三氟甲氧基苯基磺酰基)-4,5-二氢-3-甲氧基-4-甲基-5-氧-1*H*-1,2,4-三唑甲酰胺钠盐

理化性质　纯品为无色无臭结晶体，熔点 200℃（分解），相对密度 1.59，蒸气压 $<1\times10^{-9}$ Pa(20℃)，分配系数 K_{ow} lg$P$：-0.89(pH=4)、-1.85(pH=7)、-1.89(pH=9)，水中溶解度（20℃）44g/L(pH 为 4～9)。

毒性　大鼠急性 LD_{50}（mg/kg）：经口 >5000，经皮 >5000。对兔皮肤无刺激性，对兔眼睛有轻微刺激性但无致敏性，大鼠急性吸入 $LC_{50}>5.13$mg/L，无三致作用，野鸭急性经口 $LD_{50}>4672$mg/kg。鱼毒 LC_{50}(96h)：虹鳟鱼 >96.7mg/L。蚯蚓 $LD_{50}>1000$mg/kg，对蜜蜂无毒。

特点　是一种含三唑啉酮基的磺酰脲类化合物，由拜耳公司发现并开发，于 1998 年开始推广应用，于 2002 年首次上市。作为土壤处理剂，能有效地抑制看麦娘、野燕麦、雀麦，对节节菜也有一定抑制作用。

环氧嘧磺隆 （oxasulfuron）

$C_{17}H_{18}N_4O_6S$，406.3，144651-06-9

其他名称 大能

化学名称 2-[（4,6-二甲基嘧啶-2-基）氨基羰基氨基磺酰基]苯甲酸-3-氧杂环丁酯

理化性质 纯品为白色无臭结晶体。熔点158℃（分解）。相对密度1.14。蒸气压$<2.0\times10^{-5}$Pa（25℃）。溶解度（mg/L，25℃）：水63(pH=5)、1700(pH=6.8)、19000(pH=7.8)，甲醇1500，丙酮9300，甲苯320，正己烷2.2，乙酸乙酯2300，二氯甲烷6900。

毒性 大鼠急性LD_{50}（mg/kg）：经口>5000，经皮>2000。大鼠急性吸入LC_{50}（4h）>5.08mg/L。对兔眼和皮肤无刺激。NOEL数据：大鼠（2年）8.3mg/(kg·d)，小鼠（1.5年）1.5mg/(kg·d)，狗（1年）1.3mg/(kg·d)。ADI值：0.013mg/(kg·d)。鹌鹑与野鸭急性经口$LD_{50}>2250$mg/kg。鱼毒LC_{50}（96h）：虹鳟鱼116mg/L，大翻车鱼111mg/L。对蜜蜂无毒，LD_{50} 25μg/只。蚯蚓LD_{50}（14d）1000mg/kg土壤。

作用方式 汽巴-嘉基公司开发的一种大豆田除草剂，主要用于苗后防除阔叶杂草，对苘麻属、苍耳、苋属、豚草、蒿属、稗草、番薯属和蜀黍属等有效，用量为60～90g/hm²。其在大豆植株内迅速代谢为无毒物，残效期短，对大豆和后茬作物安全。

甲硫嘧磺隆 （methiopyrsulfuron）

$C_{13}H_{16}N_4O_6S_2$，388.3，13508-73-1

化学名称 2-(4-甲氧基-6-甲硫基-2-嘧啶基氨基甲酰氨基磺酰基)苯甲酸甲酯

理化性质 甲硫嘧磺隆原药（含量≥95％）外观为白色至浅黄色粉状结晶。纯品蒸气压：0.82kPa（25℃）；熔点 187.8～188.6℃。溶解性（g/L，20℃）：水 0.129(pH＝3)、0.187(pH＝8)、2.536(pH＝12)，乙醇 1.198，甲苯 1.719，甲醇 2.228，丙酮 17.84，二氯乙烷 31.064。

毒性 甲硫嘧磺隆原药对 SD 大鼠亚慢性（90d）经口毒性的最大无作用剂量为 151.25mg/(kg·d)，原药及制剂均属低毒，无致突变作用；另外，原药及其制剂也对环境安全：10％可湿性粉剂对非靶标生物如对鱼和蚕为低毒、对蜂和鸟为中毒，原药对蛋白核小球藻低毒。

作用方式 甲硫嘧磺隆属磺酰脲结构，是湖南化工研究院对磺酰脲类化合物进行结构修饰而得到的新型除草剂，具有杀草谱广、用药量低等特点，在小麦田除草具有一定的市场前景。甲硫嘧磺隆亩用 2～3g 有效成分，能有效防除冬小麦和春小麦田中大多数阔叶杂草和禾本科杂草，除草效果与巨星相当，对大多数小麦品系安全；对冬小麦后茬作物大豆、玉米、棉花、花生安全；对春小麦后茬春玉米安全。

甲磺隆 （metsulfuron-methyl）

$C_{14}H_{15}N_5O_6S$，381.37，74223-64-6

其他名称 合力，Escort，Gropper，Allie，Ally Brush-Off，DPX-T6376

化学名称 2-[(4-甲氧基-6-甲基-1,3,5-三嗪基-2-基)脲基磺酰基]苯甲酸甲酯

理化性质 原粉为白色结晶固体，熔点 163～166℃，25℃时

蒸气压为 7.733mPa。在水中溶解度随 pH 值而异，pH＝4.6 时在水中的溶解度为 270mg/L。在二氯甲烷中有中等溶解度。在酸性溶液中不稳定，在 25℃，DT_{50}：15h(pH＝2)，33d(pH＝5)，＞41d(pH＝7)，45℃降解更迅速。在土壤中，因水解和微生物降解而破坏，半衰期为 7～30d。

毒性 对大鼠急性经口 LD_{50}＞5000mg/kg，对兔经皮 LD_{50}＞2000mg/kg。对眼、鼻、咽喉、皮肤有轻微的刺激作用。亚急性毒性，经试验，没有致死和组织病理学损害作用。对鱼类低毒。

作用方式 甲磺隆具有内吸传导作用，由根、茎、叶吸收进入植物体内后，在植物体内可向上、向下转移，抑制侧链氨基酸合成，从而抑制细胞的分裂，使杂草停止生长，并失绿，叶脉褪色，顶芽枯萎坏死。大、小麦等耐药作物能很快使甲磺隆代谢为无害物质。

剂型 96％原药，60％水分散粒剂，10％可湿性粉剂。

防除对象 甲磺隆是广谱性除草剂。可以防除小麦、大麦、燕麦等地里的看麦娘、大巢菜、碎米荠、牛繁缕、稻槎菜、剪刀股、毛茛、水芹、婆婆纳、田蓟、地肤、大马蓼等多种杂草。对猪殃殃、田旋花、巢菜效果较差。

使用方法 甲磺隆用作小麦芽前、芽后除草剂及大麦芽后除草剂，在春小麦及冬小麦田中每亩用量为 0.5～0.75g。防除以看麦娘为主的杂草，应掌握在作物 2 叶期，看麦娘立针期至 2 叶期施药；防除以繁缕、婆婆纳等为主的杂草，应掌握在开春后小麦返青期，阔叶杂草 2～3 叶期施药，亩用 25％甲磺隆可湿性粉剂 2g 加水 60kg 均匀喷雾。为扩大杀草谱提高防除效果，也可与其他除草剂混用，与其他磺酰脲类除草剂混用常有增效作用。该药加氯磺隆（1∶3）即为 Finesse（甲·氯磺隆），加阔叶散即为 Harmony M，还可与 2 甲 4 氯混用，防除麦田杂草。甲磺隆 15g/hm² 加苄嘧磺隆 75g/hm²（灭草王，新得力，新代力）用于水稻田除草。

注意事项

(1) 甲磺隆为高效、超低用量除草剂，施药时要特别注意用药量准确，做到喷洒均匀。喷药后不要将剩余药液倒在田中或触及其他作物。甲磺隆残留期长，勿在麦套玉米、棉花、烟草等敏感作物田使用。中性土壤小麦田用药120d播种油菜、白菜、棉花、大豆、黄瓜等产生药害，盐碱土壤药害更重。因此限在长江流域中下游麦稻轮作麦田 pH≤7 中性或酸性土壤作用。

（2）施药后要反复清洗施药器械。

（3）在施药过程中要注意加强劳动保护，尽量避免接触药液。

登记情况及生产厂家　96％原药，上海杜邦农化有限公司（PD20030017）；60％水分散粒剂，江苏省激素研究所股份有限公司（PD20092494）；10％可湿性粉剂，沈阳科创化学品有限公司（PD20095143）等。

氯磺隆（chlorsulfuron）

$C_{12}H_{12}ClN_5O_4S$，357.77，64902-72-3

其他名称　Glean，Telar，DPX-4189，DPX-W-489

化学名称　1-(2-氯苯基磺酰)-3-(4-甲氧基-6-甲基-1,3,5-三嗪-2-基)脲

理化性质　原粉为白色无气味的结晶固体，熔点 174～178℃，在 192℃时分解，不易光解。25℃时蒸气压为 0.61mPa，在水中溶解度 300mg/L（pH＝5）。在下列溶剂中的溶解度（22℃，g/100mL）：二氯甲烷10.2，丙酮5.7，甲醇1.4，甲苯0.3，己烷＜0.001。在酸性溶液中不稳定，pH 为 5.7～7 时，4～8 周后水解50％；pH＝4 时，1 周后水解50％。对光比较稳定，一个月内在干燥植物表面光分解30％，在干土表面光分解15％，而在水溶液中，光分解90％，本剂在土壤中的半衰期为 4～6 周，在酸性土壤中为 4 周，在碱性土壤中残效期可达 8 个月以上。

毒性　对雄、雌性大白鼠急性经口 LD_{50} 分别为 6293 mg/kg、5545mg/kg，兔经皮 LD_{50}＞3400mg/kg。饲喂无作用剂量（2 年）：大鼠 100mg/kg 饲料，小鼠 500mg/kg 饲料，狗（120d）2500mg/

kg 饲料。蓝腮和虹鳟鱼的 LC_{50}（96h）＞250mg/L，野鸭和鹌鹑的 LC_{50}＞5000mg/kg 饲料。在标准试验中，无致突变、致畸和致癌作用。本药对眼睛、鼻、喉、皮肤有轻微的刺激作用。

作用方式　氯磺隆有内吸传导作用，由植物的根、茎、叶吸收进入植物体内，抑制侧链氨基酸的合成，从而抑制细胞的分裂，使杂草停止生长并失绿，叶脉褪色，顶芽枯萎直至坏死。而小麦、大麦等耐药作物能很快使氯磺隆代谢为无害物质。

剂型　95％原药，25％可湿性粉剂，25％水分散粒剂。

防除对象　氯磺隆是广谱性除草剂，主要用于与水稻连作的大麦、小麦、黑麦、燕麦、亚麻等作物上，防除猪殃殃、大巢菜、稗、马唐、狗尾草、看麦娘、婆婆纳、繁缕、碎米荠、藜、蓼、苋、苍耳、苘麻、田旋花、蒲公英、大马蓼等多种杂草。对阔叶杂草（苗后早期施用）的防除作用比禾本科杂草（芽前及苗后早期施药）更好。

使用方法　应用氯磺隆防除麦田杂草的施药时期，应根据麦田内主要杂草种类而定。防除以看麦娘为主的杂草，宜在作物 2 叶期，看麦娘立针期至 2 叶期施药；防除猪殃殃、繁缕等杂草宜掌握在春季小麦返青期、阔叶杂草 2～3 叶期施药。用药量一般为每亩 0.5～2g 有效成分，最高 6g 有效成分，加水 50～60kg 均匀喷雾。氯磺隆与甲磺隆的混剂（Finesse；351；DPX8311：5：1）用于水旱连作田的麦田除草，既提高了防效，又降低了用量（总有效成分约 15g/hm²），对后茬水稻较安全。该药与甲基苯噻隆的混剂即为 Gleanc（du pont）或 Trilixom（Bayer）与辛酰溴苯腈和辛酰碘苯腈即为 Glean TP（du Pont）。本品还可与绿麦隆、异丙隆等除草剂混用。

注意事项

（1）由于氯磺隆活性高，在土壤中残留期达 8 个月以上，对后茬作物大豆、棉花、甜菜、油菜、玉米有影响，因此，该药在旱地应慎用，在碱性土壤上应禁用。施药时要特别从严掌握用药量和喷散均匀，加水后的药液放置不可超过 2h，喷后不要将剩余药液倒在田中或触及其他作物。只能用于水稻连作的麦田。

（2）施药后要反复清洗施药器械。

（3）氯磺隆对眼、鼻、咽喉、皮肤均有轻微的刺激作用，在施药时要注意劳动保护，避免接触药液。

登记情况及生产厂家　95%原药，江苏省激素研究所股份有限公司（PD20081368）；25%可湿性粉剂，辽宁省沈阳丰收农药有限公司（PD20083395）；25%水分散粒剂，江苏省农用激素工程技术研究中心有限公司（PD20090673）等。

醚苯磺隆（triasulfuron）

$C_{14}H_{16}ClN_5O_5S$，401.8，82097-50-5

其他名称　Amber，Lograb，CGA 131036（Ciba-Geigy）

化学名称　1-[2-（2-氯乙氧基）苯基磺酰基]-3-（4-甲氧基-6-甲基-1,3,5-三嗪-2-基）脲

理化性质　本品为无色晶体，熔点186℃。溶解度（20℃）：水1.5g/L(pH=7)，正辛醇180mg/L，二甲苯166mg/L，微溶于丙酮、二氯甲烷、环己酮、甲醇等一般有机溶剂。亚氨基呈现酸性，$pK_a=4.5$。低于熔点时部分分解，水解DT_{50}为2h(pH=3)、288h(pH=9)、108h(pH=10)。

毒性　大鼠急性经口$LD_{50}>5000mg/kg$，大鼠急性经皮$LD_{50}>2000mg/kg$。对兔皮肤稍有刺激作用，但对其眼睛无刺激作用。大鼠急性吸入LC_{50}(4h)5.18mg/L空气，大鼠饲喂试验的无作用剂量为200mg/kg饲料[即14.5mg/(kg·d)]，鹌鹑急性经口$LD_{50}>2150mg/kg$，虹鳟鱼$LC_{50}>100$ mg/kg，对蜜蜂无毒。

剂型　750g/kg水分散颗粒剂。

作用方式　本品属磺酰脲类除草剂，抑制侧链氨基酸的生物合成。本品被根、叶吸收后，迅速转移到分生组织，对许多阔叶杂草包括三色堇和猪殃殃均具有芽前和芽后除草恬性。

适用作物　本品适用于小粒禾谷类作物田除草。

防除对象 可防除一年生阔叶杂草和某些禾本科杂草。

使用方法 以 5～25g/hm² 芽后施用，特殊地区在种植前拌土或芽前施用。本品与溴苯腈或 2 甲 4 氯、绿麦隆或异丙隆混用，可增加防治效果和防治范围。

登记情况及生产厂家 95%醚苯磺隆原药、10%醚苯磺隆可湿性粉剂，江苏省激素研究所股份有限公司（登记号分别为PD20102165、PD2012166）；75%醚苯磺隆，江苏省农用激素工程技术研究中心有限公司（PD20102164）。

醚磺隆 （cinosulfuron）

$C_{15}H_{19}N_5O_7S$，413.4，94593-91-6

其他名称 莎多伏，Setoff，CGA 142464

化学名称 1-(4,6-二甲氧基-1,3,5-三嗪-2-基)-3-[2(2-甲氧乙氧基)苯基磺酰]脲

理化性质 纯品为固体，熔点 144.6℃，密度 1.48g/cm³。溶解性（20℃）：水 18mg/L(pH＝2.5)、82mg/L(pH＝5)、3.7g/L(pH＝7)，一氯甲烷95g/kg，二甲基亚砜320g/kg，微溶于一般有机溶剂。亚氨基呈现酸性，$pK_a＝4.5$。稳定性：温度高于熔点分解，在 pH 为 7、9 或 10 时无明显水解，在 pH 为 3～5 时有一定程度的水解，在土壤中 DT_{50} 约 20d。

毒性 大鼠急性经口 $LD_{50}＞5000mg/kg$，大鼠急性经皮 $LD_{50}＞5000mg/kg$。对兔眼睛和皮肤无刺激作用。大鼠急性吸入 $LC_{50}(4h)＞5mg/L$ 空气。大鼠 90d 饲喂试验的无作用剂量为1800mg/kg 饲料 [90mg/(kg·d)]。日本鹌鹑急性经口 LD_{50} 2000mg/kg，虹鳟鱼 $LC_{50}(96h)$ 为 100mg/L，对蜜蜂无毒。

剂型 莎多伏 (Setoft)，200g/kg 水分散颗粒剂；Sailant (本品＋丙草胺＋二氯喹啉酸)；Sofit Sper (本品＋丙草胺＋解草啶)。

作用方式 本药剂属磺酰脲类除草剂，是侧链氨基酸合成抑制剂。在施药后中毒的杂草不会立即死亡，但生长停止，外表看来好像正常，其后植株开始黄化、枯萎，整个过程5～10d。

适用作物 水稻本田、直播田及秧田。

防除对象 防效最好的杂草有水苋菜、异型莎草、圆齿尖头草、沟酸浆属杂草、慈姑属杂草、粗大藨草、萤蔺、仰卧藨草、尖瓣花、绯红水苋菜、求生田繁缕、花蔺、异型莎草、鳢肠、三蕊沟繁缕、牛毛毡、水虱草、丁香蓼、鸭舌草、眼子菜和浮叶眼子菜，其次为田皂草、野生田皂角、空心莲子草、反枝苋、鸭跖草、碎米莎草、水虱草、水尤、针蔺、节节草、瓜皮草和三叶慈姑。

使用方法

（1）10％可湿性粉剂，用于水稻移栽田。防治一年生阔叶杂草及莎草科杂草，用药量为18～30g/hm²，施用方法为毒土法。

（2）25％醚磺·乙草胺（醚磺隆4％、乙草胺21％），用于水稻移栽田，防治一年生及部分多年生杂草，用药量为75～112.5g/hm²，施用方法为药土法。

登记情况及生产厂家 92％原药，10％可湿性粉剂，25％醚磺·乙草胺,江苏安邦电化有限公司（登记证号PD20086354、PD20091726、PD20095598）；10％可湿性粉剂，黑龙江省佳木斯黑龙农药化工股份有限公司（PD20091726F120004）。

酰嘧磺隆 （amidosulfuron）

$C_9H_{15}N_5O_7S_2$，369.3747，120923-37-7

其他名称 好事达，使阔得，Hoestar，Adret，Gratil

化学名称 1-(4,6-二甲氧基-2-嘧啶基)-3-(N-甲基甲磺酰胺磺酰基)-脲；氨基嘧黄隆

理化性质 纯品为白色颗粒状固体；熔点为160～163℃，密

度为 $1.594g/cm^3$。

毒性 属低毒除草剂。原药，大鼠急性经口、经皮 $LD_{50} >$ 5000mg/kg，大鼠急性吸入 LC_{50}（4h）$>1.8mg/L$。制剂，大鼠急性经口 $LD_{50} > 5000mg/kg$，经皮 $LD_{50} > 2000mg/kg$，急性吸入 LC_{50}（4h）$\geq 2.46mg/L$。对哺乳动物皮肤和眼睛有轻微刺激作用，对鸟类、蜜蜂有轻微毒性。

剂型 原药，6.25%水分散粒剂。

作用方式 乙酰乳酸合成酶抑制剂。被杂草根和叶吸收，在植株体内传导，杂草立即停止生长、叶色褪绿，而后枯死。施药后的除草效果不受天气影响，效果稳定。低毒、低残留、对环境安全。

适用作物 禾谷类作物如春小麦、冬小麦、硬质小麦、大麦、裸麦、燕麦等，以及草坪和牧场。因其在作物中迅速代谢为无害物，故对禾谷类作物安全，对后茬作物如玉米等安全。因而该药剂不影响一般轮作，施药后若作物遭到意外毁坏（如霜冻），可在15d后改种任何一种春季谷类作物如大麦、燕麦等或其他替代作物如马铃薯、玉米、水稻等。

防除对象 酰嘧磺隆具有广谱除草活性，可有效防除麦田多种恶性阔叶杂草如猪殃殃、播娘蒿、荠菜、苋、苣荬菜、田旋花、独行菜、野萝卜、本氏蓼、皱叶酸模等，对猪殃殃有特效。

使用方法 作物出苗前、杂草 2～5 叶期且生长旺盛时施药，使用剂量为 30～60g/hm² 亩用量为2～4g。茎叶喷雾，冬小麦亩用量为 1.5～2g，春小麦亩用量为 1.8～2g。若天气干旱、低温或防除大龄杂草，通常采用上限用药量。若在防除猪殃殃等敏感杂草时，即使施药期推迟至杂草 6～8 叶期，亦可取得较好的除草效果。

登记情况及生产厂家 97%原药，江苏瑞邦农药厂有限公司（PD20121891），德国拜耳作物科学公司（PD20060042）。

复配剂及使用方法 6.25% 酰嘧·甲碘隆水分散粒剂，德国拜耳作物科学公司（PD20060044）。6.25%水分散粒剂（使阔得）是由甲基碘磺隆钠盐和酰嘧磺隆 2 种磺酰脲类选择性内吸型除草剂混配而成，主要用于防除小麦一年生阔叶杂草。其作用机理是乙酰乳酸合成酶（ALS）的抑制剂，被杂草根、叶吸收后，在植株体内传导，使杂草叶色退绿、停止生长，而后枯死。而在农作物中能迅速代谢为无害物。试验结果表明：冬小麦田每亩有效成分 0.625～1.25g(折成使阔得制剂商品量为 150～300g/hm²）。于冬小麦苗后 2～6 叶期茎叶喷雾，对猪殃殃、荠菜、繁缕、麦蒿等一年生阔叶杂草有较好的防效，其作用缓慢。对后茬作物的敏感性依次为白菜＞黄瓜＞菜豆＞向日葵＞茼蒿＞豇豆＞茄子＞大豆＞番茄＞甜菜＞油菜＞棉花、花生、玉米、水稻。其敏感性田间试验：用冬小麦的高用药量 2 倍的剂量（制剂商品量 600g/hm²），药后 97～100d 麦收后轮种玉米、水稻、大豆、棉花、花生均无不良影响，麦收前 20～30d（药后 65d）套种这 5 种作物，亦无影响，表明对后茬作物安全。

乙氧嘧磺隆 （ethoxysulfuron）

C₁₅N₄SO₇H₁₈，398.39，126801-58-9

其他名称　太阳星，乙氧磺隆

化学名称　1-(4,6-二甲氧基嘧啶-2-基)-3-(2-乙氧基苯氧磺酰基）脲

理化性质　淡灰色细粉末，相对密度 1.48，熔点 141～147℃。溶解度：正己烷 0.0068g/L，甲苯 2.5g/L，丙酮 36g/L，二氯甲烷 107g/L，甲醇 7.7g/L，异丙醇 1.0g/L，乙酸乙酯 14.1g/L，二甲基亚砜＞500g/L，水 26.4mg/L。

毒性　大白鼠急性经口 LD_{50}＞3270mg/kg，大鼠急性经皮 LD_{50}＜4000mg/kg。对兔的眼睛和皮肤均无刺激作用。

剂型　95％原药，15％水分散粒剂。

作用方式　分支链氨基酸合成酶（ALS 或 AHAS）抑制剂。通过阻断基本氨基酸缬氨酸和异亮氨酸的生物合成，从而阻止细胞

分裂和植物生长。具有很好的选择性，用于防治水稻田莎草和一年生阔叶杂草。

适用作物　小麦、水稻（插秧稻、抛秧稻、直播稻、秧田）、甘蔗等。对小麦、水稻、甘蔗等安全，且对后茬作物无影响。

防除对象　主要用于防除阔叶杂草、莎草科杂草及藻类如鸭舌草、青苔、雨久花、水绵、飘拂草、牛毛毡、水莎草、异型莎草、碎米莎草、萤蔺、泽泻、鳢肠、野荸荠、眼子菜、水苋菜、丁香蓼、四叶萍、狼把草、鬼针草、草龙、节节菜、矮慈姑等。

使用方法　乙氧嘧磺隆的使用剂量因作物、国家或地区、季节不同而不同，为 $10\sim120g/hm^2$。在中国水稻田亩用量为 $0.45\sim2.1g$，南方稻田用低量，北方稻田用高量。防除多年生杂草和大龄杂草时应采用上限推荐用药量。碱性田中采用推荐的下限药量。施药后 10d 内勿使田内药水外流和淹没稻苗心叶。用于小麦田除草时若与其他除草剂混用可扩大杀草谱。

登记情况及生产厂家　95％原药，德国拜耳作物科学公司（PD20060009）；15％水分散粒剂，德国拜耳作物科学公司（PD20060010）。

第八章
酰胺类除草剂

　　1952年美国孟山都公司发现了氯乙酰胺类化合物具有除草活性，1956年正式生产了烯草胺。在20世纪六七十年代期间，酰胺类除草剂发展迅速，大多数品种是在这期间商品化的。

　　氯乙酰胺类除草剂是芽前土壤处理剂，主要是由萌发的幼芽吸收（禾本科杂草的胚芽鞘，阔叶杂草的上、下胚轴），根部吸收是次要的。敌稗作为茎叶处理剂，易被植物的叶片吸收，在体内传导有限；奈丙酰草胺能被植物的根、叶吸收，但只作土壤处理剂，从根部吸收的药剂能传导到茎、叶。

　　酰胺类除草剂的作用位点还不太清楚。氯乙酰胺类除草剂可抑制脂肪酸、脂类、蛋白质、类异戊二烯（包括赤霉素）、类黄酮的生物合成。敌稗抑制光合系统Ⅱ的电子传递和花青素、RNA、蛋白质的合成，也影响细胞膜。奈丙酰草胺抑制细胞分裂和DNA合成。

　　酰胺类除草剂的选择性主要是由于植物的代谢（共轭和降解）差异。如敌稗在水稻和稗草之间的选择性是由于水稻中芳基酰胺酶的含量比稗草中的高。芳基酰胺酶能迅速把敌稗降解成无活性的3,4-二氯苯胺和丙酸。

　　甲草胺、乙草胺、丙草胺、丁草胺和异丙甲草胺等氯乙酰胺类除草剂在土壤中的持效期为1～3个月，对下茬作物无影响。而奈丙酰草胺在土壤中半衰期较长，用量高时，对下茬敏感作物可能产生药害。敌稗在土壤中很快降解，无残留活性。

氯乙酰胺类除草剂为土壤处理剂，能有效地防除未出苗的一年生禾本科杂草和一些小粒种子阔叶杂草，对已出苗杂草无效。萘丙酰草胺也是土壤处理剂，但杀草谱比氯乙酰胺类除草剂广。敌稗为茎叶处理剂，土壤处理活性差。甲草胺、乙草胺和异丙甲草胺是旱地除草剂，其活性大小：乙草胺＞异丙甲草胺＞甲草胺。丁草胺、苯噻酰草胺、扫氟特和敌稗用在稻田，防除稗草。

酰胺类土壤处理剂的药效受土壤墒情影响较大，在土壤干燥时施药，且施药后长期又无雨，不利于药效发挥。

由于酰胺类除草剂主要防除禾本科杂草，在生产中，常和防除阔叶杂草的除草剂混用，以便扩大杀草谱。如玉米地施用的乙阿（乙草胺＋莠去津）、都阿（异丙甲草胺＋莠去津），稻田用的丁苄（丁草胺＋苄磺隆）等。

甲草胺（alachlor）

C$_{14}$H$_{18}$ClNO$_2$，267.6，15972-60-8

其他名称　拉索，灭草胺，拉草，草不绿，澳特拉索，杂草锁，Lasso，Lazo，Alanex

化学名称　2,6-二乙基-*N*-甲氧甲基-2-氯代乙酰苯胺

理化性质　原药为白色无味结晶，不具挥发性，熔点 39.5～41.5℃，沸点 100℃（2.66Pa），105℃时分解，相对密度为 40.5（25℃/15.6℃），在水中溶解度为 170.31mg/L（pH＝7，20℃），能溶于乙醚、苯、乙醇等有机溶剂，在强酸强碱条件下可水解，紫外光下较为稳定。

毒性　原药大鼠经口 LD$_{50}$＞930mg/kg，家兔急性经皮 LD$_{50}$＞13300mg/kg。大鼠急性吸入 LC$_{50}$＞1.04mg/L，对家兔皮肤和眼睛有中等刺激作用，大鼠慢性经口无作用剂量为 2.5mg/(kg·d)，

在实验条件下未见致畸、致突变作用。但在 15mg/kg 和 240mg/kg 剂量下的小鼠致癌实验中，出现支气管肺泡肿瘤和肝、肺肿瘤。

作用方式 甲草胺是一种选择性芽前土壤处理除草剂。主要通过杂草芽鞘吸收，根部和种子也可少量吸收。甲草胺进入杂草体内后，抑制蛋白酶活性，使蛋白质合成遭破坏而杀死杂草。甲草胺主要杀死出苗前土壤中萌发的杂草，对已出土的杂草防除效果不好。甲草胺能被土壤团粒吸附，不易在土壤中淋失，也不易挥发失效，但能被土壤微生物所分解，一般有效控制杂草时间为 35d 左右。

剂型 95％原药，43％乳油，42％悬乳剂。

防除对象 甲草胺主要用于棉花、大豆、玉米、花生、甘蔗、油菜、马铃薯等作物防除稗草、马唐、蟋蟀草、狗尾草、秋稷等一年生禾本科杂草及苋、马齿苋、轮生粟米草等阔叶杂草，对藜、蓼、大豆菟丝子也有一定防除效果。而对田旋花、蓟、匍匐冰草、狗牙根等多年生杂草无效。

使用方法 甲草胺在棉花、大豆、花生、玉米、马铃薯、甘蔗、油菜、芝麻、向日葵、洋葱、蒜、辣椒、菜豆等作物上使用，一般于播种后至出苗前，视土壤有机质含量和质地选用剂量，每亩用 48％甲草胺乳油 200～450mL，加水 25～50kg 均匀喷雾于土表。用于防除大豆菟丝子，一般在大豆出苗后，菟丝子缠绕初期，每亩用 48％甲草胺乳油 200～250mL，对水 25kg，均匀喷雾被菟丝子缠绕的大豆茎叶，能较好地防除菟丝子，对大豆安全。甲草胺用量多少与土壤类型及有机质含量有关，见表 8-1（有效成分）。

表 8-1 不同土壤类型中甲草胺的用量

土壤质地	有机质含量>3％	有机质含量<3％
轻质土	$1440g/hm^2$	$2000g/hm^2$
中质土	$2000g/hm^2$	$3000g/hm^2$
重质土	$3000g/hm^2$	$3500g/hm^2$

如一年生禾本科杂草与阔叶杂草同时严重发生的田块，该药可与其他除草剂混用。玉米田可与 2,4-滴、百草敌、西马津、莠去津、草净津等混用，而与莠去津混用最广，用量为拉索 720～

$1080g/hm^2$，莠去津 $750 \sim 1000g/hm^2$。大豆田该药可与利谷隆、绿秀隆、嗪草酮、草灭平、地乐酚等混用。而以拉索（$720 \sim 1080g/hm^2$）加利谷隆（$670 \sim 1000g/hm^2$）在有机质含量 $3\% \sim 6\%$ 的土壤上应用最广。该组合在有机质低于 1% 时不可使用。有机质高于 6% 的土壤上宜与嗪草酮 $0.35kg(2000 \sim 3000g$ 有效成分）混用，在棉田上拉索可与伏草隆、异丙净、扑草净等混用。

注意事项

（1）使用甲草胺后半月内如无降雨，应进行浇水或浅混土，以保证药效。但土壤积水易发生药害。

（2）甲草胺对眼睛和皮肤有一定的刺激作用。在施药、配药时要注意防护。如溅入眼睛和皮肤要立即清洗干净。

（3）高粱、谷子、黄瓜、瓜类、胡萝卜、韭菜、菠菜等对甲草胺敏感，不宜使用。

（4）甲草胺应保存在 $0℃$ 以上的温度条件下，低于 $0℃$ 就会出现结晶。已结晶的甲草胺乳油在 $15 \sim 20℃$ 条件下可复原，对药效不影响。

（5）甲草胺乳油能溶解聚氯乙烯、丙烯腈、丁二烯、苯二烯的塑料和其他塑料制品，因此不能用此类材料做包装容器，对金属如铝、铁、不锈钢等无腐蚀作用。

登记情况及生产厂家　95% 原药，山东侨昌化学有限公司（PD20081092）；43% 乳油，江苏常隆农化有限公司（PD20082257）；42% 悬乳剂，山东侨昌化学有限公司（PD20092778）；$480g/L$ 乳油，美国孟山都公司（PD88-88）等。

药害

（1）大豆　用其作土壤处理受害，表现出子叶中间产生裂纹，真叶皱缩，中脉缩短，而使叶片多呈心形，叶缘翻卷、褪色，叶尖枯干，下胚轴和主根弯曲，根系缩短，根尖枯死。受害严重时，主生长点萎缩、枯死。

（2）花生　用其作土壤处理受害，表现出叶脉之间的叶肉颜色变淡，叶片皱缩、变小，植株萎缩，下胚轴缩短、变粗，侧根极少且极短。受害严重时，根系和茎叶变黑坏死。

（3）棉花　用其作土壤处理受害，表现出出苗、生长迟缓，子叶、真叶皱缩并产生灰褐色枯斑，下胚轴和主根缩短并弯曲，根尖变褐，侧根极小，植株矮缩。

复配剂及应用

（1）38％甲草·莠去津悬乳剂，济南天邦化工有限公司（PD20083450），防除夏玉米田一年生杂草，播后苗前土壤喷雾，推荐剂量为1425～1710g/hm²。

（2）30％苯·苄·甲草胺泡腾颗粒剂，山东侨昌化学有限公司（PD20085967），防除移栽水稻田一年生及部分多年生杂草，直接撒施处理，推荐剂量为270～360g/hm²。

（3）42％甲·乙. 莠悬乳剂，山东滨农科技有限公司（PD20095773），防除春、夏玉米田一年生杂草，播后苗前土壤喷雾，推荐剂量为1890～2520g/hm²（春玉米田），1134～1386g/hm²（夏玉米田）。

乙草胺（acetochlor）

$C_{14}H_{20}ClNO_2$，269.7，34256-82-1

其他名称　刘草胺，消草胺，禾耐斯，乙基乙草胺，Harness，Sacemid，Acenit，acetochlore

化学名称　N-(2-甲基-6-乙基苯基)-N-(乙氧甲基) 氯乙酰胺

理化性质　纯品乙草胺为淡黄色液体，沸点176～180℃（76Pa）。溶解性（25℃）：水223mg/L，溶于乙酸乙酯、丙酮、乙腈等有机溶剂。

毒性　乙草胺原药急性LD_{50}（mg/kg）：大鼠经口＞2148；兔经皮＞4166。对兔皮肤和眼睛有轻微刺激性；以10mg/(kg·d)剂量饲喂大鼠两年，未发现异常现象。

作用方式　乙草胺是一种选择性芽前除草剂。能被杂草的幼芽和根吸收，抑制杂草的蛋白质合成，而使杂草死亡。在土壤中持效期可达 2 个月左右。

剂型　900g/L 乳油，93％原药。

防除对象　稗草、狗尾草、马唐、牛筋草、秋稷、臂形草、藜、苋、马齿苋、鸭跖草、菟丝子、刺黄花稔、黄香附子、紫香附子、双色高粱、春蓼等。

使用方法　每亩所需药对水 40～60kg，在作物播种后杂草出土前均匀喷洒在土壤表面，地膜覆盖田在盖膜前用药。用药量在土壤湿度较大的南方旱田作物每亩用 50％乳油 30～40g 有效成分，地膜覆盖田用 50～70g，北方的夏季作物每亩用 50～70g，蔬菜田每亩用 50g，东北的旱田每亩用 75～125g。乙草胺的活性比甲草胺和都尔高，土壤有机质对乙草胺的影响也较小。施药后土壤含水量在 15％～18％时，即可发挥较好的药效。为扩大杀草谱，降低药效成本，解决作物田一次性除草问题，乙草胺可与多种防除阔叶草的除草剂混用。在玉米田，每亩 50％乙草胺乳油 50g 混 40％莠去津胶悬剂 100g 有效成分。在大豆田，乙草胺还能与利谷隆、都尔、氯嘧磺隆等混用。在棉花田可与扑草净混用。在水稻移栽田栽后 3～5d 每亩用本品有效成分 5～7.5g，或与苄嘧磺隆混用。

注意事项

（1）杂草对本剂的主要吸收部位是芽鞘，因此必须在杂草出土前施药。只能作土壤处理，不能作杂草茎叶处理。

（2）本剂的应用剂量取决于土壤湿度和土壤有机质含量，应根据不同地区，不同季节，确定使用剂量。

（3）黄瓜、菠菜、小麦、韭菜、谷子、高粱等作物，对本剂比较敏感，不宜应用。水稻秧田绝对不能用，移栽稻田单独的用量为 50％乳油每亩 10～20g。

（4）避免眼睛与皮肤接触药液，如溅入应即用清水冲洗，严重应即送医院治疗。

（5）在贮存或使用或配制本剂时，严格避免污染饮水、粮食、种子和饲料。

（6）未使用的地方和单位，应先试验后推广。

登记情况及生产厂家　93％原药，山东胜邦绿野化学有限公司（PD20070070）；93％原药，吉林金秋农药有限公司（PD20080359）；900g/L乳油，浙江省杭州庆丰农化有限公司（PD20080419）等。

药害

（1）大豆　用其作土壤处理受害，表现出下胚轴和主根缩短、变粗、弯曲，根尖褐枯，侧根、毛根及根瘤减少，叶片因中脉缩短而皱缩呈心形，叶缘缺损、枯干。受害严重时，可分别造成幼芽枯死，幼苗的顶芽萎缩（或坏死），植株生长失常，贪青晚熟，结荚少、瘪荚多。此外，还会导致根腐病等病害加重。

（2）玉米　用其作土壤处理受害，表现出茎叶扭卷、弯曲，植株矮缩。受害较重时，芽鞘紧包生长点，或外叶蜷缩并紧裹心叶。

（3）花生　用其作土壤处理受害，表现出下胚轴和根系缩短、变粗、弯曲、变黑，植株缩小。受害严重时，叶片皱缩、变黑，下胚轴和主根变成秃尾状，侧根变成短毛状。

（4）油菜　用其作土壤处理受害，表现出下胚轴和胚根缩短，子叶略小、轻卷、变厚、早枯，真叶皱缩、变畸、增厚，叶色稍浓，植株生长停滞。受害严重时，叶片扭曲、蜷缩。

（5）棉花　受其作土壤处理受害，表现出幼苗出土迟缓，带壳出土的较多，子叶皱缩，边缘变褐枯萎，下胚轴和胚根缩短，植株矮缩。受害严重时，根尖褐枯，不生侧根。

（6）水稻　过量施药（＞150g/hm²）或施药不均匀，或遇低温或施药时水层过深导致水淹心叶，均可产生不同程度的药害。

复配剂及应用

（1）61％乙·莠·滴丁酯悬乳剂，辽宁省大连松辽化工有限公司（LS20100123），防除春玉米田一年生杂草，播后苗前土壤喷雾，推荐剂量2287～2470g/hm²（东北地区）。

（2）45％戊·氧·乙草胺乳油，吉林金秋农药有限公司（LS20100163），防除大蒜田一年生杂草，播后苗前土壤喷雾，推荐剂量675～1080g/hm²。

（3）62％烟嘧·乙·莠可分散油悬浮剂，吉林金秋农药有限公司（LS20110119），防除玉米田一年生杂草，茎叶喷雾，推荐剂量为 651～744g/hm²。

（4）42％氧氟·乙草胺乳油，江苏富田农化有限公司（PD20070094），防除大蒜田、棉花田一年生杂草，土壤喷雾，推荐剂量为 567～693g/hm²（大蒜田），630～945g/hm²（棉花田）。

吡草胺（metazachlor）

C₁₄H₁₆ClN₃O，277.6，67129-08-2

其他名称 吡唑草胺，Butisan S，BAS 47900 H

化学名称 2-氯-N-(吡唑-1-基甲基)乙酰-2',6'-二甲基苯胺

理化性质 原药纯度不低于94％。纯品为黄色结晶体，熔点85℃，相对密度 1.31（20℃），蒸气压 0.093mPa(20℃)。分配系数 $K_{ow}lgP=2.13$(pH＝7，22℃)。水中溶解度（20℃）430mg/L，其他溶剂中溶解度（20℃，g/kg）：丙酮、氯仿＞1000，乙醇 200，乙酸乙酯 590。在 40℃ 放置 2 年稳定。

毒性 大鼠急性 LD₅₀（mg/kg）：经口＞2150，经皮＞6810。大鼠急性吸入 LC₅₀(4h)＞34.5mg/L。对兔皮肤和眼睛无刺激性。NOEL 数据：大鼠两年喂饲试验无作用剂量为 3.6mg/kg，狗两年喂饲试验无作用剂量为 8mg/kg。ADI 值 0.036mg/kg。山齿鹑急性经口 LD₅₀＞2000mg/kg，山齿鹑和野鸭喂饲 LC₅₀（5d）＞5620mg/kg。鱼毒 LC₅₀（mg/L，96h）：虹鳟鱼 4，鲤鱼 15。对蜜蜂和蚯蚓安全。蚯蚓 LC₅₀(14d) 440mg/kg 土壤。

作用方式 本品属 3-氯乙酰苯胺类除草剂。

剂型 500g/L 悬浮剂。

防除对象 防除的主要杂草有鼠尾看麦娘、风草、野燕麦、马唐、稗、早熟禾、狗尾草等一年生禾本科杂草和苋、春黄菊、母菊、蓼、芥、茄、繁缕、荨麻和婆婆纳等阔叶杂草。

使用方法 以 1000～1500g/hm² 芽后早期至 4 叶期，在适宜

土壤温度下使用最适宜。

丙草胺（pretilachlor）

$C_{17}H_{26}ClNO_2$，311.7，51218-49-6

其他名称　扫弗特，Sofit，Rifit，CG 113，CGA 26423

化学名称　2-氯-2′,6′-二乙基-N-(2-丙氧基乙基) 乙酰替苯胺

理化性质　纯品外观为无色液体，相对密度 1.076（20℃），沸点 135℃（0.1333Pa），蒸气压 0.133mPa（20℃），$K_{ow}\ \lg P=4.08$。20℃时水中溶解度为 50mg/L，易溶于大多数有机溶剂如苯、乙烷、甲醇、二氯乙烷等。20℃水溶液中稳定性：$DT_{50}>200d(pH=1\sim9)$，$14d(pH=13)$。

毒性　大鼠急性经口 $LD_{50}>6099mg/kg$，小鼠急性经口 $LD_{50}>8537mg/kg$，大鼠急性经皮 $LD_{50}>6099mg/kg$，大鼠急性吸入 $LC_{50}(4h)>2.8mg/L$。对兔眼睛有中度刺激性。大鼠慢性（2年）无作用剂量为 30mg/L，小鼠慢性（2年）无作用剂量为 300mg/L，狗无作用剂量为 300mg/L。在试验条件下，对动物未见致畸、致突变、致癌作用。ADI 值：0.018mg/kg。日本鹌鹑急性经口 $LD_{50}>10000mg/kg$，日本鹌鹑 $LC_{50}>1000mg/L$。鱼毒 $LC_{50}(96h, mg/L)$：虹鳟鱼 0.9，鲤鱼 2.3。蜜蜂 LD_{50}（接触）$>93\mu g/$只。

作用方式　具有高选择性水稻田专用除草剂，产品属 2-氯化乙酰替苯胺类除草剂，是细胞分裂抑制剂，对水稻安全，杀草谱广。杂草种子在发芽过程中吸收药剂，根部吸收较差。只能作芽前土壤处理。水稻发芽期对丙草胺也比较敏感，为保证早期用药安全，丙草胺常加入安全剂 CGA123407 使用。

剂型　300g/L 乳油，95%原药。

防除对象　适用于水稻防除稗草、光头稗、千金子、牛筋草、

牛毛毡、窄叶泽泻、水苋菜、异型莎草、碎米莎草、丁香蓼、鸭舌草等1年生禾本科和阔叶杂草。

使用方法　在水稻直播田和秧田使用，先整好地，然后催芽播种。播种后2~4d，灌浅水层，每亩用30%乳油100~115mL，对水30kg或混细潮土20kg均匀喷雾或撒施全田，保持水层3~4d。通常在插秧前3~5d使用。该品单施时对湿插水稻选择性较差，当与解草啶一起使用时对直插水稻有极好的选择性。如该品与解草啶的混剂以 $600g/hm^2 + 200g/hm^2$ 使用，对鸭舌草、异型莎草、尖瓣花、飘拂草等防效均在90%以上，而对于千金子防效达100%。

注意事项

(1) 地整好后要及时播种、用药，否则杂草出土，影响药效。

(2) 播种的稻谷要根芽正常，切忌有芽无根。

(3) 在北方稻区使用，施药时期应适当延长，先行试验，再大面积推广，以免产生药害。

登记情况及生产厂家　300g/L乳油，瑞士先正达作物保护有限公司（PD156-92）；95%原药，山东侨昌化学有限公司（PD20081097）等。

复配剂及应用

(1) 40%苄嘧·丙草胺可湿性粉剂，浙江天一农化有限公司（PD20081537），防除水稻直播田一年生及部分多年生杂草，喷雾处理，360~480g/hm²（南方地区）。

(2) 30.6%嘧肟·丙草胺乳油，瑞士先正达作物保护有限公司（LS20100098），防除水稻移栽田、直播田一年生杂草，茎叶喷雾，推荐剂量为移栽田384~480g/hm²（东北地区），其他地区288~384g/hm²，直播田288~384g/hm²。

丁草胺　(butachlor)

$C_{17}H_{26}ClNO_2$，311.7，23184-66-9

其他名称 丁基拉草，灭草特，丁草锁，去草胺，马歇特，新马歇特，去草特，Machete，Plus，Butanex，CP 53

化学名称 N-丁氧甲基-2-氯-2′,6′-二乙基乙酰替苯胺

理化性质 纯品为浅黄色液体，原药外观为黄棕色至深棕色均相液体。熔点 5℃；沸点 156℃（67Pa）；在 25℃时，蒸气压为 0.6mPa。溶解度（24℃）：水中 23mg/L，在室温下能溶于乙醚、丙酮、苯、甲苯、二甲苯、氯苯、乙醇、乙酸乙酯等多种有机溶剂中。对紫外光稳定，抗光解性能好，在 165℃下分解。在土壤中滞留时间 42～70d，损失主要是微生物分解所致。

毒性 大鼠急性经口 LD_{50} ＞2000mg/kg，兔急性经口 LD_{50} ＞5010mg/kg，大鼠吸入 LC_{50}(4h)＞3.34mg/L 空气。对兔皮肤和眼睛有轻度刺激作用。蓄积性弱，在试验剂量内，对动物未见致突变和致畸作用。狗饲喂一年，无作用剂量 5mg/(kg·d)。野鸭急性经口 LD_{50} ＞4640mg/kg。LC_{50}(5d)：鹌鹑＞6597mg/kg 饲料，鸭＞10000mg/kg 饲料。鱼毒 LC_{50}(96h)：虹鳟鱼 0.52mg/L，太阳鱼 0.44mg/L。对蜂的接触 LD_{50} 100μg/只。

作用方式 丁草胺是选择性内吸传导型芽前除草剂。主要被杂草幼芽和幼小的次生根吸收，抑制体内蛋白质合成，使杂草幼株肿大、畸形、色深绿，最终导致死亡。只有少量丁草胺能被稻苗吸收，而且在体内迅速完成分解代谢，因而稻苗有较大的耐药力。丁草胺在土壤中稳定性小，对光稳定；能被土壤微生物分解。丁草胺在土壤中淋溶度不超过 1～2cm。在土壤或水中经微生物降解，破坏苯胺环状结构，但较缓慢，100d 左右可降解活性成分 90% 以上，因此对后茬作物没有影响。

剂型 600g/L 乳油，90% 原药。

防除对象 丁草胺对芽期及 2 叶前的杂草有较好的防除效果。而对 2 叶期以上的杂草防除效果下降。丁草胺可用于水稻秧田、直播田、移栽本田以及大麦、小麦、油菜、棉花、麻、花生、蔬菜田除草。能防除一年生禾本科杂草及一些莎草科杂草和某些阔叶杂草，如稗草、马唐、看麦娘、千金子、碎米莎草、异型莎草、水莎草、萤蔺、牛毛毡、水苋、节节菜、陌上菜等。对瓜皮草、泽泻、

眼子菜、青萍、紫萍等无效。

使用方法

（1）水稻秧田、直播田、粗秧板做好后或直播田平整后，一般在播种前 2～3d，每亩用丁草胺 45～60g 有效成分对水 50kg 喷雾于土表。喷雾时田间灌浅水层，药后保水 2～3d，排水后播种。或在秧苗立针期，稻播后 3～5d，每亩用丁草胺 45～60g 有效成分，对水 25～50kg，均匀喷雾，稻板沟中保持有水，不但除草效果好，秧苗素质也好。

（2）移栽稻田，早稻在插秧后 5～7d，晚稻在插秧后 3～5d，掌握在稗草萌动高峰时，每亩用丁草胺 45～60g 有效成分，采用毒土法撒施，撒施时田间灌浅水层，药后保水 5～6d。对瓜皮草等阔叶草较多的稻田，可将丁草胺与 2 甲 4 氯混用或用丁草胺与 10％农得时进行混用。每亩用 60％丁草胺乳油 50mL 加 20％ 2 甲 4 氯水剂 100mL，或加 10％农得时可湿性粉剂 6～8g，采用毒土法或喷雾法，施药时间可比单用丁草胺推迟 2d。此外丁扑、丁西、丁噁等用于插秧田。

（3）麦田和油菜田，在以看麦娘为主的麦田、油菜田，播种后出苗前每亩用 60％、50％丁草胺乳油 75～100mL，采用喷雾法。棉、麻、蔬菜田，一般在播种后出苗前，每亩用 60％、50％丁草胺乳油 75～100mL，采用喷雾法。

注意事项

（1）在秧田与直播稻田使用，60％丁草胺每亩用量不得超过 150mL，并切忌田面淹水。一般南方用量采用下限。早稻秧田若气温低于 15℃时施药会有不同程度药害，不宜使用。

（2）丁草胺对 3 叶期以上的稗草效果差，因此必须掌握在杂草 1 叶期以前，3 叶期使用，水不要淹没秧心。

（3）目前麦田除草一般不用丁草胺，丁草胺用于菜地若土壤水分过低会影响药效的发挥。

（4）丁草胺对鱼毒性较强，养鱼稻田不能使用。用药后的田水也不能排入鱼塘。

（5）丁草胺对人的眼睛和皮肤有一定的刺激性，施药时应注意防护。

登记情况及生产厂家　600g/L乳油，美国孟山都公司（PD137-91）；90%原药，山东胜邦绿野化学有限公司（PD2007 0025）等。

药害　水稻秧田用其作土壤表面封闭处理受害，表现出出苗、生长缓慢、茎叶弯曲、扭卷，芽鞘与幼叶的尖端枯干，植株萎缩，根系短小、弯曲。移植田用其拌土撒施受害，表现出心叶扭卷、弯曲、缩短，根系短小，植株萎缩，分蘖减少，叶色转浓，贪青晚熟，瘪粒增多。受害严重时，叶片由外向内枯干，根系变褐坏死。此外，还会导致病害加重。北方的移植田误用此药受害，表现出新生茎叶萎缩、扭曲，叶色浓绿，次生根、侧根和分蘖减少，植株生长缓慢，细弱矮小，贪青晚熟。

复配剂及应用

（1）65%噁草·丁草胺微乳剂，吉林金秋农药有限公司（LS2012 0381），防除水稻移栽田一年生杂草，直接瓶甩，推荐剂量为877.5～1072.5g/hm²。

（2）37.5%苄·丁可湿性粉剂，江苏富田农化有限公司（PD 20080080），防除水稻抛秧田一年生及部分多年生杂草，药土法，推荐剂量为675～843.8g/hm²。

毒草胺（propachlor）

$C_{11}H_{14}ClNO$，211.6，1918-16-7

其他名称　扑草胺，Ramrod，Bexton，Albrass，CP 31393

化学名称　α-氯代-N-异丙基乙酰替苯胺

理化性质　原药为淡黄褐色固体。熔点67～76℃。蒸气压4Pa（110℃）。常温下稳定，在酸、碱条件下受热分解。

毒性　65%可湿性粉剂对大鼠急性经口 LD_{50}＞1200mg/kg，10.4%水悬液对家兔急性经皮 LD_{50}＞380mg/kg，对眼睛有刺激性。鲶鱼 $LC_{50} > 1.3mg/L$。用 $133.3mg/kg$ 剂量每天饲喂狗，经 90d 观察，无异常现象。

防除对象　有效防除一年生禾本科杂草和某些阔叶杂草，如马唐、稗、狗尾草、早熟禾、看麦娘、藜、苋、龙葵、马齿苋等，对红蓼、苍耳效果差，对多年生杂草无效，对稻田稗草效果显著，有特效，使用安全，不易发生药害。毒草胺在土壤中残效期约30d。

使用方法　水稻秧田可在播后 $2\sim3d$，本田在插秧后 $3\sim5d$（杂草萌动出土前），每公顷用 20% 可湿性粉剂 $3.75\sim7.5kg$ 拌毒土撒施。旱地作物可在播后苗前进行土壤处理，每公顷用 20% 可湿性粉剂 $3\sim6kg$ 对水喷雾。气温高湿度大时效果好。毒草胺可与 2,4-滴、除草醚或草枯醚混用，以扩大杀草范围。

注意事项　毒草胺对皮肤刺激性很大，施药和拌药时必须戴上橡胶手套及口罩防毒用具。

异丙甲草胺 （metolachlor）

$C_{15}H_{22}ClNO_2$, 283.6, 51218-45-2

其他名称　甲氧毒草胺，莫多草，屠莠胺，稻乐思，毒禾草，都阿，杜耳，都尔，Dual，metetilachlor，dimethachlor，dimethyl，Bicep，Milocep，CGA 24705，CG 119

化学名称　2-氯 $6'$-乙基-N-(2-甲氧基-1-甲基乙基) 乙酰邻甲苯胺

理化性质　纯品异丙甲草胺是无色液体，原药则皆为棕色油状液体，沸点 $100℃$ （$0.133Pa$）。溶解性 （$20℃$）：水 $488mg/L$，与苯、甲苯、甲醇、乙醇、辛醇、丙酮、二甲苯、二氯甲烷、DMF、环己酮、己烷等有机溶剂互溶。

毒性　异丙甲草胺原药急性 LD_{50} （mg/kg）：大鼠经口 >2780，小鼠经口 >894，大鼠经皮 >3170。以 $15mg/(kg \cdot d)$ 剂量饲喂大鼠

90d，无异常现象；对兔皮肤和眼睛有轻微刺激性；对动物无致畸、致突变、致癌作用。

作用方式　主要被幼芽吸收，向上传导，抑制幼芽与根的生长。主要抑制发芽种子的蛋白质合成，其次抑制胆碱渗入磷脂，干扰卵磷脂形成。由于禾本科杂草幼芽吸收异丙甲草胺的能力比阔叶杂草强，因而该药防除禾本科杂草的效果远远好于阔叶杂草。

剂型　96％原药，720g/L乳油。

防除对象　可防除稗、马唐、狗尾草、画眉草等一年生杂草及马齿苋、苋、藜等阔叶性杂草。适用于马铃薯、十字花科、西瓜和茄科蔬菜等菜田除草。

使用方法

（1）直播甜椒、甘蓝、大萝卜、小萝卜、大白菜、小白菜、油菜、西瓜、育苗花椰菜等菜田除草，于播种后至出苗前，亩用72％乳油100g，对水喷雾处理土壤。

（2）移栽蔬菜田，如甘蓝、花椰菜、甜（辣）椒等，于移栽缓苗后，亩用72％乳油100g，对水定向喷雾，处理土壤。

注意事项

（1）瓜类、茄果类蔬菜使用浓度偏高时易产生药害，施药时要慎重。

（2）药效易受气温和土壤肥力条件的影响。温度偏高时和沙质土壤用药量宜低；反之，气温较低时和黏质土壤用药量可适当偏高。

登记情况及生产厂家　720g/L乳油，瑞士先正达作物保护有限公司（PD170-92）；96％原药，辽宁省大连瑞泽农药股份有限公司（PD20080584）等。

药害

（1）玉米　用其作土壤处理受害，表现出茎叶扭卷、弯曲，植株矮缩，次生根和侧根减少。受害严重时，外叶皱缩并紧包心叶。

（2）大豆　用其作土壤处理受害，表现出下胚轴和胚根稍微缩短、变粗、弯曲，叶片皱缩，叶尖稍微枯干，植株生长缓慢而不舒展。受害严重时，主生长点萎缩。

（3）花生　用其作土壤处理受害，表现出下胚轴和胚根缩短、变粗、弯曲，叶片缩小，叶色变淡，植株矮小、皱缩。受害严重时，下胚轴蜷曲变形，根尖变黑枯死，植株逐渐死亡。

（4）甜菜　用其作土壤处理受害，表现出出苗、生长缓慢，叶片稍微扭卷，植株缩小。受害严重时，生长点萎缩、消失，也有的叶片从边缘开始变黄、变褐枯死。

（5）水稻　北方的移植田误用此药受害，表现出心叶缩短，外叶变黄、早枯，植株矮缩，分蘖减少。

（6）棉花　用其作土壤处理受害，表现出出苗缓慢，子叶皱缩并于边缘产生褐斑，也有的变黄早枯，真叶亦稍皱缩，主根缩短并变黑褐，侧根也显著缩短，植株细小。

复配剂及应用

（1）34％苯・苄・异丙甲可湿性粉剂，湖南大方农化有限公司（PD20082674），防除水稻抛秧田一年生及部分多年生杂草，药土法，推荐剂量为 $204\sim255g/hm^2$（南方地区）。

（2）40％异甲・莠去津悬浮剂，江苏蓝丰生物化工股份有限公司（PD20085943），防除夏玉米田一年生杂草，播后苗前土壤喷雾，推荐剂量 $1200\sim1500g/hm^2$。

精异丙甲草胺（*S*-metolachlor）

（αRS,1S）　　　　　　　　　（αRS,1R）

$C_{15}H_{22}ClNO_2$，283.6，87392-12-9（S体），178961-20-1（R体）

其他名称　金都尔

化学名称　（αRS，1S）-2-氯-6′-乙基-N-（2-甲氧基-1-甲基乙基）乙酰邻甲苯胺（80％～100％），　［（αRS，1S）-isomers］；（αRS，1R）-2-氯-6′-乙基-N-（2-甲氧基-1-甲基乙基）乙酰邻甲苯胺（0～20％）

理化性质　纯品精异丙甲草胺都是无色液体，原药则皆为棕色油状液体，沸点334℃（101325Pa）。溶解性（20℃）：水488mg/L，与苯、甲苯、甲醇、乙醇、辛醇、丙酮、二甲苯、二氯甲烷、DMF、环己酮、己烷等有机溶剂互溶。

毒性　精异丙甲草胺原药急性 LD_{50}（mg/kg）：大鼠经口＞2672，兔、鼠经皮＞2000。对兔皮肤和眼睛无刺激性。

作用方式　是先正达公司在全球最大的选择性除草剂——都尔的基础上开发的新一代高科技产品。通过增加高活性异构体的浓度，使每100mL金都尔的活性相当于都尔160mL。金都尔是选择性芽前除草剂。主要被萌发杂草的芽鞘、幼芽吸收而发挥杀草作用。通过使用剂量的降低，能大大减少生产、运输、包装容器对环境的影响，体现了先正达的社会责任。金都尔不仅具有都尔的所有优点，而且在安全性和防治效果上更胜一筹。

金都尔对多种单、双子叶作物安全，在单、双子叶作物间作套种时使用仍十分安全。在低温、高湿气候下，或是在积水、低洼田使用同样安全。金都尔在田间的持效期为50～60d，有足够的时间控制封行前的杂草。施药12周后一般不会给后茬作物带来不利影响。对多种单子叶杂草、一年生莎草及部分一年生双子叶杂草有高度防效，如稗、马唐、千金子、狗尾草、牛筋草、蓼、苋、马齿苋、碎米莎草及异型莎草等。

剂型　960g/L乳油，96%原药。

登记情况及生产厂家　960g/L乳油，先正达（苏州）作物保护有限公司（PD20050187）；96%原药，瑞士先正达作物保护有限公司（PD20050188）等。

药害

（1）玉米　用其作土壤处理受害，表现出茎叶弯曲、扭卷、皱缩，植株变矮。受害严重时，会使外叶与心叶长期扭卷缠绕在一起，并造成植株严重皱缩。

（2）大豆　用其作土壤处理受害，表现出下胚轴弯曲、缩短并稍变粗，主根、尤其侧根显著缩短，根尖褐枯，不生毛根，叶片皱缩，叶缘枯干，植株生长缓慢。

（3）花生　用其作土壤处理受害，表现出出苗、生长缓慢，植株矮小，下胚轴和胚根缩短、变粗，叶色变淡绿。受害严重时，根部变褐，根尖坏死，基叶黄枯。

（4）棉花　用其作土壤处理受害，表现出出苗、生长迟缓，有的带壳出土，子叶皱缩，叶色淡绿，下胚轴和根系缩短、变粗，不生毛根，植株矮小。

苯噻（酰）草胺 （mefenacet）

$C_{16}H_{14}N_2O_2S$，286.2，73250-68-7

其他名称　除稗特，苯噻酰草胺，Hinochloa，Rancho，FOE 1976，Bay FOE 1976，NTN 801

化学名称　2-苯并噻唑-2-氧基-N-甲基乙酰（替）苯胺，2-(1,3-苯并噻唑-2-氧基)-N-甲基乙酰苯胺

理化性质　纯品苯噻草胺为无色固体，熔点134.8℃。溶解性（20℃，mg/L）：水4，乙酸乙酯20~50，丙酮60~100，乙腈30~60，二氯甲烷>200，甲苯20~50，二甲基亚砜110~220。

毒性　苯噻草胺原药急性 LD_{50}（mg/kg）：大鼠、小鼠、狗经口>5000；大、小鼠经皮>5000。对兔皮肤和眼睛无刺激性；以100mg/kg剂量饲喂大鼠两年，未发现异常现象。

作用方式　本剂属酰苯胺类除草剂，是细胞生长和分裂抑制剂。对母细胞的分裂有特别强的抑制作用。据观察，该药剂在植物生长点处，于细胞繁殖周期的静止期、代谢期起作用，通过抑制细胞分裂、细胞增大，阻碍稗草的生长直至死亡。受药稗草的外观症状是：茎叶部和根部的生长点异常肥大，叶鞘、叶身变浓绿，植株生长受抑，最终茎叶变黄枯死。稗草枯萎时间随叶龄增大而延长。

剂型　95％原药，50％可湿性粉剂。

防除对象　本品主要用于移栽稻田，可有效防除禾本科杂草，对稗草有特效，稗草在发生前至3叶期均能杀死。对牛毛毡、泽

泻、鸭舌草、节节菜、异型莎草、扁穗莎草、具芒碎米莎和多年生水莎草等防效也很好。

使用方法　在移栽稻田，移栽后 3～10d（稗草 2 叶期），3～14d（稗草 3 叶或 3.5 叶期）施药，施药方法为灌水撒施。剂量：4%苯噻草胺颗粒剂 30～40.5kg/hm²。对稗草的有效药量，因叶龄大小而异：1.5 叶、2.5 叶、3.5 叶、4 叶分别为有效成分 495g/hm²、1005g/hm²、1500g/hm²、1995g/hm²。药效在稻田内的维持时间因用药量而异：有效成分 67g 30d，100g 50d，133g 60d。本剂水中溶解度仅 4mg/L，土壤吸附力强，渗透少，在一般水田条件下，施药量的大部分分布在表层 1cm 以内，形成处理层，秧苗的生长不要与此层接触。苯噻草胺对移栽水稻有优异的选择性。也可用 50%苯噻草胺乳油防除旱田杂草，每公顷 8kg 作杂草芽前土表处理，对稗草、升马唐、碎米莎草、风苑菜、马齿苋、荠、繁缕有良好防效。

登记情况及生产厂家　95%原药，辽宁省大连瑞泽农药股份有限公司（PD20070651）；50%可湿性粉剂，江苏常隆农化有限公司（PD20080130）等。

药害

（1）水稻　秧田用其作土壤封闭处理受害，表现出胚芽弯曲，芽鞘变褐及尖端枯干，幼苗生长缓慢、萎缩，根系短小。受害严重时，心叶扭曲、萎缩，外叶变褐、枯死。移植田用其拌土撒施受害，表现出心叶的叶鞘和叶片缩短，植株矮缩，分蘖少而变小、弯曲，根系细小，生长缓慢。

（2）小麦　用其作土壤处理受害，表现出茎叶扭卷、弯曲、变短，植株萎缩，根系细小。受害较重时，心叶基部缩成粗节状、肿瘤状，并于茎的下端重新发出一个生长正常的、与之成对的"孪生苗"。

氟丁酰草胺（beflubutamid）

C$_{18}$H$_{17}$F$_4$NO$_2$，355.2，113614-08-7

化学名称　N-苄基-2-(α,α,α,4-四氟间甲基苯氧基)丁酰胺

理化性质　纯品氟丁酰草胺为绒毛状白色粉状固体，熔点75℃。溶解性（20℃，g/L）：水 0.00329，乙酸乙酯＞571，丙酮＞600，二氯甲烷＞544，二甲苯 106。

毒性　氟丁酰草胺原药急性 LD_{50}（mg/kg）：大鼠经口＞5000、经皮＞2000。对兔皮肤和眼睛无刺激性；以 29mg/(kg·d)剂量饲喂大鼠 90d，未发现异常现象；对动物无致畸、致突变、致癌作用。

药剂特点　是由日本宇部兴株式会社研发的选择性除草剂，1999 年首次在英国布莱顿植保会议上报道。该除草剂在作物芽后早期施用，对小麦、大麦、黑麦和黑小麦等作物田间的阔叶杂草如阿拉伯婆婆纳、野芝麻和地堇菜等有卓越的防效。主要用于小麦田苗后防除重要的阔叶杂草，使用剂量为 170～251g/hm²，比异丙隆效果好。

吡氟草胺（diflufenican）

$C_{19}H_{11}F_5N_2O_2$，394.3，83164-33-4

化学名称　2′,4′-二氟-[2-(3-三氟甲基苯氧基)]-3-吡啶酰苯胺

理化性质　纯品为无色晶体。溶解度：水 0.05mg/L，二甲基甲酰胺 100g/kg，苯乙酮、环己酮 50g/kg，环己烷、2-乙氧基乙醇、煤油＜10g/kg，3,5,5-三甲基环己-2-烯酮 35g/kg，二甲苯 20g/kg。

毒性　大鼠急性经口＞2000mg/kg、小鼠＞1000mg/kg、大鼠急性经皮＞2000mg/kg。在 14d 的亚急性试验中，在 1600mg/kg 饲料的高剂量下，对大鼠无不良影响，试验表明无诱变性。对兔皮肤和

眼睛无刺激作用。大鼠 2 周饲喂试验无作用剂量为 1600mg/kg。动物试验未见致畸、致突变作用。

作用方式　在杂草发芽前后施用，可在土表形成抗淋溶的药土层，在作物整个生长期保持活性。杂草萌发，由药土层幼芽或根系吸收药剂，本剂具有抑制类胡萝卜素生物合成作用，吸收药剂的杂草植株中类胡萝卜素含量下降，导致叶绿素被破坏，细胞膜破裂，杂草则表现为幼芽褪色或变白色，最后整株萎蔫死亡。死亡速度与光的强度有关，光强则快，光弱则慢。

防除对象　能防除绝大部分一年生阔叶杂草，尤其是猪殃殃、婆婆纳和堇菜杂草，对莎草科杂草也有效。如与其他防除禾本科杂草的除草剂混用，可扩大杀草谱。

使用方法

（1）冬麦田除草　吡氟草胺杀草谱宽，可防除大部分阔叶杂草；施药适期较长，可在播种期至初冬施用；在土壤中的药效期较长，可兼顾后来萌发的猪殃殃、婆婆纳、堇菜等，以及春季延期萌发的杂草如蓼；药效稳定，基本不受气候条件影响。施药期：在芽前或芽后及早使用，对冬麦安全，但芽前施药遇持续大雨，尤其是芽期降雨，可造成作物叶片暂时褪色，但可很快恢复，小麦的耐药性强于大麦和黑麦。该药未登记用于燕麦田。春麦比冬麦耐药性差，在芽后早期施药安全性有所提高。此药芽前单用，需精细平整土地，播后严密盖种，然后施药，药后不能翻动表土层。

（2）混用　可与防除禾本科杂草的除草剂混用，适合与之混用的除草剂有：异丙隆，根据防除对象需要确定混配比率，已开发了几种混剂配方；草不隆，在禾本科杂草发生量中等时与之混用；绿麦隆，效果好，安全性高。

（3）用量　一般以每公顷 125～150g 为宜，若防除猪殃殃，每公顷用量为 180～250g。

注意事项　可在杂草芽前或芽后使用。对伞形科（胡萝卜）和菊科的一些属，几乎无效。

氟噻草胺（flufenacet）

C₁₂H₁₃F₄N₃O₂S，339.2，142459-58-3

其他名称　fluthiamide, thiadiazlamide

化学名称　4′-氟-N-异丙基-N-2-（5-三氟甲基-1,3,4-噻二唑-2-氧基）乙酰苯胺

理化性质　纯品氟噻草胺为白色或棕色固体，熔点 75~77℃。溶解性（25℃，g/L）：水 0.056，丙酮、DMF、二氯甲烷、甲苯、二甲基亚砜＞200。

毒性　氟噻草胺原药急性 LD₅₀（mg/kg）：大鼠经口 1617（雄），589（雌）；经皮＞2000。以 25mg/kg 剂量饲喂大鼠两年，无异常现象。对兔皮肤和眼睛无刺激性；对动物无致畸、致突变、致癌作用。

作用方式　是由拜耳作物科学公司发现，1995 年在英国布赖顿植保会议上介绍的除草剂品种。该活性成分与苯噻酰草胺一样同属芳氧乙酰胺类化合物，与氯代乙酰胺类除草剂具有类似的杂草防治谱，可以广泛防除一年生禾本科杂草、莎草和一些小粒阔叶杂草。氟噻草胺主要用于土壤处理，芽前、芽后皆可使用。氟噻草胺广泛用于许多作物，是阔叶杂草除草剂的优秀复配物，与其复配的活性成分主要有：嗪草酮（metribuzin）、磺草唑胺（metosulam）、吡氟酰草胺（diflufenican）、二甲戊灵（pendimethalin）以及异噁唑草酮（isoxaflutole）。

异噁草胺（isoxaben）

C₁₈H₂₄N₂O₄，332.4，82558-50-7

其他名称 Brake，Flexidor，EL-107

化学名称 N-[3-(1-乙基-1-甲基丙基)-1,2-噁唑-5-基]-2,6-二甲氧基苯甲酰胺

理化性质 纯品异噁草胺为无色晶体，熔点 176～179℃。溶解性（20℃，mg/L）：水 1.42，甲醇、二氯甲烷、乙酸乙酯 500～1000，乙腈 300～500，甲苯 40～50。水溶液容易发生光分解。

毒性 异噁草胺原药急性 LD_{50}（mg/kg）：大、小鼠经口＞10000，狗经皮＞5000。以 5.6mg/(kg·d) 剂量饲喂大鼠两年，无异常现象；对兔眼睛能引起轻微结膜炎，对蜜蜂无明显危害；对动物无致畸、致突变、致癌作用。

作用方式 本品属酰胺类除草剂，是细胞分裂抑制剂。

剂型 胶悬剂、可湿性粉剂（多与其他单剂复配）。

防除对象 阔叶杂草，如母菊属、繁缕、蓼属、婆婆纳属和堇菜属。

使用方法 以 75～125g/hm² 芽前施药，可防除禾谷类作物、树木、葡萄和草坪中的阔叶杂草，如母菊、繁缕、蓼、婆婆纳和堇菜等杂草。但要防除早熟禾需与其他除草剂联合使用。豌豆和蚕豆对本药剂有较好的耐药性，本药剂可与绿麦隆混用。

噁唑酰草胺（metamifop）

$C_{23}H_{18}ClFN_2O_4$，440.7，256412-89-2

化学名称 (R)-2-[(4-氯-1,3-苯并噁唑-2-基氧)苯氧基]-2'-氟-N-甲基丙酰替苯胺

理化性质 外观为淡棕色粉末，熔点 77.0～78.5℃，20℃下分配系数（辛醇/水）lg$P$＝5.45（pH＝7），蒸气压 1.51×10^{-4} Pa（25℃），水中溶解度 0.69mg/L（20℃，pH＝7）。

毒性 大鼠急性 LD_{50}（mg/kg）：经口＞2000，经皮＞2000。

急性吸入毒性 $LC_{50} > 2.61mg/L$。对皮肤和眼无刺激，皮肤接触无致敏反应。Ames 试验、染色体畸变试验、细胞突变试验、微核细胞试验均为阴性。

作用方式 由韩国化工技术研究院开发的芳氧苯氧丙酸酯类除草剂，属 ACCase 抑制剂，能抑制植物脂肪酸的合成。用药后几天内敏感品种出现叶面褪绿，抑制生长，有些品种在施药后 2 周出现干枯，甚至死亡。

剂型 96％原药，10％乳油。

防除对象 对水稻安全，可有效防除水稻田主要杂草，如稗草、千金子、马唐和牛筋草，主要用于移栽和直播稻田除草。

使用方法 移栽稻、水直播稻，施药时放干田水，按适当的亩用药量，对水 30kg 喷雾。药后 24h 后覆水，以马唐为主的稻田尤其要注意覆水控草，否则马唐易复发。旱直播稻喷药时土壤要湿润，按适当的亩用药量，对水 30kg 喷雾（使用手动喷雾器）。

注意事项 禁止使用迷雾机，每亩用水量不少于 30kg；单独使用，不要和其他农药或助剂混用；水稻 3 叶期后用药较为安全。

登记情况及生产厂家 96％原药，韩国东部韩农株式会社（PD20101576）；10％乳油，江苏省苏州富美实植物保护剂有限公司（PD20101577）等。

稗草胺（clomeprop）

$C_{16}H_{15}Cl_2NO_2$，324.1，84496-56-0

其他名称 Yukaltope

化学名称 （RS)-2-(2,4-二氯-3-甲苯氧基）丙酰苯胺

理化性质 纯品为无色结晶体，水中溶解度（25℃）0.032mg/L。其他溶剂中溶解度（g/L，20℃）：丙酮 33，环己烷 9，二甲基甲酰胺 20，二甲苯 17。

毒性 急性经口 LD_{50}（mg/kg）：雄大鼠 5000，雌大鼠 3250，小鼠＞5000。大、小鼠急性经皮＞5000mg/kg。水稻禾谷壳中未检测到（检测极限为 0.005mg/kg）。大鼠急性吸入 LC_{50}（40h）＞1.5mg/L 空气。大鼠两年喂养试验无作用剂量为 0.62mg/(kg·d)。鲤鱼、泥鳅、虹鳟鱼 LC_{50}（45h）＞10mg/L。

作用方式 本品是选择性芽前和芽后稻田除草剂，通过干扰植物的激素平衡而杀死杂草。本品属 2-芳氧基链烷酸类除草剂。与丙草胺联用，可防除稻田中的阔叶杂草和莎草属杂草。本剂在土壤中的移动性小，半衰期约 22d，对水稻安全，对环境无影响。

剂型 Cente，CGM-GR（本品＋丙草胺）。

防除对象 对一系列阔叶和莎草科杂草有显著的除草活性，见表 8-2。可防除水田的杂草，对稗草有很高的防效。

表 8-2　稗草胺杀草谱（剂量 500g/hm²）

杂草	萌发期		杂草	萌发期	
	芽前	早期芽后		芽前	早期芽后
多年生矮慈姑	中	较好	一年生鸭舌草	很好	很好
萤蔺	很好	很好	节节菜	很好	很好
牛毛毡	很好	很好	陌上菜	很好	很好
水三棱	差	差	异型莎草	很好	很好
荸荠	差	差	稻稗	差	差
狭叶泽泻	很好	很好			

杀草胺 （shacaoan）

$$C_{13}H_{18}ClNO，239.6，13508-73-1$$

化学名称 N-异丙基-α-氯代乙酰替邻乙基苯胺

理化性质 工业品为红棕色油状液体，纯品为白色晶体，熔点 38～40℃，沸点 159～161℃（6×133.3Pa）。难溶于水，易溶于乙醇、丙酮、苯、甲苯、二氯乙烷。对稀酸稳定，碱性条件下水解。

毒性　小白鼠急性经口 $LD_{50}>432mg/kg$，对皮肤有刺激，接触高浓度药液有灼疼感，对鱼有毒。

作用方式　为选择性芽前土壤处理剂。可杀死萌芽前期的杂草。药剂主要由杂草的幼芽吸收，其次是根吸收。作用原理是抑制蛋白质合成，使根部受到强烈抑制而产生瘤状畸形，心叶卷曲萎缩，最后枯死。杀草胺不易挥发，不易光解，在土壤中主要被微生物降解，持效期 20d 左右。

剂型　50%乳油。

防除对象　主要用于水稻插秧田除草，也可用于大豆、花生、棉花、玉米、油菜和多种蔬菜等旱地作物。可防除一年生单子叶杂草、莎草和部分双子叶杂草，如稗草、鸭舌草、水马齿苋、三棱草、牛毛草、马唐、狗尾草、灰菜等。杀草胺的除草效果与土壤含水量有关，因此该药若在旱田使用，适于在地膜覆盖栽培田、有灌溉条件的田块以及夏季作物及南方的旱田应用。

使用方法　水稻插秧田：在插秧后 3~5d 施药，每亩用 60%乳油 100~150mL。施时先将药剂拌入少量细沙，然后混入潮湿土中制成毒土，或制成毒肥，再均匀撒施于田中，施药后保持 5~7d浅水层，不排水，也不能串灌。旱田作物施药：在播种覆土后杂草出土前均匀喷雾于土表。每亩用 60%乳油 250~300mL，夏季作物及南方旱田用 200~300mL，蔬菜田每亩用 250~300mL。地膜田应在覆膜前施药。

注意事项

（1）杀草胺的除草效果，土壤潮湿才能充分发挥，因此该药适于在地膜覆盖田，有灌溉条件的田块以及夏季作物及南方的旱田应用。

（2）水稻幼芽对杀草胺比较敏感，故不宜在水稻秧田使用。

（3）杀草胺只能杀死萌芽的杂草，故应掌握在杂草出土前施药。

（4）杀草胺对鱼类毒性高，应防止污染河水及鱼塘。

（5）杀草胺对皮肤有刺激作用。施药时要穿长裤、长袖衣服，戴手套和口罩，操作时严禁抽烟、喝水、吃东西。中毒症状为头晕、头痛、噁心、呕吐、胸闷抽搐、昏迷。若中毒应及时寻医对症治疗。

登记情况及生产厂家　50％乳油，浙江威尔达化工有限公司（PD20081868）。

敌草胺（napropamide）

$C_{17}H_{21}NO_2$，271.2，15299-99-7

其他名称　萘丙酰草胺，大惠利，草萘胺，萘氧丙草胺，Pronamide，Waylay

化学名称　N,N-二乙基-2-(1-萘基氧) 丙酰胺

理化性质　纯品为白色结晶，熔点 75℃。溶解度（mg/L）：水（20℃）70、二甲苯 505、丙酮＞1000、乙醇＞1000（25℃）。蒸气压 0.53Pa(25℃)。

毒性　大白鼠急性经口 LD_{50}＞5000mg/kg，白兔急性经皮 LD_{50}＞4640mg/kg，小白鼠急性经皮＞2000mg/kg，大白鼠、小白鼠（雄、雌）皮下注射 LD_{50}＞7000mg/kg，鱼毒鲤鱼 LC_{50}＞13mg/L(48h)。

作用方式　为选择性芽前土壤处理剂，杂草根和芽鞘能吸收药液，抑制细胞分裂和蛋白质合成，使根生长受影响，心叶卷曲最后死亡。可杀死萌芽期杂草。

剂型　96％原药，50％可湿性粉剂，50％水分散粒剂，20％乳油。

防除对象　可防除稗草、马唐、狗尾草、野燕麦、千金子、看麦娘、早熟禾、雀稗等一年生禾本科杂草，也能杀部分双子叶杂草，如藜、猪殃殃、繁缕、马齿苋等。

使用方法

(1) 辣椒、番茄、茄子等作物田　可在作物播后苗前或移栽后，灌水或降雨后，土壤潮湿的情况下施药，$1500\sim2500g/hm^2$，对水 50kg 喷雾。

(2) 油菜、白菜、芥菜、菜花、萝卜等十字花科作物直播或移植田　可在播后苗前或移植后，土壤湿润情况下施药，$1500\sim1800g/hm^2$，对水 50kg 喷雾，也可拌潮湿细土 150kg，均匀撒施。

(3) 大豆、花生及其他豆科作物　在播后苗前，$1500\sim2250g/hm^2$，对水 50kg 喷雾。

(4) 烟草苗床，可于播前喷雾，$1500\sim2250g/hm^2$，本田可于烟草移植后施药，$1800\sim3000g/hm^2$，对水 50kg，喷雾，土壤干旱时，可浅湿土 $3\sim5cm$。

(5) 果园、茶园、桑园　可在春秋季杂草萌发前，$3750\sim5250g/hm^2$，对水 50kg 定向喷雾。与其他除草剂混用，各自药量减半，可扩大杀草谱，提高除草效果。

注意事项

(1) 在土壤干燥的条件下用药，防除效果差，应在施药后进行混土或土壤干旱时进行灌溉。

(2) 敌草胺对芹菜、茴香、胡萝卜等有药害，不宜使用。

(3) 敌草胺对已出土的杂草效果差，故应早施药。

(4) 春夏季日照长，光解敌草胺多，用量应高于秋季。

登记情况及生产厂家　96％原药，四川省宜宾川安高科农药有限责任公司（PD20070108）；50％可湿性粉剂，利尔化学股份有限公司（PD20091089）；50％水分散粒剂，河南省郑州志信农化有限公（PD20098469）；20％乳油，江苏快达农化股份有限公司（PD20080996）等。

萘丙胺（maproanilide）

$C_{19}H_{17}NO_2$，291.2，52570-16-8

其他名称　拿草胺，Uribest，MT 101

化学名称　2-(2-萘氧基）丙酰替苯胺

理化性质　纯品为白色晶体，无气味。熔点 128℃，相对密度 1.256(25℃)，蒸气压 66.66Pa(110℃)。27℃时溶解度：丙酮 117g/L，苯 36g/L，甲苯 42g/L，乙醇 17g/L，水 0.74mg/L。在中性及弱酸性溶液中稳定，在碱性或热强碱性溶液中不稳定。原药对光稳定，但对水后药液不稳定。土壤中半衰期为 2～7d，1 个月内消失。

毒性　急性经口 LD$_{50}$（mg/kg）：雄、雌大鼠＞1500，雌、雄小鼠＞2000。急性经皮 LD$_{50}$（mg/kg）：雄、雌大鼠＞3000，雌、雄小鼠＞5000。雄大鼠腹腔注射 LD$_{50}$＞2170mg/kg，雌大鼠＞2800mg/kg，雄小鼠＞1710mg/kg，雌小鼠＞1451mg/kg。对大鼠和狗的慢性毒性和致畸性试验均证明十分安全，对鱼类无毒性，糙米中残留量低于 0.004mg/kg。

药剂特点　对一年生和多年生杂草有触杀作用，如瓜皮草、萤蔺、牛毛毡、水莎草、泽泻、节节菜等。但该除草剂对稗草无效，与杀草丹或去草胺以及丁草胺混用，对稗草的防效很好。该药剂具有极强的杀草力，有相加和增效的作用；杀草谱较广，几乎所有的一年生和多年生杂草都能被除掉；持效期长，在 40～45d 内能有效地控制杂草生长；对水稻安全。

戊炔草胺（propyzamide）

$C_{12}H_{11}Cl_2NO$，256.13，23950-58-5

其他名称　拿草特，Pronamide，Kerb，Poakil

化学名称　3,5-二氯-*N*-(1,1-二甲基丙炔基) 苯甲酰胺

理化性质　戊炔草胺纯品为无色结晶固体，熔点 155～156℃。蒸气压 11.3MPa(25℃)。水中溶解度 15mg/L(25℃)，易溶于许多脂肪族和芳香族溶剂。室温下稳定。

毒性　大鼠急性经口 LD$_{50}$（mg/kg）：雄 8350，雌 5620。兔急

性经皮 $LD_{50} > 3160mg/kg$。WP 剂型对眼睛和皮肤有轻微刺激。大鼠急性吸收 $LC_{50} > 5.0mg/L$。亚急性研究表明，对狗和大鼠无作用剂量为 300mg/kg 饲料。日本鹌鹑急性经口 LD_{50} 为 8770mg/kg，野鸭 14mg/kg。鱼毒 LC_{50}：金鱼 35kg/L，虹鳟鱼 72mg/L。

作用方式　是芽后处理的选择性除草剂。该药主要被根系吸收传导，干扰细胞的有丝分裂。

剂型　50%可湿性粉剂。

防除对象　一年生杂草和某些多年生杂草，如野燕麦、宿根高粱、狗牙根、马唐、稗、早熟禾、莎草等。

使用方法　500～2000g/hm² 在草坪、小粒种子豆科作物作芽后茎叶处理。在莴苣和某些阔叶作物作芽前土壤处理。不可与其他农药混用。

敌稗 （propanil）

$C_9H_9Cl_2NO$，218.0，709-98-8

其他名称　斯达姆，Stam，Suercopur，Rogue，DCPA，Supernox，Stam F34，FW 734

化学名称　3,4-二氯苯基丙酰胺

理化性质　纯品为白色无臭的针状结晶，熔点 92～93℃。工业品为浅棕色至灰褐色固体，熔点 85～89℃，60℃时蒸气压 12×10^{-6} mPa，相对密度 1.25。20℃时水中溶解度 225mg/L，在下列溶剂中溶解度（%）：环己酮 35、二甲苯 3、二甲基甲酰胺 60、甲苯 3、甲乙酮 25。一般情况下，对酸、碱、热及紫外光较稳定，遇强酸易水解，在土壤中较易分解。

毒性　敌稗属于低毒品种，对人畜安全。原药对大鼠经口 $LD_{50} > 1384mg/kg$，小鼠 $> 4000mg/kg$；兔经皮急性 $LD_{50} > 7080mg/kg$。大鼠喂养两年无作用剂量为 400mg/kg 饲料。鲤鱼 LC_{50}(48h)$>13mg/L$。

作用方式　敌稗是具有高度选择性的触杀型除草剂。在水稻体内被芳基羧基酰胺酶水解成3,4-二氯苯胺和丙酸而解毒,稗草由于缺乏此种解毒机能,细胞膜最先遭到破坏,导致水分代谢失调,很快失水枯死。敌稗遇土壤后分解失效,仅宜作茎叶处理。

剂型　97%原药,16%乳油。

防除对象　可防除稗草,也可防除水马齿、鸭舌草和旱稻田马唐、狗尾草、野苋等。

使用方法

(1) 水稻秧田　在稗草1叶1心、稻苗立针时每亩用20%乳油750～1000mL,加水30kg喷雾。喷药前排干田水,喷药后1～2d不灌水,使稗草整株受害,在晒田后灌深水淹没稗心两昼夜,可提高杀稗效果。薄膜育秧田可在揭膜后2～3d用药,用20%乳油750mL,对水30kg作茎叶喷雾处理。

(2) 水稻插秧田　于插秧后稗草1叶1心期,亩用20%敌稗乳油1000mL;稗草2～3叶期,亩用1000～1500mL,加水30kg。喷药前排干田水,选择晴天无风天气,在露水干时喷药,药后1～2d不灌水,晒田后再灌水淹稗心2d,可提高防稗效果,敌稗可与多种除草剂混用扩大杀草谱。

(3) 水稻直播田　水稻立针时用20%乳油250～500mL与除草醚150～250mL混用,对水30～40kg,排干水后喷药。以稗草为主的田块在稗草2叶期用20%乳油1000mL作茎叶处理,方法同秧田。

(4) 旱直播田,水稻2～3叶期,稗草1～2叶期用20%敌稗乳油100mL,加水30～50kg,茎叶处理,或者与杀草丹、噁草灵、丁草胺、除草醚、2甲4氯等药剂混用,扩大杀草谱。

注意事项

(1) 由于氨基甲酸酯类、有机磷类杀虫剂能抑制水稻体内敌稗解毒酶的活力,因此水稻在喷施敌稗前后十天之内不能使用这类农药。

(2) 敌稗与2,4-D丁酯混用,即使混入不到1%的2,4-D丁酯也会引起水稻药害,因此应避免敌稗与2,4-D丁酯一起施用。

(3) 应选晴天、无风天气喷药,气温高除草效果好,并可适当降低用药量，杂草叶面潮湿会降低除草效果，要待露水干后再施用，避免雨前施用。

（4）盐碱较重的秧田，由于晒田引起泛盐，也会伤害水稻，可在保浅水或秧根湿润情况下施药，施药后不等泛碱，及时灌水和洗碱，以免产生碱害。

（5）施药时要穿防护衣、裤，戴口罩、手套，施药后要用肥皂洗手、洗脸。严禁抽烟、喝水、吃东西。

（6）喷药器具用过后要及时用水冲洗干净。

（7）中毒症状有头痛、头晕、恶心、呕吐、幼视、神志模糊、口唇紫绀、胸闷、谵语、抽搐、昏迷等症状。治疗措施应对症治疗，紫绀时可用美蓝治疗。静脉注射硫酸钠有一定效果。

（8）本品易燃，在运输、贮存时必须注意防火，远离火源。

（9）敌稗易挥发，应密封贮存在阴凉处。贮存中会出现结晶。使用时略加热，待结晶溶化后再稀释使用。

登记情况及生产厂家　97％原药，黑龙江省鹤岗市清华紫光英力农化有限公司（PD20070407）；16％乳油，辽宁抚顺丰谷农药有限公司（PD85101）等。

药害

（1）小麦　用其作茎叶处理受害，表现出着药叶片的尖端呈水渍状变色，然后再变黄白而枯萎，植株生长也随之停顿，但对药后长出的新叶基本无害。

（2）水稻　秧田用其作茎叶处理受害，表现出叶尖先呈水渍状变色，然后变黄或黄褐而枯干，秧苗生长停顿。受害严重时，会使大部分叶片黄枯，恢复生长较慢。

（3）棉花　受其飘移危害，表现出在子叶上产生块状黄白或灰白色枯斑，幼嫩真叶枯萎。

溴丁酰草胺 （bromobutide）

$C_{15}H_{21}BrNO$，311.1，74712-19-9

其他名称　Sumiberb

化学名称　2-溴-N-(α，α-二甲基苄基)-3,3-二甲基丁酰胺

理化性质　无色至淡黄色晶体，原药为无色至黄色晶体。25℃溶解度（g/L）：己烷 0.5，甲醇 35，二甲苯 4.7，水 3.54mg/L（26℃）。

毒性　大小鼠急性 LD_{50}（mg/kg）：经口＞5000，经皮＞5000。对兔皮肤无刺激作用，对兔眼睛有轻微的刺激作用，通过清洗可以消除。大、小鼠（2 年）饲喂试验的结果表明，无明显的有害作用。Ames 试验表明，无致突变性；两代以上的繁殖研究结果表明：对繁殖无异常影响。鲤鱼 LC_{50}（48h）＞10mg/L。

作用方式　该药剂抑制根末端的细胞分裂，对光合作用和呼吸作用稍有影响；该药剂的基本作用点在于分生组织。

剂型　混剂 Knock-Wan，颗粒剂（50g 本品＋70g 苄草唑）；Sario，颗粒剂（50g 本品＋70g 吡唑特）；Sinzan，颗粒剂（40g 本品＋35g 苯噻草胺＋70g 萘丙胺）；Leedzon，颗粒剂（40g 本品＋40g 吡唑特＋35g 苯噻草胺）。

防除对象　能有效地防除一年生杂草，如稗草、鸭舌草、母草、节节菜，以及多年生杂草，如细杆萤蔺、牛毛毡、铁荸荠、水莎草和瓜皮草。

使用方法　以 1500～2000g/hm^2 剂量芽前或芽后施用。对细杆萤蔺，甚至在低于 100～200g/hm^2 剂量下防效仍很高。

克草胺 （ethachlor）

$C_{13}H_{18}ClO_2$，255.7

化学名称　2-乙基-N-(乙氧甲基)-α-氯代乙酰基替苯胺

理化性质　原油为红棕色油状液体，沸点 200℃ （2.67kPa），相对密度 1.058 （25℃）。不溶于水，可溶于丙酮、二氯丙烷、乙酸、乙醇、苯、二甲苯等有机溶剂，在强酸或强碱条件下加热均可

水解。25％克草胺乳油外观为红棕色油状液体，相对密度 0.93，闪点 40℃。水分含量≤0.5％。pH 为 5～8。乳液稳定性合格。

毒性　克草胺属低毒除草剂。原药雄小鼠急性经口 LD_{50} 为 774mg/kg，雌小鼠经口 LD_{50} 为 464mg/kg，Ames 试验和染色体畸变分析试验为阴性。对眼睛黏膜及皮肤有刺激作用。25％乳油雄性小鼠急性经口 LD_{50} 为 1470mg/kg，雌小鼠经口 LD_{50} 为 1470mg/kg，小鼠经皮 LD_{50} 为 1470mg/kg。

剂型　25％克草胺乳油。

作用方式　克草胺为选择性芽前土壤处理剂。原药主要被杂草的芽鞘吸收，其次由根部吸收，抑制蛋白质的合成，阻碍杂草的生长而使其致死。其除草效果与杂草出土前后的土壤湿度有关。药剂的持效期 40d 左右。

防除对象　可用于水稻插秧田防除稗草、牛毛草等稻田杂草。也可以用于覆膜或有灌溉条件的花生、棉花、芝麻、玉米、大豆、油菜、马铃薯及十字花科、茄科、豆科、菊科、伞形花料多种蔬菜田，防除一年生单子叶及部分阔叶杂草。

使用方法

（1）水稻田　水稻插秧后 4～7d 稻苗完全缓苗后施药。每亩用 25％乳油 100～150mL（有效成分 25～37.5g），与潮湿细土或化肥混合均匀后撒施。在秧田使用，每亩用药量最多不能超过 200mL，而且用药要及时，否则易发生药害或除草效果不佳。

（2）花生、棉花等作物田　覆膜前每亩用 25％乳油 300～550mL（有效成分 75～137.5g），加水 30～50L 均匀喷雾。蔬菜田可参考上述用药量及施药方法。旱田可以与绿麦隆或扑草净混用。每亩用 25％克草胺乳油 267mL 加 25％绿麦隆可湿性粉剂 133g 或 50％扑草净可湿性粉剂 67g，对水喷雾，施药后覆盖。

注意事项

（1）克草胺的除草活性高于丁草胺，而对水稻的安全性低于丁草胺，因此在水稻本田应用时应严格掌握施药时间及用药量。

（2）不宜在水稻秧田、直播田及小苗、弱苗和漏水的移栽田使用。

（3）水稻芽期及黄瓜、菠菜、高粱等对克草胺敏感，克草胺不宜在上述作物田使用。

（4）克草胺对鱼类有毒，防止药液污染河水及池塘。

（5）本剂对眼黏膜及皮肤有刺激性，避免直接接触。施药时要穿防护服，戴口罩、手套。施药后要用肥皂洗脸。

（6）克草胺乳油易燃、易挥发。运输、贮存时应注意防火，应密封存放于阴凉干燥处。

登记情况及生产厂家 95％原药、47％乳油、56％克·扑·滴丁酯乳油、40％克胺·莠去津悬浮剂,辽宁省大连瑞泽农药股份有限公司（登记证 PD20096848、PD20096849、PD20095401、PD20097466）。

制剂及复配

（1）47％克草胺乳油，登记作物：移栽水稻田，防除一年生禾本科杂草及部分阔叶草。用药量：528.8～705g/hm²（东北地区）、352.5～528.8g/hm²（其他地区），药土法。

（2）56％克·扑·滴丁酯乳油（2,4-滴丁酯20％、克草胺28％、扑草净8％），登记作物：春玉米田、春大豆田，防除一年生杂草。用药量为：2100～2520g/hm²，播后苗前土壤喷雾。

（3）40％克胺·莠去津悬浮剂（克草胺20％、莠去津20％），登记作物：春玉米田、夏玉米田，防除一年生杂草。用药量：1800～2400g/hm²（东北地区）、1200～1500g/hm²（其他地区），土壤喷雾。

（4）25％克草胺乳油在我国获得临时登记，登记号为LS87331。登记作物水稻，防除稗草、牛毛草等一年生杂草。

三甲环草胺（timexachlor）

$C_{14}H_{23}ClNO$，257.5

化学名称 *N*-(3,5,5-三甲基环己烯-1-基)-*N*-异丙基-2-氯代乙

酰胺

理化性质 原药有效成分＞93％，为淡黄色固状物，熔点37℃，溶于多数有机溶剂。常温、干燥条件下贮存稳定，但在碱和无机酸高温条件下可使之水解失去杀草活性。

毒性 对人、畜、鱼较低毒。原药大白鼠急性经口 LD_{50}＞990mg/kg。

剂型 三甲环草胺33％乳油，33％三甲环草胺＋12.5％阿特拉津混合制剂。

作用方式 内吸传导型选择性除草剂，对玉米的选择性最明显，是玉米新的选择性除草剂。用作土壤处理时，被土壤表层吸附形成药土层。杂草幼苗根系吸收药剂后向上传导。药剂在杂草体内主要是抑制光合作用中的希尔反应，使叶片失绿变黄，最后"饥饿"死亡；而玉米、高粱、甘蔗等作物体内含有一种叫谷胱甘肽-S-转移酶的物质，可将三甲环草胺轭合成无毒物质，故形成明显的选择性。

防除对象 三甲环草胺是玉米田新的选择性除草剂。对稗草、马唐、止血马唐、狗尾草等禾本科杂草具有高的活性。对野芝麻等、母菊属和反枝苋等阔叶杂草也有相当活性。但对多数阔叶杂草效果不佳。

使用方法 于玉米播后芽前作土壤处理最好，但也可以芽后施用，一般每亩量为三甲环草胺33％乳油300～400mL（有效成分100～132g），对水40～60kg均匀喷雾于土表。使用时为提高对阔叶杂草的防效，建议与阿特拉津混用。采用33％三甲环草胺＋12.5％阿特拉津混剂时，亩用300mL制剂量即可。

注意事项

（1）该药在土壤中残留的时间较长，易对后茬作物产生药害，故须控制用药量。用药地块不能套种敏感作物，如麦类、大豆、花生、棉花、瓜类、油菜、向日葵、马铃薯及十字花科蔬菜等。

（2）连作玉米、高粱、甘蔗等作物时最适宜使用。

第九章

有机磷类除草剂

　　1958 年美国有利来路公司（Uniroyal Chemical）开发出第一个有机磷类除草剂——伐草磷（2,4-DEP），随后相继研制出一些用于旱田作物、蔬菜、水稻及非耕地的品种如草甘膦、莎稗磷、哌草磷、抑草磷等。

　　有机磷类除草剂特性和作用方式随品种不同而异。具有多种农药活性，是由于它们易于被吸收，在作用部位具有较好的化学反应亲和性以及易于代谢等特点。

草甘膦（glyphosate）

$$\text{HO} \overset{\overset{\displaystyle O}{\|}}{\underset{\displaystyle \text{HO}}{P}} \diagup \overset{H}{N} \diagdown \overset{\overset{\displaystyle O}{\|}}{C} \diagdown \text{OH}$$

$C_3H_8NO_5P$，169.0，1071-83-6

　　其他名称　　农达，草克灵，春多多，嘉磷赛，可灵达，镇草宁，奔达，农民乐，时拔克，罗达普，甘氨膦，膦甘酸，膦酸甘氨酸，Round up，Burndown，Kleenup Spark，Rocket

　　化学名称　　*N*-(磷酰基甲基) 甘氨酸

　　理化性质　　纯品草甘膦为无色结晶固体，熔点 189～190℃。溶解性（25℃）：水 11.6g/L，不溶于丙酮、乙醇、二甲苯等常用有机溶剂，溶于氨水。草甘膦及其所有盐不挥发、不降解，在空气中稳定。

毒性　草甘膦原药急性 LD_{50}（mg/kg）：大鼠经口＞5000，兔经皮＞2000。对兔皮肤无刺激性，对兔眼睛有轻微刺激性；以410mg/（kg·d）剂量饲喂大鼠两年，未发现异常现象；对动物无致畸、致突变、致癌作用。

作用方式　内吸传导型广谱灭生性除草剂。作用过程为喷洒—黄化—褐变—枯死。药剂由植物茎叶吸收在体内输导到各部分。不仅可以通过茎叶传导到地下部分，而且可以在同一植株的不同分蘖间传导，使蛋白质合成受干扰导致植株死亡。对多年生深根杂草的地下组织破坏力很强，但不能用于土壤处理。

剂型　30％水剂，68％可溶性粒剂，95％原药，30％可溶性粉剂。

防除对象　本品能防除几乎所有的一年生或多年生杂草。

使用方法　草甘膦在作物播种前，果园、茶园、田边等杂草生长旺盛期，采用每亩加水25～30kg左右进行喷雾处理。由于各种杂草对草甘膦的敏感程度不同，因此使用量也不同，一般防除马唐、早熟禾、狗尾草、稗草、牛筋草、看麦娘、雀舌草、漆姑草、益母草、卷耳、繁缕、碎米荠、鼠曲草、通泉草、紫苏、婆婆纳、猪殃殃、刺苋、斑地锦、酢浆草、藜、空心莲子草、野豌豆、荩草等，每亩用10％草甘膦水剂0.5～0.75kg；防除香附子、马兰、车前草、小飞蓬、双穗雀稗、艾蒿、鸭跖草、一年蓬、鱼腥草等，每亩用10％草甘膦水剂0.75～1kg；防除白茅、芦苇、水蓼、犁头草、半边莲、刺儿菜、乌蔹莓、蛇莓、剪刀股、野葱、千里光、狗牙根、半夏、天胡荽、钻形紫菀、泽星宿菜等，每亩用10％草甘膦1～1.5kg。

（1）在休闲地或田边、道路上使用　一般等杂草基本出齐，杂草处于4～6叶期时，每亩用10％草甘膦水剂0.5～1kg，加柴油100mL，加水20～30kg，定向均匀喷雾杂草茎叶。

（2）棉花田使用　在棉花播种前，田间杂草已出苗，每亩用10％草甘膦水剂0.5～0.75kg，加水20～30kg，定向均匀喷雾在杂草茎叶上。在棉花现蕾期，防除一年生及多年生杂草，每亩用10%草甘膦水剂 0.5～0.75kg，对水 20～30kg，均匀喷雾杂草茎叶，喷雾时要采取定向喷雾，喷头要压低，喷头上要安装好罩子，以免雾点飘移到棉花叶片上而产生药害。

（3）果园、茶园、桑园、林木上使用　一般在杂草发生旺盛期，大部分杂草在 5～6 叶期，每亩用 10%草甘膦水剂 1～1.5kg，或 10%草甘膦水剂 0.5kg 加柴油 100～150mL 或 0.1%洗衣粉，加水 20～30kg 左右，直接喷雾在杂草的茎叶上，喷雾时要采取定向喷雾，切勿将药液喷到果、茶、桑、林的叶片及嫩茎上。

注意事项

（1）草甘膦属灭生性除草剂，施药时应防治药液飘移到作物茎叶上，以免产生药害。

（2）草甘膦的亩用药量应根据杂草对药剂的敏感程度确定。对一般杂草以每亩 500～1000mL 即可有效地防除。对灌木及多年生宿根杂草，用药浓度也不要过高，以 1000～2000mL/亩为宜，否则，地上部分死亡过快，不利于药剂向下传导，杀不死地下部分。应以适当浓度，分次施用为好。

（3）草甘膦与土壤接触立即钝化丧失活性，宜作茎叶处理。施药时间以在杂草出齐处于旺盛生长期到开花前，有较大叶面积能接触较多药液为宜。

（4）草甘膦在使用时可加入适量的洗衣粉、柴油等表面活性剂，可提高除草效果，节省用药量。表面活性剂的加入量为喷施量的 0.2%～0.5%。

（5）温暖晴天用药效果优于低温天气，施药后 4～6h 内遇雨会降低药效，应酌情补喷。

（6）草甘膦对金属如钢制成的镀锌容器有腐蚀作用，且可起化学反应产生氢气而易引起火灾，故贮存与使用时应尽量用塑料容器。

（7）低温贮存时，会有结晶析出，用时应充分摇动容器，使结晶重新溶解，以保证药效。

（8）使用中药液溅到皮肤、眼睛上时应立即用清水反复清洗。

登记情况及生产厂家　95％原药，安徽丰乐农化有限责任公司（PD20070284）；30％水剂，安徽锦邦化工股份有限公司（PD20070081）；68％可溶性粒剂，美国孟山都公司（PD20060050）；30％可溶性粉剂，四川省成都田丰农业有限公司（PD20080428）等。

复配剂及应用

（1）40％2甲·草甘膦水剂，安徽华星化工股份有限公司（LS20120382），防除非耕地一年生杂草，定向茎叶喷雾，推荐剂量为250～300mL/亩。

（2）35％麦畏·草甘膦水剂，吉林八达农药有限公司（LS20120168），防除非耕地杂草，定向茎叶喷雾，推荐剂量为630～1260g/hm²。

（3）39.6％滴酸·草甘膦水剂，上海升联化工有限公司（LS20120250），防除非耕地杂草，定向茎叶喷雾，推荐剂量1260～2520g/hm² 等。

草铵膦 （glufosinate-ammonium）

$C_5H_{15}PO_4N_2$，198.1574，77182-82-2

其他名称　草丁膦，Finale，Basta，Buster，Ignite，Hoe 39866

化学名称　4-［羟基（甲基）膦酰基］-DL-高丙氨酸，4-［羟基（甲基）膦酰基］-DL-高丙氨酸铵

理化性质　纯品草铵膦为结晶固体，熔点215℃。溶解性（25℃，g/L）：水1370，丙酮0.16，乙醇0.65，甲苯0.14，乙酸乙酯0.14。草铵膦及其盐不挥发、不降解，空气中稳定。

毒性　草铵膦原药急性LD_{50}（mg/kg）：大鼠经口＞2000（雄）、1620（雌），小鼠经口＞431（雄）、416（雌），大鼠经皮≥4000。对兔皮肤、眼睛无刺激性。以410mg/（kg·d）剂量饲喂大鼠两年，未发现异常现象。对动物无致畸、致突变、致癌作用。

作用方式　本品为一种具有部分内吸作用的非选择性除草剂，使用时主要作触杀剂。施药后有效成分通过叶片起作用，尚未出土的幼苗不会受到伤害。

剂型　6％、12％、20％水剂（1L加铵盐60g、120g和200g）。

防除对象　可防除一年生和多年生双子叶及禾本科杂草，如鼠尾看麦娘、马唐、稗、野大麦、多花黑麦草、狗尾草、金狗尾草、野小麦、野玉米、多年生禾本科和莎草，如鸭茅、曲芒发草、羊茅、绒毛草、黑麦草、双穗雀稗、芦苇、早熟禾。以及野燕麦、雀麦、辣子草、猪殃殃、宝盖草、小野芝麻、龙葵、繁缕、田野勿忘草和匍匐冰草、匍茎剪股颖、拂子茅、苔草、狗牙根、反枝苋等。

使用方法　对施药时间要求不严格，一般施药量为每公顷5～6L水剂，根据不同杂草，使用量而有变化，敏感杂草用3～5L/hm² 水剂，中度敏感杂草用7.5～10L/hm² 水剂。防除阔叶杂草应在旺盛生长始期施药，防除禾本科杂草应在分蘖始期施药。以1.52～20kg/hm² 防除森林和高山牧场的悬钩子和蕨类植物。

莎稗磷（anilofos）

$C_{13}H_{19}ClNO_4S$，320.7，64249-01-1

其他名称　阿罗津，Rico，Arozin，Hoe 30374

化学名称　S-4-氯-N-异丙基苯氨基甲酰基甲基-O,O-二甲基二硫代磷酸酯

理化性质　纯品莎稗磷为白色结晶固体，熔点50.5～52.5℃。溶解性（25℃，g/L）：水0.0136，丙酮、氯仿、甲苯＞1000，苯、乙醇、乙酸乙酯、二氯甲烷＞200。

毒性　莎稗磷原药急性LD_{50}（mg/kg）：大鼠经口830（雄）、472（雌），大鼠经皮＞2000。对兔皮肤有轻微刺激性。

作用方式　内吸性传导型土壤处理的选择性除草剂，主要被幼

芽和地下茎吸收。抑制植物细胞分裂与伸长，对正在萌发的杂草幼芽效果好，对已长大的杂草效果差。受害植物叶片深绿、变短、变厚、变脆，心叶不易抽出，生长停止，最后枯死。它在土壤中的持效期 20～40d。

剂型　乳油（300g/L），颗粒剂（15g/kg 或 20g/kg），混剂（本品 15g/L＋2,4-滴异丁酯 150g/L）。

防除对象　主要防除一年生禾本科杂草和莎草科杂草，如马唐、狗尾草、蟋蟀草、野燕麦、苋、稗草、千金子、鸭舌草和水莎草、异型莎草、碎米莎草、节节菜、蔍草和牛毛毡等。对阔叶杂草防效差。

使用方法　杂草萌发至 1 叶 1 心或水稻移栽后 4～7d 进行处理，用药量为乳油 300～400g/hm^2 或颗粒剂 4500g/hm^2。旱田在播后苗前或苗后中耕后施药，4500～7500g/hm^2，喷雾或撒施毒土。

注意事项

（1）旱育秧苗对本品的耐药性与丁草胺相近，轻度药害一般在 3～4 周消失，对分蘖和产量没有影响。

（2）水育秧苗即使在较高剂量时也无药害，若在栽后 3d 前施药，则药害很重，直播田的类似试验证明，苗后 10～14d 施药，作物对本品的耐药性差。

（3）本品颗粒剂分别施在 1cm、3cm、6cm 水深的稻田里，施药后水层保持 4～5d，对防效无影响。

（4）本品乳油或与 2,4-滴桶混喷雾在吸足水的土壤上，当施药时排去稻田水，24h 后再灌水，其除草效果提高很多。

哌草磷（piperophos）

C$_{14}$H$_{28}$NO$_3$PS$_2$，353，24151-93-7

其他名称　C 19490、Rilof、Avirosan（威罗生）

化学名称　S-2-甲基-哌啶子基羰基甲基-O,O-二丙基二硫代磷酸酯

理化性质　室温下为黄棕色油状液体，相对密度1.1，蒸气压为0.32×10^{-4}Pa，在达到沸点前即分解。在20℃水中时，水中的溶解度为25mg/L；可与大多数有机溶剂相混溶。

毒性　大鼠急性经口LD$_{50}$>324mg/kg，大鼠急性经皮LD$_{50}$>2150mg/kg。四种不同鱼类LC$_{50}$>4～6mg/L，对鱼有轻微毒性；对兔眼睛稍有刺激，对皮肤无刺激性。

剂型　50%浓乳剂；与戊草净（dimethametrametryn）的混剂威罗生；与2,4-D的混剂。

作用方式　哌草磷是有选择性的有机磷除草剂。药剂通过幼小杂草的根、胚芽鞘和子叶从土壤中被吸收，抑制其生长而致死亡。

适用作物　水稻、玉米、棉花、大豆等，可有效地防除移植稻田中稗草等一年生禾本科杂草和莎草科杂草，对水稻安全。

防除对象　防除一年生和多年生杂草，如稗、牛毛毡、眼子菜、日照飘拂草、萤蔺、莎草、鸭舌草、节节菜、矮慈姑、辣蓼、小苋菜、水马齿等，对双子叶杂草防效差。

使用方法　水稻田插秧后6～12d杂草发芽以后，每亩用50%哌草磷乳油133～200mL（含有效成分997.5～1500g/hm²），拌湿细土或潮沙土15～20kg，均匀撒施，或者加水40～50kg，用一般扇形喷头的喷雾器均匀喷雾，施药时田间保持水层3cm左右，药后5～7d只灌不排，以后按照正常水管理。稻田内水深度变化对除草效果影响不大，但用药后的几天内排水则会影响除草效果。哌草磷防除阔叶杂草的效果不够理想，为了扩大杀草范围，可用哌草磷与戊草津（4∶1）混剂（即哌津混剂）。在热带地区，哌草磷与激素型除草剂2,4-滴的混剂（即哌滴混剂），在插秧本田防除一年生禾本科杂草、莎草及阔叶杂草，效果良好。

注意事项

(1)药剂在土壤中的移动及残留状态仍在研究之中，使用时应遵守一般农药使用规则。

（2）施药完毕应先用洗涤剂清洗喷雾器，然后用清水冲洗干净。

（3）漏水田、渗透性强的土壤，在水稻未扎好根时易产生药害。插秧时气温 30℃ 以上应谨慎使用，降低用量或在晚间换低温水用药。

抑草磷 （crmart）

$C_{13}H_{21}N_2O_4PS$，332.4，35335-67-8

其他名称　S-28；克蔓磷

化学名称　O-乙基-O-(5-甲基-2-硝基苯基)-N-仲丁基氨基硫代磷酸酯

理化性质　棕色液体，相对密度 1.88（25℃），黏度 703.3mPa·s（20℃）、229.4mPa·s（30℃），蒸气压 0.084Pa（27℃）。溶于有机溶剂，如二甲苯、甲醇、丙醇等可溶解 50%（质量分数）以上。难溶于水，20℃ 时可溶 5.1mg/L。对热稳定，对酸和中性溶液稳定。

毒性　小鼠急性经口 LD_{50} 为 400～430mg/kg，经皮 LD_{50}＞2.5mg/kg；大鼠急性经口 LD_{50} 为 630～790mg/kg，经皮 LD_{50}＞4g/kg。以 300mg/kg 喂鼠 80 周对体重增加无影响，也不影响鼠的繁殖和胎鼠发育。急性中毒症状同一般有机磷相似。但母鸡喂 750mg/kg（两次），或每天以 50mg/kg 剂量喂四周，均未引起迟发性神经毒性作用。在体内易代谢，代谢物很快从尿、粪中排出。

剂型　50%乳剂。

适用作物　水稻、小麦、大豆、棉花、豌豆、菜豆、马铃薯、玉米、胡萝卜、移栽莴苣、甘蓝、洋葱等。

防除对象　防除看麦娘、稗、马唐、蟋蟀草、草熟禾、狗尾草、雀舌草、藜、酸模、猪殃殃、一年蓬、苋、繁缕、马齿苋、小苋菜、车前、莎草、菟丝子等一年生禾本科杂草和某些阔叶杂草。

使用方法 该药在土壤中的移动性很小，主要破坏植物的分生组织。因此作物和杂草的分生组织位置和结构、土壤结构、施药方法对该药的选择性有很大影响。一般旱田作物如胡萝卜、棉花、麦类、豆类、薯类、早稻等可用 $1000\sim2400g/hm^2$ 作播后苗前土壤处理。而莴苣、甘蓝、洋葱等芽前处理有药害。可在移栽前后处理，水稻田可用 $1000\sim1500g/hm^2$ 于生长初期和中期处理，而芽期处理则有药害。杂草 4 叶前可用 $500\sim1000g/hm^2$ 处理，但该法对胡萝卜、番茄和棉花等有药害。

双丙氨酰膦（blalaphos）

$C_{11}H_{22}N_3O_6P$（酸），323.3，35599-43-4（酸）
$C_{11}H_{21}N_3NaO_6P$（钠盐），345.3，71048-99-2（钠盐）

其他名称 SF-1293、MW 801、双丙氨膦、Meiji Herbiace

化学名称 4-[羟基（甲基）膦酰基]-L-高丙氨酰-L-丙氨酰-L-丙氨酸

理化性质 本品是在发酵过程中由吸水链霉菌属产生的，其钠盐为无色粉末，熔点约 160℃（分解）。溶解性：易溶于水，不溶于丙酮、苯、正丁醇、氯仿、乙醚、乙醇、己烷，溶于甲醇，在土壤中失去活性。

毒性 雄大鼠急性经口 $LD_{50}>268mg/kg$（原药、钠盐）。32%浓可溶剂对雄大鼠的急性经口 $LD_{50}>2500mg/kg$，雌大鼠$>3150mg/kg$，大鼠急性经皮 $LD_{50}>5000mg/kg$。原药对兔眼睛和皮肤无刺激作用。对大鼠无致畸作用；Ames 试验和 Rec 试验结果表明，无诱变作用；大鼠 2a、9d 饲喂试验结果表明，无致癌作用。小鸡急性经口 $LD_{50}>5000mg/kg$。鲤鱼 LC_{50}（48h）：1000mg/L（原药）、6.8mg/L（32%可溶性浓剂）。水蚤 LC_{50}（48h）：1000mg/L（原药），1000mg/L（32%可溶性浓剂）。

剂型　Meiji Herbiace（32%双丙氨酰膦液剂）。

作用方式　双丙氨膦是从链霉菌发酵液中分离、提纯的一种三肽天然产物。这是一种非选择性除草剂，其作用比草甘膦快，比百草枯慢，而且对多年生植物有效，本身无除草活性，在植物体内降解成具有除草活性的草丁膦和丙氨酸。当双丙氨膦被靶标植物代谢时，产生植物毒素 L-2-氨基-4-(羟基)（甲基）氧膦基丁酸，抑制谷氨酸合成酶活性，阻止氨被同化成必需的氨基酸，导致植物体氨中毒。氨的积累破坏细胞，并直接抑制光合作用。

适用作物　果园、菜田、免耕地及非耕地。

防除对象　防除一年生和多年生禾本科杂草及阔叶杂草，如荠菜、猪殃殃、雀舌草、繁缕、婆婆纳、冰草、看麦娘、野燕麦、藜、莎草、稗草、早熟禾、马齿苋、狗尾草、车前、蒿、田旋花、问荆等。对阔叶杂草防效高于禾本科杂草。

使用方法　在杂草生长的各期作茎叶处理，可作针对性或保护性喷雾。果园和蔬菜行间施药时为 $1000\sim3000g/hm^2$；防除苹果、柑橘和葡萄园中一年生杂草，35%可溶性浓剂用量为 $5\sim7.5L/hm^2$，防除多年生杂草用量为 $7.5\sim10L/hm^2$；防除蔬菜田中一年生杂草用量为 $3\sim5L/hm^2$。

注意事项　双丙氨酰膦在土壤中失去活性，只宜作茎叶处理，除草作用比草甘膦快，比克芜踪慢。因其可被代谢和生物降解，因此使用安全。半衰期 $20\sim30d$。

第十章

杂环类除草剂

这类除草剂的特点是分子结构中含有五元、六元或喹啉杂环结构（多为含氮及硫、氧杂环），包括均三嗪类、吡啶类、噁唑与咪唑类、唑啉酮类、吡唑类、三唑类、喹啉羧酸类、酰亚胺类、嘧啶类除草剂。

（1）三嗪类除草剂　典型特征是分子中含有三嗪环，包括均三氮苯类和三嗪酮类除草剂。自 1957 年瑞士嘉基公司发现莠去津后，三氮苯类除草剂得到快速发展，约十几年的时间，商品化的品种就有近三十个。在 20 世纪末的时候，莠去津的世界除草剂市场销售额曾排名第五位。目前，我国玉米田除草剂中，莠去津与乙草胺等复配的制剂仍然占有很大的份额。此类化合物的残留与抗性比较严重。到了 1970 年后，美国杜邦公司以及德国拜耳公司先后开发出环嗪酮、嗪草酮及苯嗪草酮等优良除草剂，从而使三嗪酮类除草剂得到了发展。

（2）吡啶类除草剂　具有如下所示的分子结构特征，属于吡啶衍生物。此类除草剂是 20 世纪 60 年代开发、以灭生性为主的除草剂，有内吸传导作用，水溶性较强，在土壤中稳定，常用作土壤处理剂。主要品种有毒莠定、绿草定、乙氯草定、氟氯草定、氟啶酮、氟草烟等。

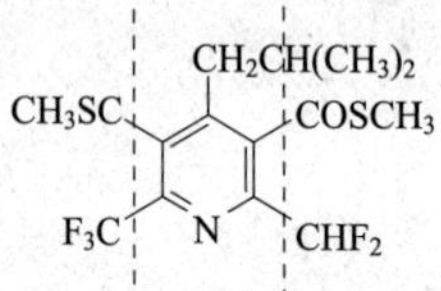

氟硫草定

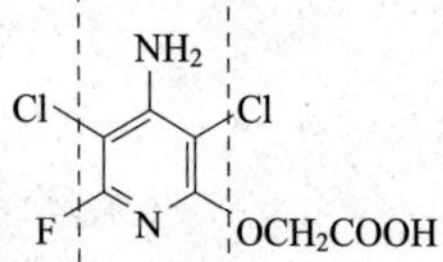

氟草烟

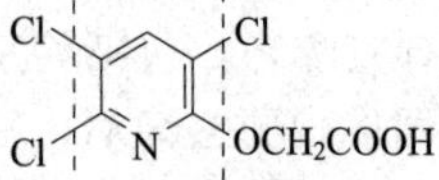

绿草定

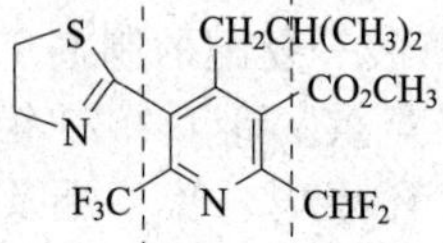

噻草定

吡啶衍生物

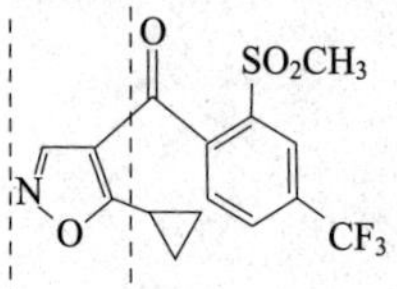

异噁唑草酮

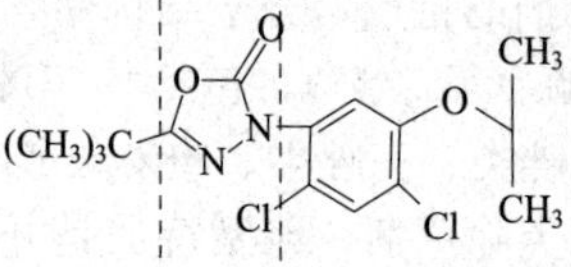

噁草酮

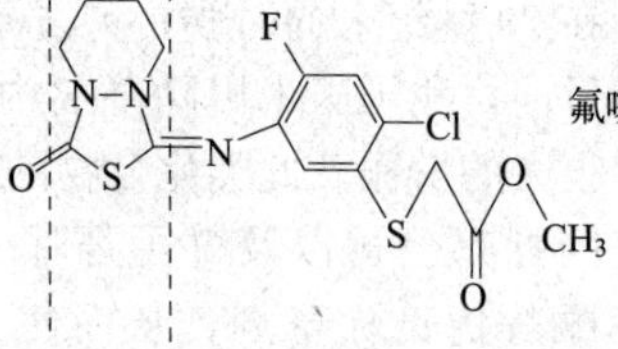

氟噻乙草酯

噁唑或噻唑衍生物

（3）噁唑与咪唑类除草剂　包括异噁唑类除草剂、噁二唑类除草剂和噻二唑类除草剂，具有如上所示的分子结构特征，属于噁唑与咪唑类衍生物，其中后两类含有唑酮特征基团。

（4）唑啉酮类除草剂　包括咪唑啉酮类、三唑啉酮类和四唑啉酮类除草剂，属于含有 2、3、4 个 N 原子的五元杂环唑酮类化合物，为唑啉酮衍生物，结构特点表示如下所示。

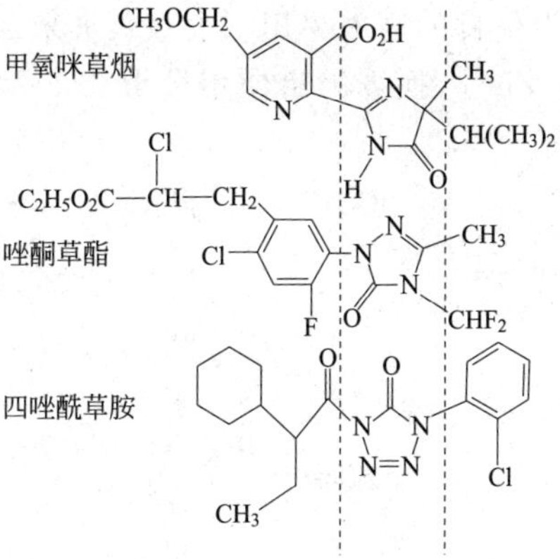

甲氧咪草烟

唑酮草酯

四唑酰草胺

唑啉酮衍生物

　　咪唑啉酮是美国氰胺公司 20 世纪 80 年代开发的一类高活性广谱除草剂，它们能有效的防除一年生和多年生禾本科杂草及阔叶杂草，曾在世界大豆生产中占有绝对优势。

　　（5）唑类除草剂　此类化合物包括吡唑类除草剂、三唑类除草剂和三唑并嘧啶磺酰胺类除草剂，五元含氮杂环唑为其分子结构特征，如下所示均为唑类衍生物。

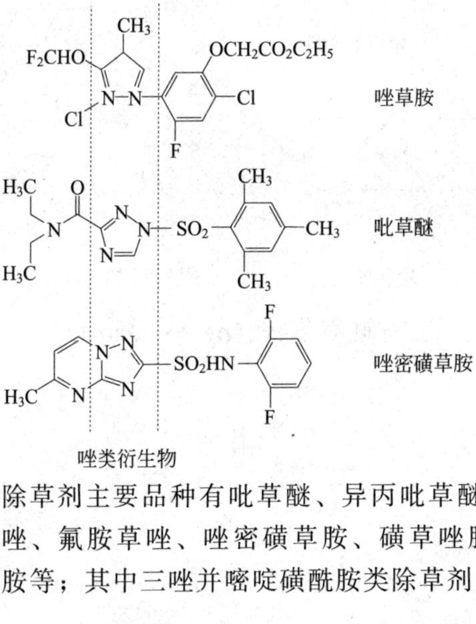

唑草胺

吡草醚

唑密磺草胺

唑类衍生物

　　目前此类除草剂主要品种有吡草醚、异丙吡草醚、双唑草腈、唑草胺、胺草唑、氟胺草唑、唑密磺草胺、磺草唑胺、氯酯磺草胺、双氯磺草胺等；其中三唑并嘧啶磺酰胺类除草剂由美国道农业科学公司开发，为优良的高效旱田（大豆、玉米、麦类）除草剂，使用剂量 3～60g/hm²，换算为亩使用量为 0.2～4g，有如下三种主要结构类型：

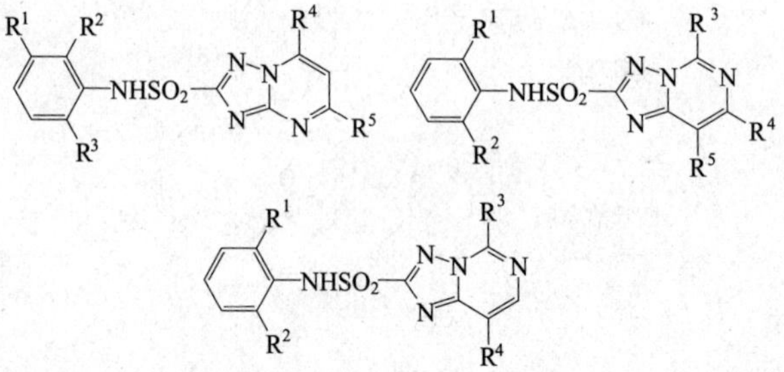

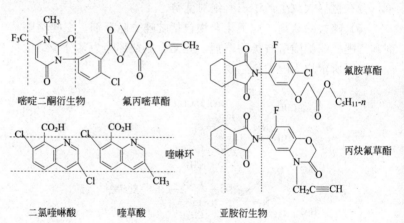

（6）酰亚胺类、嘧啶类、喹啉酸类除草剂　其结构特点如下所示，目前此类除草剂主要品种有双苯嘧草酮、氟丙嘧草酯、吲哚酮草酯、氟胺草酯、二氯喹啉酸和喹草酸等。

嘧啶二酮衍生物　　氟丙嘧草酯

二氯喹啉酸　　喹草酸　　亚胺衍生物

氟胺草酯

丙炔氟草酯

喹啉环

五氟磺草胺 （penoxsulam）

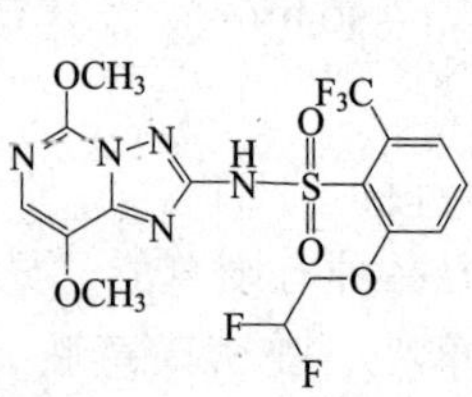

$C_{16}H_{14}F_5N_5O_5S$，483.37，219714-96-2

其他名称 DE-638、XDE-638、XR-638、DASH-001、DASH-1100、X-638177、Clipper 25 OD、Cranite GR、Graniee SC、稻杰

化学名称 3-(2,2-二氟乙氧基)-N-(5,8-二甲氧基-[1,2,4]三唑并[1,5-c]嘧啶-2-基)-α，α，α-三氟苯基-2-磺酰胺

理化性质 原药为浅褐色固体，密度 1.61g/mL(20℃)。熔点212℃，蒸气压 $2.49×10^{-14}$ Pa(20℃)，$9.55×10^{-14}$ Pa(25℃)。溶解度（19℃，mg/L）：水 5.7(pH=5)、410(pH=7)、1460(pH=9)。在 pH=5~9 的水中稳定。

毒性 对大鼠急性经口 LD_{50} ＞5000mg/kg，对兔急性经皮 LD_{50} ＞5000mg/kg，对大鼠急性吸入 LC_{50}(4h)＞3.5mg/L，对眼睛和皮肤有极轻微刺激性。

作用方式 是由美国陶氏益农公司（Dow AgroSciences）所开发的苗后用除草剂，它是三唑并嘧啶磺酰胺类除草剂，通过抑制乙酰乳酸合成酶（ALS）的活性而起作用，为传导型除草剂。经茎叶、幼芽及根系吸收，通过木质部和韧皮部传导至分生组织，抑制植株生长，使生长点失绿，处理后 7~14d 顶芽变红，坏死，2~4周植株死亡。本剂为强乙酰乳酸合成酶抑制剂，药剂作用呈现较慢，需一定时间杂草才逐渐死亡。

剂型 98%原药，25g/L 可分散油悬浮剂。

防除对象 为稻田用广谱除草剂，可有效防除稗草（包括对敌稗、二氯喹啉酸及抗乙酰辅酶 A 羧化酶具抗性的稗草）、千金子以及一年生莎草科杂草，并对众多阔叶杂草有效，如沼生异蕊花（*Heteranthera limosa*）、鲤肠（*Eclipta prostrata*）、田菁（*Sesbania exaltata*）、竹节花（*Commelina diffusa*）、鸭舌草（*Monochoria vaginalis*）等。持效期长达 30~60d，一次用药能基本控制全季杂草危害。同时，其亦可防除稻田中抗苄嘧磺隆杂草，且对许多阔叶及莎草科杂草与稗草等具有残留活性，为目前稻田用除草剂中杀草谱最广的品种。

使用方法 五氟磺草胺适用于水稻的旱直播田、水直播田、秧田以及抛秧、插秧栽培田。用量为 15~30g/hm²。旱直播田于芽前或灌水后，水直播苗于苗后早期应用；插秧栽培则在插秧后5~7d

施药。施药方式可采用喷雾或拌土处理。

注意事项 当超高剂量时，早期对水稻根部的生长有一定的抑制作用，但迅速恢复，不影响产量。

登记情况及生产厂家 98%原药，美国陶氏益农公司（PD20070349）；25g/L 可分散油悬浮剂，美国陶氏益农公司（PD20070350）等。

环嗪酮 （trizazinones）

$C_{12}H_{20}N_4O_2$，252.2，51235-04-2

其他名称 威尔柏，Velpar

化学名称 3-环己基-6-二甲基胺基-1-甲基-1,3,5-三嗪-2,4-($1H$,$3H$)-二酮

理化性质 纯品环嗪酮为白色晶体，熔点 $115 \sim 117℃$。溶解性（25℃，g/kg）：水 33，丙酮 792，甲醇 2650，氯仿 3880，苯 940，DMF836，甲苯 386。

毒性 环嗪酮原药急性 LD_{50}（mg/kg）：大鼠经口＞1690，兔经皮＞5278。对兔眼睛有严重刺激性；以 200mg/kg 剂量饲喂大鼠两年，未发现异常现象；对鸟类低毒；对动物无致畸、致突变、致癌作用。

作用方式 是内吸选择性除草剂，植物根、叶都能吸收，主要通过木质部传导，对松树根部没有伤害，是优良的林用除草剂。药效进程较慢，杂草 1 个月，灌木 2 个月，乔木 $3 \sim 10$ 个月。

剂型 98%原药，75%水分散粒剂，25%可溶液剂，5%颗粒剂。

防除对象 适用于常绿针叶林，如红松、樟子松、云杉、马尾松等幼林抚育。造林前除草灭灌、维护森林防火线及林分改造等，可防除大部分单子叶和双子叶杂草及木本植物黄花忍冬、珍珠梅、

榛子、柳叶绣线菊、刺五加、山杨、木桦、椴、水曲柳、黄波罗、核桃楸等。

使用方法

（1）造林前整地（除草灭灌）使用：东北林区在 6 月中旬至 7 月中旬用药，用喷枪喷射各植树点。灌木密集林地每点用 3mL，可用水稀释 1～2 倍，也可用制剂直接点射，20～45d 后形成无草穴。

（2）幼林抚育使用：6 月中下旬或 7 月上旬用药，平均每株树用药 0.25～0.5mL，用水稀释 4～6 倍喷雾。

（3）消灭非目的树种：在树根周围点射，每株 10cm 胸径树木，点射 8～10mL 25％水溶剂。

（4）维护森林防火道：每公顷用 25％水溶剂 6L，对水 150～300kg 喷雾，个别残存灌木和杂草，可再点射补足药量。

（5）林分改造：可用飞机撒施 10％颗粒剂，除去非目的树种。

注意事项

（1）最好在雨季前用药。

（2）对水稀释药液时，温度不可过低，否则药剂溶解不好，影响药效。

（3）使用时注意树种，落叶松敏感，不能使用。

登记情况及生产厂家　98％原药，安徽华星化工股份有限公司（PD20080685）；25％可溶液剂，美国杜邦公司（PD124-90）；75％水分散粒剂，江苏龙灯化学有限公司（PD20110189）；5％颗粒剂，江苏蓝丰生物化工股份有限公司（PD20084140）等。

复配剂及应用　60％环嗪·敌草隆可湿性粉剂，江苏蓝丰生物化工股份有限公司（PD20110574），防除甘蔗田一年生杂草，定向喷雾，推荐剂量为 1305～1665g/hm^2。

嗪草酮（mtribuzin）

$C_8H_{17}N_4OS$，217.2，21087-64-9

其他名称 赛克津，特丁嗪，赛克，立克除，赛克嗪，甲草嗪，Sencor，Lexone，Sencoral，Sencorex，Bayer 94337，Bayer 6159H，Bayer 6443H，DIC 1468，DPX-G2504

化学名称 4-氨基-6-叔丁基-4,5-二氢-3-甲硫基-1,2,4-三嗪-5-酮

理化性质 纯品嗪草酮为白色有轻微气味晶体，熔点126.2℃，沸点132℃（2Pa）。溶解性（20℃，g/L）：水1.05，丙酮820，氯仿850，苯220，DMF1780，甲苯87，二氯甲烷340，环己酮1000，乙醇190。

毒性 嗪草酮原药急性 LD_{50}（mg/kg）：大鼠经口＞2000，小鼠经口＞700，大鼠经皮＞2000。对兔眼睛和皮肤无刺激性；以100mg/kg剂量饲喂大鼠两年，未发现异常现象；对鱼类低毒；对动物无致畸、致突变、致癌作用。

作用方式 嗪草酮为选择性除草剂。有效成分被杂草根系吸收随蒸腾流向上部传导，也可被叶片吸收在体内作有限的传导。主要通过抑制敏感植物的光合作用发挥杀草活性，施药后各敏感杂草萌发出苗不受影响，出苗后叶片褪绿，最后营养枯竭而致死。嗪草酮可作萌前和萌后处理，在播种前或播种后苗前作土壤处理。土壤具有适当的温度有利于根的吸收，若土壤干燥应于施药后浅混土。作为苗后处理除草效果更为显著，剂量要酌情降低，否则会对阔叶作物产生药害。由于大豆苗期的耐药安全性差，嗪草酮对大豆只宜作萌芽前处理。土壤有机质含量及结构对嗪草酮的除草效能与作物对药的吸收有影响。若土壤含有大量黏质土及腐殖质，药量要酌情提高，反之减少。温度对嗪草酮的除草效果及作物安全性亦有一定影响，温度高的较温度低的地区用药量低。嗪草酮在土壤中的持效性视气候条件及土壤类型而不同，一般条件下半衰期为28d左右，对后茬作物不会产生药害。

剂型 91％原药，70％可湿性粉剂，44％悬浮剂。

防除对象 赛克津是三嗪酮类选择性除草剂，对一年生的阔叶杂草和部分禾本科杂草具有较好的防除效果，对多年生杂草效果不好。赛克津能被杂草的根、茎、叶吸收，抑制杂草的光合作用，使

杂草死亡。防除阔叶杂草如蓼、苋、藜、荠菜、小野芝麻、萹蓄、马齿苋、野生萝卜、田芥菜、苣荬菜、繁缕、牛繁缕、荞麦蔓、香薷等有极好的效果，对苘麻、苍耳、鲤肠、龙葵则次之，对部分单子叶杂草如狗尾草、马唐、稗草、野燕麦、毒麦等有一定效果，为32%～77%，对多年生杂草效果很差。在单子叶杂草为害严重的地块，赛克津可与多种除草剂如氟乐灵、拉索、敌草胺、丁草胺、乙草胺等混合使用。

使用方法　赛克津可在播前、播后苗前或移栽前进行喷雾处理，在作物苗期使用易产生药害而引起减产。赛克津的使用量与土壤质地、有机质含量和温度有关。有机质含量少于2%时，沙质土不宜使用。壤土每亩用70%赛克津可湿性粉剂40～53.3g，黏土每亩用70%赛克津可湿性粉剂53.3～67g。有机质含量2%～4%时，沙土每亩用70%赛克津可湿性粉剂40g，壤土每亩用70%赛克津可湿性粉剂53.3～67g，黏土每亩用70%赛克津可湿性粉剂67～83.3g。有机质含量在4%以上时，沙土每亩用70%赛克津可湿性粉剂67g，壤土每亩用70%赛克津可湿性粉剂67～83.3g，黏土每亩用70%赛克津可湿性粉剂83.3～95.3g。同时温度对赛克津的除草效果也有一定的影响。温度低的地区用量高，温度高的地区用量低。

（1）大豆田　大豆播前混土，或土壤水分适宜时作播后苗前土壤处理。土壤类型及有机质含量关系如表10-1。

表 10-1　大豆田中赛克（立克除）在不同有机质
含量土壤中的用量　　　　　　　　　g/hm^2

土壤类型	有机质含量小于2%	有机质含量2%～4%	有机质含量4%以上
轻质土(沙壤土)	不宜使用	28	35
中质土(壤土)	28～35	35～49	49～56
重质土(黏质土)	35～49	49～56	56～65

赛克（立克除）的用量视土壤类型、有机质含量及气候条件而定。我国东北春大豆一般每亩用赛克70%可湿性粉剂50～76g，或立克除75%干悬浮剂46.7～71g(有效成分35～53.3g)，播后苗前

加水 30kg 土表喷雾。若土壤干燥应浅混土，1 次用药或将药量分半两次施用，播前至播后苗前处理。我国山东、江苏、河南、安徽及南方等省夏大豆通常土壤属轻质土，温暖湿润、有机质含量低，一般每亩用赛克 70% 可湿性粉剂 23～50g，或用 75% 立克除干悬浮剂 21.3～46.7g（有效成分 16～35g），加水 30kg 于播后苗前作土表处理。禾本科杂草多的大豆田不宜单用赛克（立克除），应当采取与防除禾本科杂草的除草剂混用，或分期搭配使用。播前可与氟乐灵、灭草猛等剂混用，施药后混土 5～7cm；或播种后出苗前与都尔、拉索混用；或出苗前用赛克（立克除），苗后用拿捕净、稳杀得、盖草能、禾草克任一种苗后茎叶处理剂。

（2）马铃薯田　赛克（立克除）在马铃薯苗前及杂草萌发后施用，使用剂量见表 10-2。

表 10-2　马铃薯田中赛克（立克除）在不同
有机质含量土壤中的用量

土壤类型	有机质含量	赛克（立克除）用量（有效成分）/（g/hm²）
粗质土（沙土）	小于 1%	不宜使用
轻质土（沙壤土）	1%～2%	17.5～24.5
中质土（壤土）	1.65%～4%	24.5～35
重质土（黏土）	3%～6%	35～52.2

（3）番茄田　番茄直播田在 4～6 叶期施药，移栽番茄在移栽前或移栽缓苗后进行土壤处理，用药量参照马铃薯田除草。赛克津在土壤中的持久性视气候条件及土壤类型而定，持效期可达 90～100d，一般对后茬作物不会产生药害。

注意事项

（1）嗪草酮的安全性较差，施药量过高或施药不均匀，施药后遇有较大降雨或大水漫灌，大豆根部吸收药剂都会发生药害，使用时要根据不同情况灵活用药。沙质土，有机质含量 2% 以下的大豆田不能施药。土壤 pH 值 7.5 以上的碱性土壤和降雨多、气温高的地区要适当减少用药量。

（2）嗪草酮的药效受土壤水分影响较大，当春季土壤墒情好或施药后有一定量降雨时，则药效易发挥；当施药前后持续干旱时，药效差，可采取两次施药法浅混土。

（3）大豆播种深度至少 3.5～4cm，播种过浅也易发生药害。

（4）嗪草酮人体每日允许摄入量（ADI）是 0.025mg/kg。在大豆中的最高残留限量（MRL）为 0.1mg/kg（美国标准），安全间隔期为 75～120d。

（5）搬运和使用时应戴手套，穿工作服，遵守农药安全使用守则。如误服中毒，应对症治疗，无特效解毒剂。

（6）将药剂存放在儿童接触不到的地方，不要与食物和饲料一起存放。

登记情况及生产厂家　91%原药，德国拜耳作物科学公司（PD20060140）；70%可湿性粉剂，河北新兴化工有限责任公司（PD20080939）；44%悬浮剂，江苏龙灯化学有限公司（PD20111241）等。

复配剂及应用

（1）28%嗪酮·乙草胺可湿性粉剂，安徽华星化工股份有限公司（PD20085958），防除春玉米田一年生杂草，东北地区喷雾处理，推荐剂量为 1050～1260g/hm²，其他地区播后苗前土壤喷雾，推荐剂量 630～898.8g/hm²。防除春、夏大豆田一年生杂草，东北地区春大豆田喷雾处理，推荐剂量为 1050～1260g/hm²，夏大豆田播后苗前土壤喷雾处理，推荐剂量为 630～898.8g/hm²。

（2）60%乙·嗪·滴丁酯乳油，江苏长青农化股份有限公司（PD20095406），防除春玉米、大豆田一年生杂草，播后苗前土壤喷雾，推荐剂量为 2250～2700g/hm²。

苯嗪草酮（metamitron）

$C_{10}H_{10}N_4O$，202.1，41394-05-2

其他名称　苯嗪草，苯甲嗪，Goltix，Bietomix，Homer，Martell，Tornado

化学名称　4-氨基-4,5-二氢-3-甲基-6-苯基-1,2,4-三嗪-5-酮

理化性质　外观为淡黄色至白色晶状固体。熔点 166℃。蒸气压 86mPa(20℃)。溶解度（20℃）：水中 1.7g/L，环己酮中 10～50g/kg，二氯甲烷中 20～50g/L，己烷中＜100mg/L，异丙醇中 5～10g/L，甲苯中 2～5g/L。稳定性：在酸性介质中稳定，pH＞10 时不稳定。

毒性　苯嗪草酮原药大鼠急性经口 LD_{50}：雄性＞3830mg/kg、雌性＞2610mg/kg。急性经皮 LD_{50}＞2000mg/kg；对大耳白兔皮肤无刺激性，对眼睛有轻度至中度刺激性；豚鼠皮肤变态反应（致敏）试验结果为弱致敏物（致敏率为 0）；大鼠 90d 亚慢性喂养毒性试验最大无作用剂量：雄性＞11.06mg/(kg·d)，雌性＞16.98mg/(kg·d)；三项致突变试验：Ames 试验、小鼠骨髓细胞微核试验、小鼠睾丸细胞染色体畸变试验均为阴性，未见致突变作用。

作用方式　杂草叶子可以吸收苯甲嗪，但主要是由根部吸收，再输送到叶子内，药剂通过抑制光合作用中的希尔反应而起到杀草作用。

剂型　98％原药，70％水分散粒剂。

防除对象　苯甲嗪对单子叶和双子叶杂草均有防除作用。

使用方法　甜菜地除草：每亩用 70％苯甲嗪可湿性粉剂 330g（含有效成分 3450g/hm²），对水 25～50kg 喷雾，可防治藜、龙葵、繁缕、荨麻、小野芝麻、早熟禾等杂草。当每亩用药量提高到 470g（含有效成分 4800g/hm²）时，对水 25～50kg 喷雾处理可防治看麦娘、猪殃殃等杂草。施药方法：播种前进行喷雾混土处理。如果天气和土壤条件不好，可在播种后甜菜出苗之前进行土壤处理。或者在甜菜萌发后，杂草 1～2 叶期进行处理；倘若甜菜处于 4 叶期，杂草徒长时，仍可按上述推荐剂量进行处理。

注意事项

(1) 苯甲嗪作播前及播后芽前处理时，若春季干旱、低温、多风、土壤风蚀严重、整地质量不佳而又无灌溉条件时，都会影响除草剂的除草效果。

（2）苯甲嗪除草效果不够稳定。尚需与其他除草剂，如枯草多等搭配使用，才能保证防治效果。

（3）苯甲嗪在土壤中半衰期，根据土壤类型不同而有所差异，范围为1周到3个月。

登记情况及生产厂家 98%原药，河北万全宏宇化工有限责任公司（PD20120243）；70%水分散粒剂，河北万全宏宇化工有限责任公司（PD20120248）等。

氰草津（cyanazine）

$C_9H_{13}ClN_6$，240.6，21725-46-2

其他名称 百得斯，草净津，丙腈津，Bladex，Fortrol，SD 15418，WL 19805，DW 3418，Radikill，Shell 19805，Payze，Gramex

化学名称 2-氯-4-(1-氰基-1-甲基乙氨基)-6-乙氨基-1,3,5-三嗪

理化性质 无色晶状固体（工业品）。熔点167.5～169℃。蒸气压200nPa(20℃)。密度1.29kg/L(20℃)。溶解度（25℃）：水171mg/L，乙醇45g/L，甲基环己酮和氯仿210g/L，四氯化碳＜10g/L。对光和热稳定，在pH 5～9稳定，强酸、强碱介质中水解。

毒性 对人畜毒性中等，对大鼠急性经口LD_{50}为182～288mg/kg，急性经皮LD_{50}＞1200mg/kg，对鸟类、鱼类毒性较低。

作用方式 氰草津是选择性内吸传导型除草剂，以根部吸收为主，叶部也能吸收，通过抑制光合作用，使杂草枯萎而死亡。选择性是因为玉米本身含有一种酶能分解氰草津。药效2～3个月，对后茬种植小麦无影响。除草活性与土壤类型有关，土壤有机质多为黏土时用药量需要适当增加。在潮湿土壤中半衰期14～16d，在土壤有机质中被土壤微生物分解。

剂型 40%胶悬剂，50%可湿性粉剂；百得斯80%可湿性粉剂；百得斯43%悬浮剂（液剂）（Bladex 4L）（用于玉米地）；Fortrol 用于豌豆地的液体悬浮剂。

防除对象 可防除早熟禾、马唐、狗尾草、稗草、蟋蟀草、雀稗草、蓼、田旋花、莎草、马齿苋等一年生禾本科杂草和阔叶杂草。

使用方法 玉米、高粱、豌豆、蚕豆播后苗前每亩用80%可湿性粉剂150~200g，加水20L，进行喷雾处理，或50%可湿性粉剂200~300mL或43%悬浮剂186~362mL，对水20~30L喷雾处理。在玉米4叶期前，杂草株高低于3.5cm时茎叶处理（第5片真叶出现时禁用），每亩用氰草津120~150g喷雾。小麦、大麦在分蘖初期用药，每亩用氰草津16~27g。可与2甲4氯、2,4-滴丙酸、2甲4氯丙酸、异丙隆、莠去津等混用。80%可湿性粉剂100~125g（有效成分80~100g），或43%液剂150~200mL，加40%阿特拉津胶悬剂100~125mL，可扩大杀草谱，提高防除效果。

注意事项

（1）施药后遇雨或灌溉可提高防效。80%可湿性粉剂适用在雨露条件较好的夏玉米田除草。春玉米田宜作芽后施药处理，而芽前处理因干旱防效差，则必须浅混土使药剂与土壤充分混合以保证防效。43%液剂在干旱条件下作芽后处理除草效果优于80%可湿性粉剂，但用药量不可过高，否则玉米易发生药害。

（2）温度低、空气湿度大时对玉米不安全。施药后即下中至大雨时玉米易发生药害，尤其积水的玉米田，药害更为严重，所以在雨前1~2d内施药对玉米不安全。

（3）华北地区麦套玉米应在麦收前10~15d套种，麦收后玉米3~4叶期，为氰草津安全施药期。套种玉米过早，玉米植株过大，就不可能使用氰草津防除杂草。

（4）茎叶处理时，气温在15~30℃时效果较好，干旱时加入表面活性剂可提高药效。沙土和有机质含量低于1%的沙壤土不宜使用。

（5）在使用过程中，如有药剂溅到眼中，应立即用大量清水冲洗，如溅到皮肤上，立即用肥皂清洗。如发生吸入中毒，立即灌水1～2杯，使之呕吐，但对于失去知觉者不要催吐或灌喂东西。

（6）贮存时远离有食品、儿童及家禽的地方。空药罐应埋在地下或烧掉，不要污染池塘、水道和沟渠。

登记情况及生产厂家　95%原药，山东大成农药股份有限公司（PD20082024）

扑草净 （prometryn）

$$SCH_3$$

$$(H_3C)_2HCHN \qquad NHCH(CH_3)_2$$

$C_9H_{13}ClN_6$，240.6，7287-19-6

其他名称　扑蔓尽，割杀佳，捕草净，割草佳，Gesagard，Merkazin，Caparol，G 34161，Selektin

化学名称　4,6-双（异丙氨基）-2-甲硫基-1,3,5-三嗪

理化性质　纯品白色晶体，熔点118～120℃，蒸气压$1.33×10^{-4}$Pa，易溶于有机溶剂，20℃时在水中溶解度48mg/L。不易燃，不易爆，无腐蚀性。原药为灰白色或米黄色粉末，熔点113～115℃，有臭鸡蛋味。

毒性　大鼠急性经口 LD_{50} 3150～3750mg/kg，兔急性经皮 $LD_{50}>$10200mg/kg，大鼠2年饲喂无作用剂量为1250mg/kg，鲤鱼 LC_{50} 8～9mg/L(96h)。

作用方式　选择性内吸传导型除草剂，主要由根部吸收，也可以从茎、叶渗入植物体内。吸收的扑草净通过蒸腾流进行传导，抑制光合作用中的希尔反应，使植物失绿，干枯死亡。本品施药后可被土壤黏粒吸附，在0～5cm表土中形成药层，持效期20～70d。

剂型　95%原药，40%可湿性粉剂，25%泡腾颗粒剂。

防除对象　可防除马唐、狗尾草、蟋蟀草、稗草、看麦娘、马齿苋、鸭舌草、藜、牛毛毡、眼子菜、四叶萍、野慈姑、莎草科等杂草，对猪殃殃、伞形花科和一些豆科杂草防效较差。

使用方法

（1）稻田除草 南方每亩用有效成分 10～20g 拌湿润细沙土 20～30kg，在水稻移栽后 5～7d 均匀撒施，保持 3～5cm 水层 7～10d，可防除大多数一年生单、双子叶杂草及牛毛草、眼子菜等多年生杂草，但对水稻的安全性稍差。北方每亩用有效量 30～50g 拌湿润细沙土 20～30kg，在水稻移栽后 20～25d，眼子菜由红转绿时均匀撒施，保持 3～5cm 水层 7～10d

（2）旱田除草 大豆田每亩用有效量 50～70g，花生、棉花、甘蔗亩用有效量 75g，谷子亩用有效量 25g，于播种后出苗前喷雾法进行土壤处理。麦田亩用有效量 35～50g，于麦苗 2～3 叶期对水喷雾。出苗前到 10 叶期不宜使用。可防除看麦娘、繁缕等杂草。

（3）菜田除草 芹菜、洋葱、大蒜、韭菜、胡萝卜、茴香等，可在播种时，播后苗前或 1～2 叶期，每亩用有效量 50g 对水喷雾。

（4）果树、茶园、桑园除草 在一年生杂草大量萌发初期，亩用有效量 125～150g 对水喷雾。

（5）可与 2,4-滴、2 甲 4 氯、五氯酚钠、除草醚、杀草胺、杀草丹、西马津等混用。

注意事项

（1）该药活性高，用量少，施药时应量准土地面积，用药量要准确，以免药害。

（2）有机质含量低的沙质土不宜使用。

（3）避免高温时施药，气温超过 30℃ 时容易产生药害，用于水田一定要在秧苗返青后才可施药。

（4）施药时适当的土壤水分有利于发挥药效。

（5）施药时应做好人体防护，背风用药。施药时勿吸烟，施药后要用肥皂洗净身体裸露部位，该药吸入高浓度时，可引发支气管炎、肺炎、肺水肿等肺部疾病及肝、肾功能障碍，应对症治疗，并注意保护肝、肾。

登记情况及生产厂家 95% 原药，山东胜邦绿野化学有限公司（PD20070170）；40% 可湿性粉剂，吉林省吉林市新民农药有限公司（PD20080865）；25％泡腾颗粒剂，昆明农药有限公司（PD20092541）等。

复配剂及应用

（1）78％扑·噻·乙草胺悬乳剂，吉林金秋农药有限公司（LS20120390）防除花生田一年生杂草，播后苗前土壤喷雾，推荐剂量为 1170～1521g/hm²。

（2）35％甲戊·扑草净乳油，山东胜邦绿野化学有限公司（PD20080727），防除大蒜田、姜田一年生杂草，土壤喷雾，推荐剂量为 787.5～1050g/hm²。

（3）33％扑草·仲丁灵乳油，江西盾牌化工有限责任公司（PD20081584），防除大蒜田、棉花田一年生禾本科杂草及部分阔叶杂草，播后苗前土壤喷雾，推荐剂量为 742.5～900g/hm²。

西草净（simetryn）

$$C_8H_{15}N_5S，213.2，1014-70-6$$

其他名称　Gy-Ben，G 32911

化学名称　2-甲硫基-4,6-二（乙氨基）-1,3,5-三嗪

理化性质　白色结晶，熔点 82～83℃，在 20℃ 的蒸气压 $9.47×10^{-2}$Pa，难溶于水，22℃时水中溶解度 4.50mg/L，可溶于甲醇、氯仿中。

毒性　原药对大鼠急性经口 LD_{50}＞1830mg/kg，对鲤鱼 LC_{50}＞(48h) 26mg/L，米中允许残留量为 0.05mg/kg。

作用方式　西草净是选择性内吸传导型除草剂。可从根部吸收，也可从茎叶透入体内，运输至绿色叶片内，抑制光合作用希尔反应，影响糖类的合成和淀粉的积累，发挥除草作用。西草净用于稻田防除噁性杂草眼子菜有特效，对早期稗草、瓜皮草、牛毛草均有显著效果。施药晚则防效差，因此应视杂草基数选择施药适期及用药量。西草净在土壤中移动性中等，药效长达 35～45d。

剂型 25％可湿性粉剂，13％乳油，94％原药。

防除对象 稗草、牛毛草、眼子菜、泽泻、野慈姑、母草、小茨藻等，与杀草丹、丁草胺混用，可扩大杀草谱。

使用方法 水稻插秧田一般插秧后12～18d，每亩用25％西草净可湿性粉剂100～200g毒土法施药，施药时水层3～5cm，保持5～7d，可防除2叶期前稗草和阔叶杂草。稻田防除以眼子菜为主的杂草，于水稻插秧后20～30d，眼子菜出土叶片展开大部分转绿时，选晴天无风天气，毒土法施药。东北地区及内蒙古东部约6月下旬至7月上旬，每亩用25％西草净可湿性粉剂200～250g；华北地区每亩用133～150g；南方各省（区）每亩用100～150g。该药主要在东北地区使用。施药时水层3～5cm，保水5～7d，防除眼子菜效果显著，对水稻安全。水稻秧田于水稻立针期、稗草1叶1心至2叶期进行叶面喷雾，每亩用37.5～50g，对水60～75kg；本田在秧苗返青后至分蘖期，眼子菜叶片转绿达60％～80％时施药，每亩用50～60g，拌细潮土15～20kg，施药前堵住进出水口，水层保持3～5cm，5～7d后转入正常管理；直播田在水稻分蘖盛期，眼子菜叶片基本转绿时，以毒土法施药，施药量为50～62.5g，加20kg细潮土，管理同本田。旱田于播后苗前，每亩施50～150g，加水60～70kg或拌细潮土20～25kg，进行土壤处理（喷雾或毒土法）。

注意事项

（1）根据杂草基数，选择合适的施药时间和用药剂量。田间以稗草和阔叶草为主，施药应适当提早，于秧苗返青后施药。但小苗、弱苗秧易产生药害，最好与除稗草药剂混用以减低用量。

（2）用药量要准确，避免重施。喷雾法不安全，应采用毒土法，撒药均匀。

（3）要求地平整，土壤质地pH值对安全性影响较大。有机质含量少的沙质土、低洼排水不良地及重盐或强酸性土使用，易发生药害，不宜使用。

（4）用药时温度应在30℃以下，超过30℃易产生药害。西草净主要在北方使用。

（5）不同水稻品种对西草净耐药性不同。在新品种稻田使用西草净时，应注意水稻的敏感性。

（6）25%西草净可湿性粉剂属低毒除草剂，但配药和施药人员仍需注意防治感染手、脸和皮肤，如有污染应即时清洗。施药后，各种工具要认真清洗，污水和剩余药液要妥善处理或保存，不得任意倾倒，以免污染水源、土壤和造成药害。

（7）该药可通过人体食道和呼吸道等引起中毒。中毒解救无特效解毒药，可对症治疗。

（8）搬运时应注意轻拿轻放，以免破损和污染环境。运输和贮存时应有专门的车皮和仓库，不得与食物及日用品一起运输。应贮存在干燥和通风良好的仓库中。

登记情况及生产厂家　25%可湿性粉剂，吉林金秋农药有限公司（PD20081719）；13%乳油，辽宁正诺生物技术有限公司（PD20084645）；94%原药，辽宁三征化学有限公司（PD92105）等。

复配剂及应用

（1）22%苄嘧·西草净可湿性粉剂，吉林金秋农药有限公司（PD20085685）防除水稻移栽田一年生阔叶杂草及莎草科杂草，药土法，330~396g/hm^2。

（2）40%西净·乙草胺乳油，吉林美联化学品有限公司（PD20085874），防除花生田、夏玉米田、春、夏大豆田一年生杂草，播后苗前喷雾，推荐用药量春大豆田为1200~1500g/hm^2，其他为900~1200g/hm^2。

西玛津（simazine）

$C_7H_{12}ClN_5$，201.5，122-34-9

其他名称　西玛嗪，田保净，Gesatop，Princep，Simanex，

Aquzine，Weedex

化学名称　2-氯-4,6-二乙氨基-1,3,5-三嗪

理化性质　纯品为白色晶体。熔点 $226 \sim 227℃$（原药为 $224℃$），蒸气压 $8.13 \times 10^{-7} Pa(20℃)$。甲醇中溶解度为 $400mg/L$，水中溶解度为 $5mg/L$，石油醚中溶解度为 $2mg/L$，微溶于氯仿。化学性质稳定，但在较强的酸碱条件下和较高温度下易水解，生成无活性的羟基衍生物，无腐蚀性。

毒性　属低毒除草剂。大鼠、小鼠和兔的急性经口 $LD_{50} > 5g/kg$。大鼠的急性经口 $LD_{50} > 2g/kg$。对兔皮肤无刺激。大鼠急性吸入 $LC_{50}(4h) > 5.5mg/L$。饲喂试验无作用剂量为：雌大鼠（2 年）$0.5mg/(kg \cdot d)$，雌狗（1 年）$0.8mg/(kg \cdot d)$。对人的 ADI 为 $0.005mg/kg$。野鸭急性经口 $LD_{50} > 2g/kg$。$LC_{50}(8d)$：野鸭为 $10g/kg$，鹌鹑 $> 5g/kg$。鱼毒 $LC_{50}(96h)$：蓝鳃 $90mg/L$，虹鳟鱼 $> 100mg/L$，欧洲鲫鱼 $> 100mg/L$。蚯蚓 $LC_{50} > 100mg/L$（48h），$0.29mg/L(21d)$。

作用方式　选择性内吸传导型土壤处理除草剂。被杂草的根系吸收后沿木质部随蒸腾流迅速向上传导到绿色叶片内，抑制杂草光合作用，使杂草饥饿而死亡。温度高时植物吸收传导快。西玛津的选择性是由不同植物生态及重量化等方面的差异而致。西玛津水溶性极小，在土壤中不易向下移动，被土壤吸附在表层形成药层，一年生杂草大多发生在浅层，杂草幼苗根吸收到药液而死，而深根性作物主根明显，并迅速下扎而不受害。西玛津在抗性植物体内含有谷胱甘肽-S-转移酶，通过谷胱甘肽轭合作用，使西玛津在其体内丧失毒性而对作物安全。西玛津在土壤中残效期长，特别在干旱、低温、低肥条件下微生物分解缓慢，持效期可长达一年，因而影响下茬敏感作物出苗生长。

剂型　90%原药，50%悬浮剂，90%水分散粒剂，50%可湿性粉剂。

防除对象　西玛津适用于玉米、高粱、甘蔗、橡胶园、香蕉、菠萝、茶园、果树园、铁路、防火道等防除一年生阔叶杂草及禾本科杂草。

使用方法

（1）玉米、高粱田　于播种后苗前，杂草出土前萌发盛期，每亩用50％西玛津可湿性粉剂300～400g(有效成分150～200g)或40％西玛津胶悬剂375～500mL(有效成分150～200g)，加水30～50kg喷雾处理土壤。为提高西玛津防效，缩短其残效期，可与多种除草剂减量混用。

（2）果、茶、桑园　一般在开春后4～5月，田间杂草处于萌发盛期出土前土壤处理。先将越冬杂草和已出土的杂草铲除干净，每亩用50％西玛津可湿性粉剂150～250g(有效成分75～125g)或40％西玛津胶悬剂185～310mL(有效成分75～125g)，加水30～50kg，喷雾处理土壤。

（3）甘蔗地　甘蔗播种后或甘蔗埋垄后杂草发芽前，一般每亩用50％西玛津可湿性粉剂150～250g(有效成分75～125g)，加水30～50L，喷雾处理土壤。

（4）林地、非耕地　西玛津用于铁路、公路、森林防火道幼林化学抚育，可与多种除草剂混用，特别是与草甘膦混用好，可以减少单用药量（单用50％西玛津可湿性粉剂500～1000g)，提高防除效果，扩大杀草谱。

注意事项

（1）西玛津的残效期长，对某些敏感后茬作物生长有不良影响，如对小麦、大麦、棉花、大豆、水稻、十字花科蔬菜等有药害。施用西玛津的地块，不宜套种豆类、瓜类等敏感作物，以免发生药害。

（2）西玛津用药量应根据土壤的有机质含量、土壤质地、气温而定，一般气温高有机质含量低的沙质土用量低，反之用量高。在有机质含量很高的黑地块，因用量大成本高，最好不要用西玛津。

（3）西玛津不可用于落叶松的新播及换床苗圃。

（4）西玛津属低毒除草剂，但配药和施药人员仍需注意防止污染手、脸和皮肤，如有污染应及时清洗。

（5）西玛津可通过食道、呼吸道等引起人体中毒，中毒症状有全身不适、头晕、口中有异味、嗅觉减退或消失等；吸入西玛津可出现呼吸道刺激症状，重者引起支气管肺炎、肺出血、肺水肿及肝功能损害等；慢性中毒主要引起贫血。中毒时可采用一般急救措施和对症处理，治疗可应用抗贫血药物，呼吸困难时给予氧气吸入，还可给予维生素 B 和铁剂等。

（6）施药后，各种工具要认真清洗，污水和剩余药液要妥善处理或保存，不得任意倾倒，以免污染水源、土壤和造成药害。空瓶要及时回收并妥善处理，不得再作他用。

（7）搬运时应注意轻拿轻放，以免破损和污染环境。运输和存储时应有专门的车皮和仓库，不得与食物及日用品一起运输。应贮存在干燥和通风良好的仓库中。

登记情况及生产厂家　90％原药，山东胜邦绿野化学有限公司（PD20070029）；90％水分散粒剂，浙江中山化工集团有限公司（PD20110558）；50％可湿性粉剂，浙江中山化工集团有限公司（PD85111-2）；50％悬浮剂，浙江中山化工集团有限公司（PD20095415）等。

莠去津（atriazine）

$C_8H_{14}ClN_5$，215.7，1912-24-9

其他名称　阿特拉津，盖萨普林，莠去尽，阿特拉嗪，园保净，Artrex，Atrasol，Atratol，Semparol，Atrazinegeigy，Gesaprim，Primatol-A

化学名称　2-氯-4-乙氨基-6-异丙氨基-1,3,5-三嗪

理化性质　白色结晶，熔点 175～177℃，蒸气压 $4.0×10^{-5}$ Pa（20℃）。25℃时溶解度为甲醇 1.8％，氯仿 5.2％，水 33mg/L。在微酸性和微碱性介质中稳定，但在高温下，碱和无机酸可将其水解为无除草活性的羟基衍生物，无腐蚀性。

毒性　大鼠急性经口 $LD_{50}>3080$mg/kg，小鼠>1750mg/kg；兔急性经皮 $LD_{50}>7500$mg/kg。以含 1000mg/kg 的饲料喂养大鼠

2 年，未见异常情况。致畸、致癌试验呈阴性。对鸟类和鱼类低毒，对眼睛无刺激性，对皮肤有轻微刺激。

作用方式 内吸选择性苗前、苗后除草剂。根吸收为主，茎叶吸收很少。杀草作用和选择性同西玛津，易被雨水淋洗至土壤较深层，对某些深根草亦有效，但易产生药害。持效期也较长。

剂型 25%可分散油悬浮剂，95%原药，48%可湿性粉剂，38%悬浮剂。

防除对象 用于防除玉米、高粱、甘蔗、茶树、果树、苗圃、林地中马唐、稗草、狗尾草、莎草、看麦娘、蓼、藜等一年生禾本科杂草和阔叶杂草，对某些多年生杂草也有一定抑制作用。莠去津可与草不绿、西草净、氨二唑、丁草特、甲氧毒草胺、苯达松、西玛津等混用。

使用方法 见表 10-3。

表 10-3 莠去津使用方法

作物	使用方法
夏玉米播后苗前	土壤有机质含量 1%～2%时,50%可湿性粉剂或 40%胶悬剂(悬浮剂)2250～3000g/hm² 或 2.625～3.000L/hm²;土壤有机质含量 3%～5%时,用时分别为 3000～3750g/hm² 或 3～3.75L/hm²。沙质土壤用下限,黏质土壤用上限,播种后 1～3d 加水 30kg 处理土表
玉米 4 叶期,稗草 2～3 叶期	沙质土壤,用量为 50%可湿性粉剂 1875～2250g/hm² 或 40%悬浮剂 1.875～2.250L/hm²;黏质土壤,用量分别为 3000～3750g/hm² 或 3.000～3.750L/hm²,加水 30～50kg 喷雾
春玉米	40%悬浮剂 3.000～3.750L/hm²,对水 30～50kg 于播后苗前喷雾,春旱施药后混土或适当灌溉,或在玉米 4 叶期作茎叶处理
甘蔗	甘蔗下种后 5～7d,禾本科草出土、阔叶草未出土时,用 50%可湿性粉剂 1500～3000g/hm² 或 40%悬浮剂 3.000～3.750L/hm²,加水 30kg 喷雾
茶园、果园、葡萄园	一般在开春后 4～5 月,田间杂草萌发高峰期,先锄净越冬杂草和已出土大草,用 40%胶悬剂 3.750～4.500L/hm²,加水 30～50kg 喷雾土表

注意事项　大豆、桃树、小麦、水稻等对莠去津敏感，不宜使用。玉米田后茬为小麦、水稻时，应降低剂量与其他安全的除草剂混用。有机质含量超过 6％的土壤，不宜作土壤处理，以茎叶处理为好。

(1) 莠去津的残效期较长，对某些后茬敏感作物如小麦、水稻、大豆等有药害，可采用降低剂量与别的除草剂混用；或改进施药技术，避免对后茬作物的影响。北京、华北地区，玉米后茬作物多为冬小麦，故莠去津单用每亩不能超过 200g(商品量，有效成分100g)。要求喷雾均匀，否则因用量过大或喷雾不均，常引起小麦点片受害，甚至死苗。连种玉米地，用量可适当提高。青饲料玉米，在上海地区只作播后苗前使用。苗期 3～4 叶期，作茎叶处理对后茬水稻有影响。

(2) 果园使用莠去津，对桃树不安全，因桃树对莠去津敏感，表现出为叶黄、缺绿、落果、严重减产，一般不宜使用。

(3) 玉米套种豆类，不宜使用莠去津。

(4) 莠去津播后苗前，土表处理时，要求施药前整地要平，土块要整。

(5) 莠去津属低毒除草剂，但配药和施药人员仍要注意防止污染手、脸和皮肤，如有污染应即时清洗。莠去津可通过食道和呼吸道等引起中毒，中毒解救无特效解毒药。

(6) 施药后各种工具要认真清洗，污水和剩余药液要妥善处理或保存，不得任意倾倒，以免污染水源、土壤和造成药害。空瓶要及时回收并妥善处理，不得再作他用。

(7) 搬运时应注意轻拿轻放，以免破损和污染环境。运输和贮存时应有专门的车皮和仓库，不得与食物和日用品一起运输。应贮存在干燥的通风良好的仓库中。

登记情况及生产厂家　95％原药，山东胜邦绿野化学有限公司(PD20070230)；48％可湿性粉剂，山东亿邦生物科技有限公司(PD20070433)；38％悬浮剂，山东中石药业有限公司(PD20080591)；25％可分散油悬浮剂，陕西上格之路生物科学有限公司(LS20120143)等。

药害

（1）玉米 用其作茎叶处理受害，表现出有的心叶、嫩叶显出触杀型症状，即叶尖及叶缘变黄、变褐、枯干；也有的心叶、嫩叶显出内吸型症状，即叶肉褪绿转黄。

（2）小麦 受其残留危害，表现先从幼苗下位叶片的尖端开始失绿变黄、枯萎，然后渐向这些叶片的中部、基部以及其他叶片扩展，受害严重时，会使植株枯死。

（3）大豆 受其残留危害，表现先从幼苗单叶的叶缘向内逐渐褪绿变黄、枯萎，但叶脉常能保持淡绿，有的叶片还产生褐色枯斑，受害严重时，会使叶片全枯、植株死亡。

（4）油菜 受其残留危害，表现从子叶尖端及先出的真叶叶尖开始褪绿变黄、枯萎，随后渐向叶片的中部、基部及其他叶片扩展。受害严重时，幼苗在子叶期即死。受其飘移危害，表现出从着药叶片开始沿叶尖、叶缘黄枯。

（5）甜菜 受其残留危害，表现出发芽、出苗迟缓，先出的外层叶片从尖端开始变黄、枯萎并向叶基扩展。受害严重时，致使多层叶片黄枯，植株矮缩、生长停滞或死亡。

（6）棉花 受其残留或飘移危害，表现出从先出叶片或着药叶片的叶尖、叶缘开始变黄、蜷缩，并产生褐色枯斑，然后逐向叶片的中部、基部扩展，受害严重时，叶片枯凋。

复配剂及应用

（1）25%硝磺·莠去津悬浮剂，瑞士先正达作物保护有限公司（LS20120141），防除春、夏玉米田一年生杂草，茎叶喷雾，推荐剂量为春玉米田 750 ～ 1125g/hm²，夏玉米田 937.5 ～ 1312.5g/hm²。

（2）54%烟嘧·莠去津可湿性粉剂，京博农化科技股份有限公司（LS20110260），防除春玉米田一年生杂草，茎叶喷雾，推荐剂量为 486～729g/hm²。

（3）42%烟嘧·莠·异丙可分散油悬浮剂，山东省青岛瀚生生物科技股份有限公司（LS20110226），防除夏玉米田一年生杂草，茎叶喷雾，推荐剂量为 2250～3000g/hm²。

氟硫草定 （dithiopyr）

$CH_2CH(CH_3)_2$

CH_3SOC ／ $COSCH_3$

F_3C N CHF_2

$C_{15}H_{16}F_5NO_2S_2$ ， 371.3， 97886-45-8

其他名称　Dimension，Dictran

化学名称　S，S′-二甲基-2-二氟甲基-4-异丁基-6-三氟甲基吡啶-3,5-二硫代甲酸酯

理化性质　纯品氟硫草定为无色晶体，熔点 65℃。溶解性（25℃，mg/L）：水 1.45。

毒性　氟硫草定原药急性 LD_{50}（mg/kg）：大、小鼠经口＞5000，大鼠、兔经皮＞5000。以 10mg/kg 剂量饲喂大鼠两年，未发现异常现象。

作用方式　吡啶羧酸类芽前除草剂，该除草剂的除草活性不受环境因素变化的影响，对水稻安全，持效期可达 80d。

剂型　32％乳油，95％原药。

防除对象　水稻田稗草、鸭舌草、异型莎草、节节菜和种子繁殖的泽泻等，草坪一年生禾本科杂草如升马唐、紫马唐，以及一年生阔叶杂草如球序卷耳、零余子景天、腺漆茄草等。

使用方法　稻田杂草出牙前后可使用，用药量为芽前 60g/hm²，芽后（稗草 1.5 叶前）120g/hm²。草坪除草最好芽前使用，用量为 360～500g/hm²。

登记情况及生产厂家　95％原药，迈克斯(如东)化学有限公司（PD20111071）；32％乳油，美国陶氏益农公司（PD20080483）等。

噻草啶 （thiazopyr）

$CH_2CH(CH_3)_2$

CO_2CH_3

F_3C N CHF_2

$C_{16}H_{17}F_5N_2O_2S$ ， 396.2， 117718-60-2

其他名称　Visor

化学名称　2-二氟甲基-5-(4,5-二氢-1,3-噻唑-2-基)-4-异丁基-6-三氟甲基烟酸甲酯

理化性质　纯品噻草定为具有硫黄气味的浅棕色固体，熔点 77.3～79.1℃。溶解性（20℃，mg/L）：水 2.5。

毒性　噻草定原药急性 LD_{50}（mg/kg）：大鼠经口＞5000，兔经皮＞5000。对兔皮肤无刺激性，对兔眼睛有轻微刺激性；对动物无致畸、致突变、致癌作用。

作用方式　是一种吡啶羧酸酯类化合物，属于细胞分裂抑制剂。

防除对象　用于果树、森林、棉花、花生等苗前除草，主要用于防除众多的一年生禾本科杂草和某些阔叶杂草，使用剂量为 150～2000g/hm²。

氟草烟（fluroxypyr）

$C_7H_5ClFN_2O_3$，255.0，69377-81-7

其他名称　氟草定，氟氯比，氟氧吡啶，氟氯吡氧乙酸，使它隆，治莠灵，Starance，Advance，Dowco 433

化学名称　4-氨基-3,5-二氯-6-氟-2-吡啶氧乙酸

理化性质　纯品氟草烟为白色晶体，熔点 232～233℃。溶解性（20℃，g/L）：丙酮 51.0，甲醇 34.6，乙酸乙酯 10.6，甲苯 0.8，水 91mg/L。

毒性　氟草烟原药急性 LD_{50}（mg/kg）：大鼠经口＞2405，兔经皮＞5000。对兔皮肤无刺激性，对兔眼睛有轻微刺激性；以 80mg/(kg·d)剂量饲喂大鼠两年，未发现异常现象；对动物无致畸、致突变、致癌作用。

作用方式　是吡啶类内吸传导型苗后除草剂。施药后被植物叶片与根迅速吸收，在体内很快传导，敏感作物出现典型的激素

类除草剂反应，植株畸形、扭曲。在耐药性植物如小麦体内，药剂可结合成轭合物失去毒性，从而具有选择性。在光下比较稳定，不易挥发。温度对除草的最终效果无影响，但影响其药液发挥的速度。低温时药效发挥慢，植物中毒停止生长，但不立即死亡；气温升高后很快死亡。本剂在土壤中淋溶性差，大部分在0～10cm表土层中。有氧条件下，在土壤微生物作用下很快降解成2-吡啶醇等无毒物。在土壤中半衰期较短，对后茬阔叶作物无不良影响。

剂型 18%、20%、25%乳油。

防除对象 主要对阔叶杂草如猪殃殃繁缕、牛繁缕、鼬瓣花、田旋花、米瓦罐（麦瓶草）、卷茎蓼（荞麦蔓）、马齿苋、婆婆纳、荠菜、离心芥等有良好防效，对禾本科杂草无效。

使用方法

（1）麦田使用 在大、小麦整个生育期（2叶期至旗叶展开）均可使用，无任何药害症状。冬小麦在返青或小麦分蘖盛期至拔节期，春麦2～5叶期，即在杂草生长旺盛期用药，防效最佳。每亩用20%使它隆乳油50～75mL，对水30kg左右，均匀喷雾。

（2）玉米田使用 在玉米苗后，田间阔叶杂草生长旺盛期，每亩用20%使它隆乳油65～100mL，对水30kg左右，均匀喷雾。

（3）果园使用 一般在田间阔叶杂草生长旺盛期，每亩用20%使它隆乳油75～100mL，对水10～15kg，均匀喷雾于杂草茎叶。喷雾时采取定向喷雾，切勿喷到果树叶片上，并勿将药液喷到土面上，特别是树冠遮盖下的土面上。

注意事项

（1）本品对鱼类有害，切忌污染水源。

（2）收获前30d，不再用药；预测在1h内降雨，不宜施药。

（3）施药作业时避免雾滴飘移到大豆、花生、甘薯和甘蓝等阔叶作物上，以免产生药害；果园、葡萄园喷药时，避免将药液喷到树叶，压低喷头喷雾或加保护罩进行定向喷雾；施药作业时避免药剂接触皮肤、眼睛，注意人体防护。

（4）本品易燃，贮存时远离火源和热源。

三氯吡氧乙酸 （triclopyr）

$C_7H_4Cl_3NO_3$，256.4，55335-06-3

其他名称　盖灌能，盖灌林，定草酯，绿草定，Garlon，Grandstand，Grazon，Pathfinder，Redeen，Remedy，Turflon

化学名称　3,5,6-三氯-2-吡啶氧乙酸

理化性质　纯品氯草定为白色固体，熔点150.5℃，分解温度为208℃。溶解性（20℃，g/L）：丙酮581，甲醇665，乙酸乙酯271，甲苯19.2，乙腈92.1，水0.408。

毒性　绿草定原药急性LD_{50}（mg/kg）：大鼠经口＞692（雌）、577（雄），兔经皮＞2000。对兔皮肤无刺激性，对兔眼睛有轻微刺激性；以35.7mg/（kg·d）剂量饲喂小鼠两年，未发现异常现象；对动物无致畸、致突变、致癌作用。

作用方式　内吸性除草剂，能迅速被叶和根吸收，并在植物体内传导。

剂型　盖灌能61.6%乳油，盖灌能48%乳油。

防除对象　可用于禾本科作物田中防除阔叶杂草，此外可用于非耕地和森林防除阔叶杂草，灌木和木本植物，特别是防除木荽属（*Fraxinus* L.）、栎属（*Quercus* L.）及其他根萌芽的木本植物。

使用方法　可进行茎叶处理、茎注射等。500g/hm² 可防除禾谷类作物田中一些抗2,4-滴杂草。非耕地1000~2000g/hm²，森林2000~3000g/hm²。该药可与敌稗、毒莠定、2,4-滴等混用。通常用于造林前除草灭灌、维护防火线、扶育松树和林分改造。绿草定可以防治胡枝子、榛材、蒙古柞、黑桦、椴、山杨、山刺玫、榆、蒿、柴胡、桔梗、地榆、铁线莲、婆婆纳、草木樨、唐松草、蕨、槭、柳、珍珠梅、蚊子草、走马芹、玉竹、柳叶秀菊、红丁香、金丝桃、山梅花、山丁子、稠李、山梨、香蒿。用药时间为叶面充分展开，旺盛生长阶段，个别灌木处于开花前。用喷雾法，对

水 150～300L/hm²，低容量对水 10～32L/hm²。幼林抚育用商品量 1500g/hm²（有效成分 1000g/hm²）。造林前及防火线用商品量 3000～6000g/hm²（有效成分 1950～3900g/hm²）。绿草定对于松树和云杉的剂量非常严格，超过 1000g/hm² 将有不同程度药害产生，有的甚至死亡。预防办法可以用喷枪定量穴喷，以防超量。用药后影响其种子形成，推迟发育阶段。绿草定药害症状是，灌木在一周后相继出现褐斑、叶枯黄、整枝枯干、整株死亡、烂根、倒地，形成很短的残骸。受害较轻的叶扭曲、变黄、大部分阔叶草扭曲，尤其是走马芹最严重，对禾本科杂草小叶樟有一定的抑制作用。绿草定用柴油稀释 50 倍喷洒于树干基部，可防除非目的树种进行林分改造。在离地面 70～90cm 喷洒桦、柞、椴、杨胸径在 10～20cm 之间，每株用药液 70～90mL，喷药后 6d 桦树 70％叶变黄，13d 后喷洒桦树全部死亡。杨树用药后 13d 全部呈现药害，其中 80％干枯，41d 后杨树全部死亡。柞树有部分出现药害，84d 后杨、桦树干基部树皮腐烂变黑。同毒一滴混剂相比，绿草定反应比毒一滴混剂快，杀灌谱广，用量少、效果好。无论在活性上与杀草灭灌谱上均比 2,4-滴丁酯占优势。用药后不同植物的反应顺序如下：胡枝子最快，半个月后叶变黄，一个月后彻底死亡；其次是榛材；再次是山玫瑰、萌条桦、杨、柳、柞。绿草定对后茬无影响。可以与草甘膦混用，克服由于使用绿草定后窄叶杂草增加的趋势。使用绿草定后，不同生态环境条件下侵入的杂草种类也不相同。比较干旱地段，红毛松、羊胡薹草、蚊子草数量增加，并逐渐形成优势，在有的地方阔叶山蒿开始大量发生。在大多数情况下蕨类的数量大大减少，在灌木密集的地方，1～2 年内杂草很少。要维护绿草定的良好效果，最好在第二年连续用药，可将绿草定与草甘膦混用，以消除噁性杂草侵入。

注意事项

（1）氯草定用药后 2h 内无雨才能见效。

（2）要维护一个稳定的有利于目的树种的环境条件，必须多次用药才能做到，尤其灌木除去后，应与草甘膦混用消除各种杂草。

（3）灌木密集处可以用超低容量，浓度为 1.5％左右为宜。

（4）其他注意事项参阅盖灌林-520。

百草枯（paraquat）

$$[H_3C-N^+=\!\!\!\!\bigcirc\!\!\!-\!\!\!\!\bigcirc\!\!\!-N^+-CH_3]\cdot 2CH_3SO_4^- \quad [H_3C-N^+=\!\!\!\!\bigcirc\!\!\!-\!\!\!\!\bigcirc\!\!\!-N^+-CH_3]\cdot 2Cl^-$$

$C_{14}H_{20}N_2O_8S_2$, 408.3 $C_{12}H_{14}Cl_2N_2$, 257.0, 4685-14-7

其他名称　克芜踪，对草快，离子对草快，泊拉夸特，百朵，Gramoxone，Preeglone，Weedol，Dextronex，Pectone，Pillarzone

化学名称　1,1′-二甲基-4,4′-双吡啶二硫酸单甲酯盐，1,1′-二甲基-4,4′-双吡啶二氯化物盐

理化性质　无色或淡黄色固体，无臭，相对密度 1.24（20℃）。极易溶于水；几乎不溶于有机溶剂。对金属有腐蚀性。在酸性和中性条件下稳定。可被碱水解，遇紫外线分解。惰性黏土和阴离子表面活性能使其钝化。水剂非可燃性。分解产物可有氯化氢、氮氧化物、一氧化碳。不能与强氧化剂、烷基芳烃磺酸盐湿剂共存。

毒性　经口 LD_{50}（mg/kg）：大鼠＞205，小鼠＞143。大鼠急性经皮 LD_{50}＞500mg/kg，家兔急性经皮 LD_{50}＞235mg/kg。大鼠二年饲喂试验无作用剂量为170mg/kg，狗 34mg/kg。动物实验未见致畸、致癌、致突变作用。鲤鱼 LD_{50}＞40mg/L(48h)，虹鳟鱼 LD_{50}＞68mg/L(48h)。对兔眼睛和皮肤有中度刺激作用。吸入可能引起鼻出血。

作用方式　为速效触杀型灭生性季铵盐类除草剂。有效成分对叶绿体层膜破坏力极强，使光合作用和叶绿素合成很快中止，叶片着药后 2～3h 即开始受害变色，克芜踪对单子叶和双子叶植物绿色组织均有很强的破坏作用，但无传导作用，只能使着药部位受害，不能穿透栓质化的树皮，接触土壤后很容易被钝化。不能破坏植株的根部和土壤内潜藏的种子，因而施药后杂草有再生现象。

剂型　30.5%原药，200g/L 水剂。

防除对象　可防除各种一年生杂草；对多年生杂草有强烈的杀

伤作用，但其地下茎和根能萌出新枝；对已木质化的棕色茎和树干无影响。适用于防除果园、桑园、胶园及林带的杂草，也可用于防除非耕地、田埂、路边的杂草，对于玉米、甘蔗、大豆以及苗圃等宽行作物，可采取定向喷雾防除杂草。

使用方法

（1）果园、桑园、茶园、胶园、林带使用　在杂草出齐，处于生旺盛期，每亩用 20％水剂 100～200mL，对水 25kg，均匀喷雾杂草茎叶，当杂草长到 30cm 以上时，用药量要加倍。

（2）玉米、甘蔗、大豆等宽行作物田使用　可播前处理或播后苗前处理，也可在作物生长中后期，采用保护性定向喷雾防除行间杂草。播前或播后苗前处理，每亩用 20％水剂 75～200mL，对水 25kg 喷雾防除已出土杂草。作物生长期，每亩用 20％水剂 100～200mL，对水 25kg，作行间保护性定向喷雾。

注意事项

（1）百草枯为灭生性除草剂，在园林及作物生长期使用，切忌污染作物，以免产生药害。

（2）配药、喷药时要有防护措施，戴橡胶手套、口罩，穿工作服。如药液溅入眼睛或皮肤上，要马上进行冲洗。

（3）使用时不要将药液飘移到果树或其他作物上，菜田一定要在没有蔬菜时使用。

（4）喷洒要均匀周到，可在药液中加入 0.1％洗衣粉以提高药液的附着力，施药后 30min 遇雨时基本能保证药效。

（5）百草枯对人毒性极大，且无特效药，经口中毒死亡率可达90％以上，目前已被 20 多个国家禁止或者严格限制使用。

登记情况及生产厂家　200g/L 水剂，先正达南通作物保护有限公司（PD20050007）；30.5％原药，英国先正达有限公司（PD195-95）；42％ 母药，江苏苏州佳辉化工有限公司（PD20080492）。

药害

（1）玉米　受其飘移危害，表现出叶片先迅速产生水渍状灰绿色浸润斑，随后变为灰白、黄白色或黄褐色枯斑，有的叶片大部分或全部枯萎下垂。受害严重时，植株枯死。

（2）油菜　受其飘移危害，表现出着药叶片迅速失绿变为黄白色、黄褐色而枯萎、蜷缩、下垂。

（3）棉花　受其飘移危害，表现出有的是子叶局部或全部失绿变为灰白色、黄褐色而枯萎，有的是真叶着药后产生漫连形云块状灰白色枯斑。

敌草快（diquat）

$C_{12}H_{10}Br_2N_2$，344.05，220-433-0

其他名称　利农，利收谷，Reglone，Aquacide，Dextrone

化学名称　$1,1'$-亚乙基-$2,2'$-联吡啶二鎓盐

理化性质　其二溴盐以单水化合物形式存在，白色至黄色结晶，熔点325℃（分解），蒸气压$13.3×10^{-6}Pa(25℃)$。微溶于乙醇和其他带羟基的溶剂，不溶于非极性的有机溶剂。20℃时水中溶解度为700g/L。在酸性和中性的溶液中稳定，碱性条件下不稳定。

毒性　原药急性经口LD_{50}（mg/kg）：大鼠＞231，小鼠＞125。大鼠急性经皮LD_{50}＞50～100mg/kg，兔急性经皮LD_{50}＞400mg/kg。对皮肤和眼睛有中等刺激作用。狗两年饲喂实验无作用剂量为1.7mg/(kg•d)，大鼠三代繁殖试验无作用剂量为25mg/(kg•d)。在实验剂量内动物实验未见致畸、致癌、致突变作用。鲤鱼LD_{50}＞40mg/kg，对蜜蜂无毒。

作用方式　敌草快是具有一定传导性能的触杀型除草剂。可迅速被绿色植物组织吸收，与土壤接触后很快失去活性。用途包括马铃薯茎叶的催枯（600～900g/hm²）；种子作物的干燥（450～2100g/hm²）；植前除草（300～900g/hm²）。在禾本科杂草严重的地方，最好与对草快一起使用。

剂型　200g/L母液、20％水剂。

防除对象　用于大田、果园、非耕地、收割前等除草。

使用方法

（1）作物催枯

① 豆科作物　大豆、豌豆在潮湿条件下，在叶子和杂草枯死之前已成熟，因此收割很困难，但在豆荚黄棕色时，每亩喷施20%水剂200mL（有效成分40g），加水25kg喷雾处理，2～7d后便可收割。

② 油料作物　在芝麻茎叶部分尚绿，芝麻粒已成熟时，每亩用20%水剂150～200mL（有效成分30～40g），加水25kg喷雾处理，可提早14d收获。向日葵在叶、茎和肉质的盘状花絮干枯之前，种子已经成熟，每亩用20%水剂200mL（有效成分40g），加水25kg喷雾，10d后收获，种子含水量低于45%，可提早收获15d。油菜成熟不均匀，在70%荚已变黄时，每亩用20%水溶剂150～200mL（有效成分30～40g），加水25kg喷雾处理，可使产量提高，种子含水量下降3%～4%。亚麻当80%～95%的蒴果转为棕色时，每亩喷施20%水溶剂150～200mL（有效成分30～40g），加水25kg喷雾，利于油产量和质量的提高。

③ 谷类作物　玉米、高粱、水稻、小麦和大麦的谷粒成熟时含水量较高，每亩用20%水剂100～200mL（有效成分20～40g），加水15～20kg喷雾处理，3～4d后可收割。种子含水量比不催枯减少30%左右。

④ 棉花　不管是用人工或机械摘收，事先催枯除去叶子，不仅方便采收，而且能提高棉花质量。每亩用20%水剂66.7～133.3mL（有效成分13.3～26.7g），加水15～20L喷雾处理。

⑤ 马铃薯　马铃薯收获时，其茎叶及杂草浓密，收获操作困难，也难防治马铃薯枯萎病和病毒病，每亩可用20%水溶剂200～250mL（有效成分40～50g），加水20～25kg，进行喷雾催枯处理。

（2）农田杂草防除

① 夏玉米免耕除草　小麦粒接近成熟时套种玉米，在玉米播种后苗前，每亩用20%水剂150～200mL（有效成分30～40g），对水25kg喷雾处理。可达到玉米免耕除草，小麦催枯的双重目的。

② 果园　苹果、梨等每亩用20%水剂200mL（有效成分40g），

加水 25kg，在杂草生长旺盛期进行杂草叶面处理。一般情况下对菊科、十字花科、唇形花科杂草有较好防除效果，但对蓼科、鸭趾草科、田旋花科杂草防效差。敌草快的有效作用时间较短，适宜作为果园除草剂的搭配品种，可与三氮苯类、取代脲类及茅草枯等除草剂混用。

注意事项

（1）敌草快是非选择性除草剂，切勿对作物幼树进行直接喷雾。否则，接触作物绿色部分会产生严重药害。

（2）勿与碱性磺酸盐湿润剂、激素型除草剂的碱金属盐类等化合物混合使用。

（3）敌草快可以和 2,4-滴、取代脲类、三氮苯类、茅草枯等除草剂混用，以延长对杂草的有效防除时间。未经稀释的敌草快原液对铝等金属材料有腐蚀作用，故应贮存在塑料桶内。但是，稀释之后，对用金属材料制成的喷雾装置无腐蚀作用。

（4）在使用本剂时，操作人员应戴好手套和口罩，操作时不要饮食和抽烟。如药液溅到皮肤上和眼睛内，应立即冲洗。如有误服，立即引吐并送医院治疗。

（5）应将本药剂贮存在远离食物和饲料，以及儿童接触不到的地方。

登记情况及生产厂家　260g/L 母液，英国先正达有限公司（PD20070055）；20% 水剂，山东绿霸化学股份有限公司（PD20110739）等。

野燕枯（difenzoquat）

$C_{18}H_{20}N_2O_4S$，360.43，43222-48-6

其他名称　燕麦枯，双苯唑快，Avenge，Finaven

化学名称　1,2-二甲基-3,5-二苯基吡唑硫酸甲酯

理化性质　原药纯度≥96%，纯品为无色固体，易吸潮，熔点

$150\sim160℃$，蒸气压$<1\times10^{-2}$ mPa，相对密度 1.48。溶解度（25℃，g/L）：水 765，二氯甲烷 360，氯仿 500，甲醇 588，1,2-二氯乙烷 71，异丙醇 23，丙酮 9.8，二甲苯<0.01；微溶于石油醚、苯和二氧六环。水溶液对光稳定，热稳定，弱酸介质中稳定，但遇强酸和氧化剂分解。

毒性　急性经口 LD_{50}（mg/kg）：雄大鼠>617，雌大鼠>373，雄小鼠>31，雌小鼠>44。雄兔急性经皮 $LD_{50}>3540$mg/kg。对兔皮肤中度刺激性，对眼睛严重刺激性。大鼠急性吸入 LC_{50}（4h）>0.5mg/L 空气。大鼠 2 年饲养无作用剂量 500mg/kg 饲料。ADI值：0.2mg/kg。饲喂 LC_{50}（8d）：山齿鹑>4640mg/L 饲料，野鸭>10388mg/L 饲料。鱼毒 LC_{50}（96h，mg/L）：虹鳟鱼>694，蓝腮>696。蜜蜂 LD_{50}（接触）$>36\mu$g/只。

作用方式　尚不明确。

剂型　40%水剂，96%原药。

防除对象　主要用于防除小麦、大麦田中的噁性杂草野燕麦。防除效果达到 90%左右，增产效果显著。

使用方法　喷液量人工每公顷 $300\sim600$L，拖拉机喷雾机 $100\sim150$L。配药方法先在一个容器内配母液，在药箱内加 1/3水，再加入配好的野燕枯母液，充分搅拌，再加入药液量的 0.4%~0.5%表面活性剂，最后加药液量 0.005%硅油消泡剂，搅拌均匀。喷药时选择气温 20℃以上、空气相对湿度 70%以上的晴天，药效好。在干旱少雨地区麦田先灌水后施药。

注意事项

（1）相对湿度 65%以下、气温 15℃以下不要施药。

（2）施药后应保持 4h 无雨。

（3）野燕枯不能与钠盐、胺盐混用，以免产生沉淀，影响药效。

（4）40%燕麦枯水剂在北方冬季应放温室贮存，遇零度以下低温会结晶，难以再溶解而失去使用价值。

登记情况及生产厂家　96%原药，陕西农大德力邦科技股份有限公司（PD20095228）；40%水剂，陕西农大德力邦科技股份有限公司（PD20095227）。

吡唑特（pyrazolate）

$C_{19}H_{16}Cl_2O_4N_2S$，439.3，58011-68-0

其他名称 Sanbird，A 544，H 468T，SW 751

化学名称 4-(2,4-二氯苯甲酰基)-1,3-二甲基-5-吡唑基对甲苯磺酸酯

理化性质 纯品为白色晶体。熔点 117.5～118.5℃，220℃ 30min 分解，蒸气压＜$1.3×10^{-9}$ Pa(20℃)。25℃时溶解度：1,4-二噁烷 256g/L，乙醇 14g/L，己烷 0.6g/L，水 0.056mg/L。在氯甲烷和苯中稳定，在甲醇和 1,4-二氧六环中不稳定；在水溶液中迅速水解。土壤中半衰期 10～20d。

毒性 急性经口 LD_{50}(mg/kg)：大鼠 9950(雄)、10233(雌)，小鼠 10070～11092。大鼠急性经皮 LD_{50}＞5000mg/kg。对兔皮肤和眼睛无刺激作用。大鼠 13 周喂养无作用剂量 150mg/(kg·d)。无致突变作用。鲤鱼 LC_{50}＞92mg/L。

作用方式 作用于对羟苯基丙酮酸双氧化酶，引起白化。本药属吡唑类除草剂，是叶绿素合成抑制剂。它的活性成分是 DTP〔4-(2,4-二氧苯甲酰)-1,3-二甲基-5-羟基吡唑〕，系吡唑特水解失去甲基磺酰基后的产物，它被杂草幼芽及根吸收而发生作用。是防治水稻田多年生杂草的特效除草剂，在土壤中持效期长。

剂型 10%颗粒剂。

防除对象 禾本科、莎草科杂草和泽泻、野慈姑和眼子菜。

使用方法 单独使用或与丁草胺、杀草丹及丙草胺混用均可。在插秧前后及播种前、播种后 7d 保水撒施。用药量为 3000g/hm²。

异噁唑草酮 （isoxaflutole）

C₁₅H₁₂F₃NO₄S，360.1，141112-29-0

其他名称　百农思，Balance，Merlin

化学名称　5-环丙基-1,2-噁唑-4-基 （α，α，α-三氟甲基-2-甲磺酰基对甲苯基）酮

理化性质　纯品异噁唑草酮为白色至黄色固体，熔点 140℃；溶解性（20℃，mg/L）：水 6.2。

毒性　异噁唑草酮原药急性 LD_{50}（mg/kg）：大鼠经口＞5000，兔经皮＞2000。对兔皮肤无刺激性，对兔眼睛有轻微刺激性；对水生动物、飞禽、害虫天敌安全；对动物无致畸、致突变、致癌作用。

作用方式　作用于对羟苯基丙酮酸双氧化酶，引起白化。可用于玉米、甘蔗等旱作物田作土壤处理的一种有机杂环类选择性内吸型苗前除草剂，主要经由杂草幼根吸收传导而起作用。敏感杂草吸收了此药之后，通过抑制对羟基苯丙酮双氧酶而破坏叶绿素的形成，导致受害杂草失绿枯萎。异噁唑草酮在施用时或施用后，因土壤墒情不好而滞留于表层土壤中的有效成分虽不能及时地发挥出防除杂草的作用，但仍能保持较长时间不被分解，待遇到降雨或灌溉，仍能发挥防除杂草的作用，甚至对长到 4～5 叶的敏感杂草也能杀伤和抑制。异噁唑草酮的持效期适中，在土壤中的半衰期比较短，通常在 4 个月后基本无残留，因此对后茬作物没有不良的影响。

剂型　75％异噁唑草酮水分散粒剂。

防除对象　玉米、甘蔗等地中的苘麻、藜、地肤、猪毛菜、龙葵、反枝苋、柳叶刺蓼、鬼针草、马齿苋、繁缕、香薷、苍耳、铁苋菜、水棘针、酸模叶蓼、婆婆纳等多种一年生阔叶杂草，对马唐、稗草、牛筋草、千金子、大狗尾草和狗尾草等一些一年生禾本科杂草也有较好的防效。

使用方法

(1) 异噁唑草酮要在玉米播后一周内及早施用。施用方法是先将药剂溶于少量水中，然后按每亩对水 60～75L 配成药液，经充分搅拌后再均匀喷于地表。

(2) 为了更好地防除禾本科杂草，特别推荐异噁唑草酮与乙草胺（禾耐斯）、异丙草胺、普乐宝等酰胺类除草剂混用。除了混用，在禾本科杂草发生很少的地块也可以单用。

(3) 在春玉米种植区，每亩用 75％异噁唑草酮水分散粒剂 8～10g 加 50％乙草胺乳油 130～160mL(有效成分 6～7.5g 加 65～80g)。

(4) 在夏玉米种植区，每亩用 75％异噁唑草酮水分散粒剂 5～6g 加 50％乙草胺乳油 100～130mL，或加 90％乙草胺 55～70mL，或加 72％都尔或普乐宝 80～100mL。

注意事项

(1) 使用异噁唑草酮同使用其他土壤处理除草剂一样，在干旱少雨、土壤墒情不好时不易充分发挥药效，因此要求播种前把地整平，播种后把地压实，配制药液时要把水量加足。不然，则难以保证药效。

(2) 异噁唑草酮的杀草活性较高，施用时不要超过推荐用量，并力求把药喷施均匀，以免影响药效和产生药害。

(3) 异噁唑草酮用于碱性土或有机质含量低、淋溶性强的沙质土，有时会使玉米叶片产生黄化、白化药害症状。另外，爆裂型玉米对该药较为敏感。因此，在这些玉米田上不宜使用。

(4) 如有异噁唑草酮药液溅到眼里，要用清水充分冲洗；溅到皮肤上，要用肥皂清洗。若误服或吸入中毒，将其置于阴凉通风处，并尽快送到医院进行对症治疗。

噁草酮 （oxadiazon）

$C_{15}H_{18}Cl_2N_2O_3$，345.1，19666-30-9

其他名称　农思它，噁草灵，Ronstar

化学名称　5-叔丁基-3-(2,4-二氯-5-异丙氧基)-1,3,4-噁二唑-2-(3H)-酮

理化性质　纯品噁草酮为无色固体，熔点87℃。溶解性(20℃，g/L)：水0.001，甲醇100，乙醇100，环己烷200，丙酮600，四氯化碳600，甲苯、氯仿、二甲苯1000。碱性介质中不稳定。

毒性　噁草酮原药急性LD_{50}(mg/kg)：大鼠经口＞5000，大鼠和兔经皮＞2000。对兔皮肤无刺激性，对兔眼睛有轻微刺激性；对动物无致畸、致突变、致癌作用。

作用方式　是选择性芽前、芽后除草剂。主要被杂草幼芽或茎叶吸收。对萌发期的杂草效果最好，随着杂草长大而效果下降，对成株杂草基本无效。

剂型　94％原药，25％乳油，380g/L悬浮剂。

防除对象　适用于水稻、大豆、棉花、甘蔗等作物及果园防除稗草、千金子、雀稗、异型莎草、球花碱草、鸭舌草、瓜皮草、节节菜以及苋科、藜科、大戟科、酢浆草科、旋花科等一年生禾本科及阔叶杂草。

使用方法

(1) 旱稻、旱稻水灌直播田　播种后出苗前，每亩用12％乳油100～150mL，对水50kg，均匀喷布土表。秧田、水直播田一般整好地后，最好田间还处于泥水状时，每亩用12％乳油100～150mL，对水25kg，喷布全田。保持水层2～3d，排水后播种。亦可在秧苗1叶1心至2叶期，每亩用12％乳油100mL，对水30kg均匀喷布全田，保持浅水层3d。

(2) 移栽田　可于水稻移栽前1～2d或移栽后4～5d，每亩用12％乳油125～150mL，用原瓶装甩施，施药后保持浅水层3d。自然落干。以后正常管理。

(3) 花生、棉花田　播种后出苗前，每亩用25％乳油75～100mL，对水35kg，均匀喷布土表。

注意事项

(1) 催芽播种秧田，必须在播种前2～3d施药，如播种后马上施药，易出现药害。

(2) 旱田使用，土壤要保持湿润，否则药效无法发挥。

登记情况及生产厂家 94%原药，连云港市金囿农化有限公司（PD20070147）；25%乳油，江苏蓝丰生物化工股份有限公司（PD20080659）；380g/L悬浮剂，江苏龙灯化学有限公司（PD20111425）等。

药害

(1) 大豆 用其作土壤处理受害，表现出出苗、生长迟缓，子叶产生褐色枯斑，有的下胚轴上端缢缩而枯萎，真叶皱缩蜷曲及局部产生褐色枯斑。受害严重时，植株生长停滞或枯死。

(2) 花生 用其作土壤处理受害，表现出植株瘦小，叶片产生漫连形黄白色、黄褐色枯斑并皱缩。受害严重时，子叶亦产生褐色枯斑，主茎及真叶、顶芽变褐枯死，主根缩短并横长。

(3) 小麦 在土壤中接触受害，表现出出苗、生长迟缓，叶片产生散点状或漫连形白色枯斑。受害严重时，叶片局部或全部变白、扭卷、枯死乃至植株枯萎死亡。

(4) 水稻 用其拌土撒施受害，表现出触水叶鞘、叶片产生漫连形块状棕褐色灼斑，植株生长缓慢，茎叶和根系都较细小。受害严重时，外层底叶变黄、变褐枯死，植株矮缩，分蘖减少。

复配剂及应用

(1) 65%噁草·丁草胺微乳剂，吉林金秋农药有限公司（LS20120381），防除水稻移栽田一年生杂草，直接瓶甩，推荐剂量为877.5～1072.5g/hm²。

(2) 36%噁酮·乙草胺乳油，辽宁省大连越达农药化工有限公司（PD20081853），防除大豆田、春、夏花生田一年生单、双子叶杂草，播后苗前土壤处理，推荐剂量为1080～1350g/hm²（大豆田），810～1080g/hm²（夏花生田）、1080～1620g/hm²（春花生田）等。

丙炔噁草酮 (oxadiargyl)

$C_{15}H_{14}Cl_2N_2O_3$，341.1，39807-15-3

其他名称 稻思达，快噁草酮，Raft，Topstar

化学名称 5-叔丁基-3-[2,4-二氯-5-(丙-2-炔基氧基) 苯基] 1,3,4-噁二唑-2 (3H)-酮

理化性质 纯品丙炔噁草酮为白色固体，熔点 131℃。溶解性 (20℃，g/L)：水 0.00037，甲醇 14.7，乙腈 94.6，二氯甲烷 500，乙酸乙酯 121.6，丙酮 250。

毒性 丙炔噁草酮原药急性 LD_{50} (mg/kg)：大鼠经口＞5000，兔经皮＞2000。以 10mg/(kg·d) 剂量饲喂大鼠两年，未发现异常现象；对蚯蚓无毒；对动物无致畸、致突变、致癌作用。

作用方式 稻思达属于低毒、环状亚胺类选择性触杀型除草剂，主要在杂草出土前后通过稗草等敏感杂草幼芽或幼苗接触吸收而起作用。稻思达施于稻田水中经过沉降逐渐被表层土壤胶粒吸附形成一个稳定的药膜封闭层，当其后萌发的杂草幼芽经过此药层时，以接触吸收和有限传导，在有光的条件下，使接触部位的细胞膜破裂和叶绿素分解，并使生长旺盛部分的分生组织遭到破坏，最终导致受害的杂草幼芽枯萎死亡。而在施药以前已经萌发但尚未露出水面的杂草幼苗，则在药剂沉降之前从水中接触吸收到足够的药剂，致使杂草很快坏死腐烂。稻思达在土壤中移动性较小，因此，不易触及杂草的根部。稻思达持效期 30d 左右。

剂型 96％原药，80％可湿性粉剂。

防除对象 高效广谱稻田除草剂，对一年生禾本科、莎草科、阔叶杂草和某些多年生杂草效果显著，对噁性杂草四叶萍有良好的防效。主要用于水稻、马铃薯、向日葵、蔬菜、甜菜、果园等苗前防除阔叶杂草，如苘麻、鬼针草、藜属杂草、苍耳、圆叶锦葵、鸭

舌草、蓼属杂草、梅花藻、龙葵、苦苣菜、节节菜等，禾本科杂草，如稗草、千金子、刺蒴藜草、兰马草、马唐、牛筋草、樱属杂草以及莎草科杂草等。

使用方法 稻思达在杂草出苗前或出苗后的早期用于插秧的稻田。最好在插秧前施用，也可以在插秧后施用。在插秧前施用时应在耙地之后进行耢平时趁水混浊将配好的药液均匀泼浇到稻田里，配制药液时要先将药剂溶于少量水中而后按每亩对水 15L 充分搅拌均匀，施药之后要间隔 3d 以上的时间再插秧。在插秧后施药时，也要先将药剂溶于少量水中，然后按照每亩备好的细沙 15～20kg 充分拌匀于插秧间隔 7～10d 以上。施药时水层 3～5cm，保持水层 5～7d 以上，缺水补水，切勿进行大水漫灌淹没稻苗心叶。稻思达使用上应与阔叶除草剂混合使用。即插秧前 5～7d 稻思达 80％水分散粒剂 90g/hm²，插后 15～20d 50％稻思达 60g/hm²＋30％威农可湿性粉剂 150g/hm²，或 10％农得时可湿性粉剂 300～450g/hm²，或 10％草克星可湿性粉剂 150～195g/hm²，或 15％太阳星水分散粒剂 150～300g/hm²，喷液量 450～750L/hm²。

施药时注意：第一，防止飘移到其他作物上。第二，有机质含量低的沙质土不宜使用。第三，避免药液接触皮肤和眼睛。第四，保存在阴凉、干燥处。远离化肥、其他农药、种子、食物、饲料。稻思达可与农得时、草克星、太阳星、金秋等药剂混用，于水稻插秧后 5～7d 一次性施用，可增强对雨久花、泽泻、萤蔺、眼子菜、狼巴草、慈姑、三棱草等杂草的防除效果。

注意事项

（1）水稻整个生育期最多使用 1 次，施药时田间保水层 3～5cm，药后至少保水 5～7d。

（2）严格按推荐的使用技术均匀施用，不得超范围使用，稻思达对水稻的安全幅度较窄，不宜用在弱苗田、制种田、抛秧田及糯稻田。

（3）采用喷雾器甩喷施用时，应于水稻移栽前 3～7d，每亩对水量 5L 以上，甩喷施的药滴间距应少于 0.5m。秸秆还田（旋耕整地、打浆）的稻田，也必须于水稻移栽前 3～7d 趁清水或浑水施药，且秸秆要打碎并彻底与耕层土壤混匀，以免因秸秆集中腐烂造成水稻根际缺氧引起稻苗受害。本剂为触杀型土壤处理剂，插秧时勿将稻苗淹没在施用本剂的稻田水中，水稻移栽后使用应采用"毒土法"撒施，以保药效，避免药害。东北地区移栽前后两次用药防除稗草（稻稗）、三棱草、慈姑、泽泻等恶性或抗性杂草时，可按说明于栽前施用本剂，再于水稻栽后15~18d使用其他杀稗剂和阔叶除草剂，两次使用杀稗剂的间隔期应在20d以上。

（4）本剂对水生藻类高毒，包装倒空洗净后应妥善处理，其废弃物和污染物应依法作集中焚烧处理，避免其污染水源、沟渠和鱼塘。

（5）本剂对皮肤和眼睛有刺激作用，误用可能损害健康，应避免眼睛和身体直接接触。施用时应戴防护镜、口罩和手套，穿防护服，并禁止饮食、吸烟、饮水等；施药后应用肥皂和清水彻底清洗暴露在外的皮肤。

（6）本剂无特别中毒症状。治疗无解毒剂，应对症支持治疗。保证呼吸道畅通，呼吸困难时应实施吸氧，如呼吸停止应尽可能进行人工呼吸。检查病人的意识状态、呼吸和脉搏。

登记情况及生产厂家　96％原药，德国拜耳作物科学公司（PD20070056）；80％可湿性粉剂，德国拜耳作物科学公司（PD20070611）等。

环戊噁草酮（pentoxazone）

$C_{17}H_{17}ClFNO_4$，353.6，110956-75-7

其他名称　噁嗪酮，Wechser，Kusabue，Shokinel，Kusa Punch，The One，Starbo，Utopia

化学名称　3-(4-氯-5-环戊氧基-2-氟苯基)-5-异亚丙基-1,3-噁唑啉-2,4-二酮

理化性质　纯品环戊噁草酮为无色固体，熔点104℃。溶解性

（20℃，g/L）：水 0.000216，甲醇 24.8。对碱不稳定。

毒性 环戊噁草酮原药急性 LD_{50}（mg/kg）：大、小鼠经口＞5000，大鼠经皮＞2000。对动物无致畸、致突变、致癌作用。

作用方式 日本开发的新型噁唑烷二酮类除草剂。用于水稻苗前苗后，在低浓度下用于控制包括稗草等的一年生杂草。杀草谱广且持效久，对环境安全。有效地抑制在叶绿素生物合成中的原叶啉-LX 氧化酶。在光作用下，由于积累的原叶啉-LX 产生的活性氧使它诱导氧化物酶膜破裂。

防除对象 对一年生杂草如稗属、雨久花属、莎草属和阔叶杂草有良好的除草效果。对多年生蓑衣杂草如荸荠属也有抑制作用。

使用方法 以 150～450g/hm² 的浓度于苗前和苗后早期施用，在苗前和苗后早期应用时，杂草还未长到 10 叶阶段施用最有效，且能充分发挥本除草剂功效；当以浓度 390～450g/hm² 使用时，能迅速杀灭稗属并残留部分一直能控制 6 周，它的长久持效性是由于土壤对它吸收而具有低迁移性和水中低溶解性的缘故。与磺酰胺类结合使用时，环戊噁草酮在移植水稻前一次施入田中具有良好的控制一年生和多年生杂草的能力。

氟咯草酮（fluorochloridone）

$C_{12}H_{10}Cl_2F_3NO$，312.08，61213-25-0

其他名称 Racer，R 40244

化学名称 (3RS,4RS；3RS,4SR)-3-氯-4-氯甲基-1-(α，α，α-三氟间甲苯基)-2-吡咯烷酮（3∶1）

理化性质 原药为棕色固体。熔点 42～73℃，蒸气压 8×10²Pa(25℃)。易溶于丙酮、氯苯、乙醇、二甲苯等有机溶剂，溶解度 100～150g/L。在煤油中溶解度＜5g/L。在水中溶解度 28mg/L。60℃、pH＝4 时半衰期为 7d，60℃、pH＝7 时为 18d，

土壤中半衰期 $11\sim100d$。

毒性 雄大鼠急性经口 $LD_{50} > 4000mg/kg$，兔急性经皮 $LD_{50} > 5000mg/kg$，大鼠急性吸入 $LC_{50} > 10.3mg/L(4h)$。对兔皮肤和眼睛稍有刺激作用。雄大鼠 2 年饲喂试验无作用剂量为 100mg/kg 饲料 $[3.9mg/(kg \cdot d)]$，雌大鼠 2 年饲喂试验无作用剂量为 400mg/kg 饲料 $[19.3mg/(kg \cdot d)]$。Ames 试验和小鼠淋巴组织试验表明无致变性。虹鳟鱼 $LC_{50} > 4mg/L(96h)$、蓝鳃鱼 $LC_{50} > 5mg/L(96h)$。鹌鹑 $LD_{50} > 2150mg/kg$。蜜蜂 $LD_{50} < 0.1mg/$只。

作用方式 本品为芽前除草剂，是类胡萝卜素合成与抑制剂，属吡咯烷酮类除草剂。

剂型 95%原药。

防除对象 可防除冬麦田、棉田的繁缕、田堇菜、常春藤叶、婆婆纳、反枝苋、马齿苋、龙葵、猪殃殃、波斯水苦荬等，并可防除马铃薯和胡萝卜田的各种阔叶杂草，包括难防除的黄木樨草和蓝蓟，对作物安全。

使用方法 以 $500\sim750g/hm^2$ 芽前施用。在轻质土中生长的胡萝卜，以 $500g/hm^2$ 施用可获得相同的防效，并增加产量。

登记情况及生产厂家 95%原药，江苏苏州佳辉化工有限公司（LS20110295）。

异噁草酮（clomazone）

$C_{12}H_{14}ClNO_2$，239.6，81777-89-1

其他名称 广灭灵，异噁草松，Dimethazon，Comazone，Gamit，FMC 57020

化学名称 2-(2-氯苄基)-4,4-二甲基异噁唑-3-酮

理化性质 原药为浅棕色黏性液体，水中溶解度为 1100mg/L，易溶于有机溶剂。48%广灭灵乳油为浅黄色清澈黏性液体，乳化性良好，常温贮存稳定期一年以上，50℃时 3 个月质量无明显变化。广灭灵乳油在低于 0℃条件下会出现结晶，当移在 $15\sim20$℃下

可重新溶解，使用对药效无影响。

毒性 广灭灵属低毒性除草剂，原药大鼠急性经口 LD_{50}（mg/kg）：2077（雄）、1369（雌）。兔急性经皮 $LD_{50} > 2000$ mg/kg，大鼠急性吸入 LC_{50} 为 4.85mg/L。对眼睛有刺激，对皮肤有轻微刺激。对鸟类低毒，对鱼毒性较低。

作用方式 由根部和幼芽吸收到植物体内向上传导。大豆的选择性主要起因于对药剂的代谢有差异。对作用方式的研究表明：该化合物能有效的抑制敏感杂草光合成色素的生物合成，虽然敏感杂草能出土，但组织失绿，植物在很短时间内就死亡。

剂型 广灭灵 Command（480g/L 或 720g/L 乳油），混剂：Coizor（Maag）（本品＋牧草胺）。

防除对象 可防除阔叶杂草和禾本科杂草。在芽前或播前以推荐的用量混土施用，能有效地控制以下杂草：禾本科杂草，如马唐、止血马唐、宽叶臂形草、芒稷、稗、牛筋草、野黍、秋稷黍、大狗尾草、金狗尾草、狗尾草、二色高粱、阿拉伯高粱等；阔叶杂草，如苘麻、铁苋菜、苋属、美洲豚草、藜、腺毛巴豆、扭曲山马蝗、曼陀罗、菊芋、野西瓜苗、宾州蓼、马齿苋、刺苋花稔、龙葵、佛罗里达马蹄莲、苍耳等。

使用方法

（1）大豆

芽前或植前混土处理，用量为 100～1000g/hm²。根据土壤类型（表10-4），在大豆播种前、芽前或在幼苗期，以 840～1400g/hm² 施用能有效地控制龙葵、苍耳及苋属杂草。

表 10-4　在大豆芽前和播前混土施用推荐用量　　　　g/hm²

土壤类型	有机质含量		
	<2%	2%～3%	>3%
粗粒土壤（轻）（沙质土、壤沙土、沙壤土）	560	840	840～1120
中质土壤 （壤土、粉沙壤土、粉沙土、沙质黏壤土、沙黏土）	840	840～1120	1120～1400
细土（重） （粉沙黏土、黏壤土、粉沙黏壤土、黏土）	1120～1400	1120～1400	1120～1400

单用难以防除的杂草有：轮生粟米草、三列豚草、大果田菁、番薯属、苔属、钝叶决明、野田芥、野向日葵、大戟科杂草等。

本品可以和赛克津或利谷隆混用。这样本品对阔叶杂草的活性就补充了赛克津或利谷隆的杀草谱，并且可以减少赛克津和利谷隆的使用量。减少赛克津的用量能提高赛克津在大豆作物上的安全性。将本品与赛克津或利谷隆桶混可防除另外一些杂草：本品＋赛克津，防除野向日葵、野田芥、钝叶决明、轮生粟米草、大果田菁等等；本品＋利谷隆，可防除芥菜属、鸭跖草、轮生粟米草、牛膝菊、野生萝卜、繁缕等。与上述推荐量的本品混用的赛克津和利谷隆的建议用量如表 10-5。

表 10-5 异噁草酮与赛克津或利谷隆混用建议用量 g/hm²

土壤类型	赛克津	利谷隆
粗粒土壤	112～280	380～1120
中质土壤	210～420	540～1400

（2）其他作物

① 马铃薯 马铃薯对本品有耐药性，以 560～1400g/hm² 的剂量单独施用作为芽前除草剂；也可和利谷隆桶混，其用量两者均为 840～1120g/hm²；和赛克津桶混，FMC57020 用量 560～1120g/hm²，赛克津用量 280～560g/hm²。

② 烟草 烤烟也有耐药性，以 560～1400g/hm² 的剂量作为芽前施用或植前混土施用的除草剂。

③ 棉花 棉花亦有耐药性，可以在植后直接喷雾，其用量为 840～1400g/hm²。

注意事项

（1）根据土壤结构中轻质至重质土的类型来选择上述范围内较低至较高的用量。土壤中有机质含量高则用量也高。

（2）防除大果田菁，其用量范围为 280～700g/hm²，用量高低取决于土壤的类型和有机质的含量；防除钝叶决明，用量为 420～1000g/hm²，用量高低也取决于土壤类型和有机质含量。

（3）有机质含量小于 0.5％的土壤或沙质土中，不能和赛克津桶混，在有机质含量低于 1％的粗粒土中赛克津的用量要低于 $280g/hm^2$，否则赛克津将引起对大豆的药害。

本品也可以和下列除草剂桶混防除大豆田杂草，如草灭平、甲草胺、氟乐灵、二甲戊灵、甲氧毒草胺、黄草消和烯氟乐灵。

药害

（1）玉米　受其残留危害，表现出幼苗茎叶几乎完全褪绿变白，有的幼苗第一个叶片不是变白，而是从叶基沿叶脉向上变黄。受其飘移危害，表现出上层幼嫩叶片的中下部变白，并在白与绿之间形成逐渐过渡的茶黄色。

（2）小麦　受其残留危害，表现出幼苗叶片大部分或全部褪绿变白，有的叶片还白中透出淡紫色，受害重者逐渐枯死。受其飘移危害，表现出着药叶片大部分或全部变白，受害重者亦渐枯死。

（3）大豆　用其作茎叶处理受害，表现出在着药的子叶、真叶上半部及边缘或全部褪绿变为黄白或白色，有的主脉、侧脉周围仍绿。受害严重时，变白的叶片再从叶尖向下变褐枯干，植株生长停滞或枯死。

（4）油菜　受其残留危害，表现子叶的叶片和顶芽褪绿而变为黄白色，子叶的叶柄变紫，下胚轴缩短，植株逐渐枯死。受其飘移危害，表现亦是子叶和顶芽褪绿而变为黄白色，进而变为灰白色并蜷缩枯萎。

（5）甜菜　受其残留危害，表现出苗后子叶褪绿变白或变为桃红色，下胚轴亦变桃红色，受害重者于子叶期枯死。受其飘移危害，表现着药叶片上半部或全部变白并翻卷，有的叶缘、叶基变为桃红色，植株缩小。

（6）南瓜　受其残留危害，表现出苗后从子叶的基部开始褪绿变白，顶芽变灰褐色而枯萎。

（7）水稻　受其飘移危害，或用于直播田、移栽田拌土撒施受害，表现幼嫩叶片着药后先从中基部开始褪绿变黄、变白，随后向叶尖及叶鞘扩展，致使这些叶片、叶鞘完全变白。受害严重时，叶片变白后又逐渐变褐、蜷缩、枯死。

氟噻乙草酯（fluthiacet-methyl）

$C_{15}H_{15}ClFN_3O_3S_2$，403.88，117337-19-6

其他名称　嗪草酸，Action

化学名称　[2-氯-4-氟-5-(5,6,7,8-四氢-3-氧-1H,3H-[1,3,4]噻二唑并[3,4-α]-哒嗪-1-亚胺基)苯硫基]乙酸甲酯

理化性质　纯品氟噻乙草酯为白色粉状固体，熔点105.0～106.5℃。溶解性（20℃，g/L）：水0.00078，甲醇4.41，丙酮101，甲苯84，乙酸乙酯73.5，乙腈68.7，二氯甲烷9，正辛醇1.86。

毒性　氟噻乙草酯原药急性LD_{50}(mg/kg)：大鼠经口＞5000，兔经皮＞2000。对兔皮肤无刺激性，对兔眼睛有轻微刺激性；对动物无致畸、致突变、致癌作用。

作用方式　为原卟啉原氧化酶抑制剂。在敏感杂草叶面作用迅速，引起原卟啉积累，使细胞膜脂质过氧化作用增强，从而导致敏感杂草的细胞膜结构和细胞功能不可逆损害。常常在24～48h出现叶面枯斑症状。

防除对象　为大豆、玉米田用的苗后除草剂。主要用于防除大豆、玉米田阔叶杂草，特别对一些难防除的阔叶杂草有卓效。

使用方法　如以2.5～10g/hm² 对苍耳、苘麻、西风古、藜、裂叶牵牛、圆叶牵牛、大马蓼、马齿苋、大果田菁等有极好的活性。在10g/hm² 对繁缕、曼陀螺、刺黄花稔、龙葵、鸭跖草等亦有很好的活性．在5～10g/hm² 剂量下作茎叶处理，对不同生长期（2～51cm高）的苘麻、西风古和藜等难防除阔叶杂草有优异的活性，其活性优于三氟羧草醚（560g/hm²）、氯嘧磺隆（13g/hm²）、咪草烟（70g/hm²）、灭草松（1120g/hm²）、噻磺隆（4.4g/hm²）。若与以上除草剂混用，不仅可扩大杀草谱，还可进一步提高对阔叶

杂草如藜、苍耳等的防除效果。对大豆和玉米极安全，由于用氟噻乙草酯作苗前处理，甚至在超剂量下（120g/hm²），对后茬作物无不良影响，加之其用量低，故对环境安全。

甲氧咪草烟（imazamox）

$C_{15}H_{19}N_3O_4$，305.3，114311-32-9

其他名称　金豆，Raptor，Sweeper，Odyseey，AC 299263，CL 299263

化学名称　(RS)-2-(4-异丙基-4-甲基-5-氧-2-咪唑啉-2-基)-5-甲氧基甲基尼古丁酸

理化性质　纯品甲氧咪草烟为灰白色固体，熔点166.0～166.7℃。溶解性（20℃，g/L）：水4.16，丙酮2.93。

毒性　甲氧咪草烟原药急性 LD_{50}（mg/kg）：大鼠经口＞5000，兔经皮＞2000。对兔皮肤无刺激性，对兔眼睛有轻微刺激性；以1165mg/(kg·d)剂量饲喂大鼠一年，未发现异常现象；对动物无致畸、致突变、致癌作用。

作用方式　广谱、高活性咪唑啉酮类除草剂，被叶片吸收、传导并积累于分生组织，抑制乙酸羟酸合成酶（AHAS）的活性，影响3种氨基酸（缬氨酸、亮氨酸、异亮氨酸）的生物合成，最终破坏蛋白质的合成，干扰DNA合成及细胞分裂和生长。药剂在苗后作茎叶处理后，很快被植物叶片吸收并传导至全株，杂草随即停止生长，在4～6周后死亡。植物根系也能吸收甲氧咪草烟，但吸收能力远不如咪唑啉酮类除草剂其他品种，如灭草喹根吸收80%，普施特根吸收60%，甲氧咪草烟根吸收只有21%，因此甲氧咪草烟适用于大豆田苗后茎叶处理，不推荐苗前使用。杂草药害症状为：禾本科杂草首先生长点及节间分生组织变黄，变褐坏死，心叶先变黄紫色枯死。一年生禾本科杂草3～5叶期，死亡需要5～

10d，阔叶杂草叶脉先变褐色，叶皱缩，心叶枯萎，一般 5～10d 死亡。

剂型 97％原药，4％水剂。

防除对象 甲氧咪草烟可有效防治大多数一年生禾本科杂草与阔叶杂草，如野燕麦、稗草、狗尾草、金狗尾草、看麦娘、稷、千金子、马唐、鸭跖草（3 叶期前）、龙葵、苘麻、反枝苋、藜、小藜、苍耳、香薷、水棘针、狼把草、繁缕、柳叶刺蓼、鼬瓣花、荠菜等，对多年生的苣荬菜、刺儿菜等有抑制作用。

使用方法

（1）甲氧咪草烟的施药时期应在大豆出苗后 2 片真叶展开至第 2 片 3 出复叶展开这一段时期用药，同时要注意禾本科杂草应在 2～4 叶期，阔叶杂草应在 2～7cm 高。防治苍耳应在苍耳 4 叶期前施药，对未出土的苍耳药效差。防治鸭跖草 2 叶期施药最好，3 叶期以后施药药效差。

（2）每亩用 4％甲氧咪草烟水剂 75～83mL（有效成分 3～3.32g），使用低剂量时须加入喷液量 2％的硫酸铵，土壤水分适宜，杂草生长旺盛及杂草幼小时用低剂量，干旱条件及难防治杂草多时用高剂量。

（3）苗后早期施药，不仅可防除已出苗杂草，而且在喷施中掉落在土壤中的药液雾滴也具有一定时间的残留活性。

（4）大豆田施药用量为 35～45g/hm²，喷药时应加入喷雾量 0.1％～0.25％的非离子型表面活性剂或 1.0％～1.25％的浓缩植物油。此外，加入 1.0％～2.0％氮肥或每公顷加入 2～4kg 硫酸铵亦能提高药物的生物活性，从而获得更佳的除草效果。

（5）混用 北方大豆田如黑龙江省多年使用除草剂，杂草群落发生变化，难治杂草增多，如野燕麦、野黍、苍耳、龙葵、鼬瓣花、鸭跖草、问荆、苣荬菜、刺儿菜、大刺儿菜、芦苇等。从除草效果及对大豆的安全性考虑，甲氧咪草烟可与咪草烟、建农牌异噁草松、虎威、建农牌灭草松、克阔乐、杂草焚等混用。当苣荬菜、问荆、刺儿菜、鸭跖草危害严重时，甲氧咪草烟可与建农牌异噁草松、建农牌灭草松混用；当鸭跖草、苣荬菜、问荆危害严重时，甲氧咪草烟可与虎威（氟磺胺草醚）混用；当鸭跖草、龙葵危害严重时，甲氧咪草烟可与杂草焚混用；当龙葵、鸭跖草、苣荬菜危害严重时甲氧咪草烟可与克阔乐混用。

注意事项

（1）甲氧咪草烟施后 2d 内遇 10℃ 以下低温，大豆对甲氧咪草烟代谢能力降低，易造成药害，在北方低洼地及山间冷凉地区不宜使用甲氧咪草烟。

（2）喷洒甲氧咪草烟时不能加增效剂 YZ-901、AA-921。

（3）每季作物使用该药不超过一次，使用时加入 2％硫酸铵或其他液体化肥效果更好，喷雾应均匀，避免重复喷药或超推荐剂量用药。

登记情况及生产厂家　97％原药，巴斯夫欧洲公司（PD20080473）；4％水剂，巴斯夫欧洲公司（PD20080474）。

药害

（1）玉米　受其飘移危害，表现出幼嫩叶片的叶肉褪绿变黄，叶脉仍绿，外层叶鞘、叶脉、叶缘变紫，并从叶尖向叶基逐渐变为黄褐色而枯干，植株亦渐萎缩。

（2）大豆　用其作茎叶处理受害，表现出幼嫩叶片褪绿转黄并皱缩、翻卷、下垂，但主、侧脉周围仍绿，叶柄和主、侧脉的背面变为紫褐色，顶芽及叶片上部枯死，随后从茎的下部长出细小侧枝。

甲基咪草烟 （imazapic）

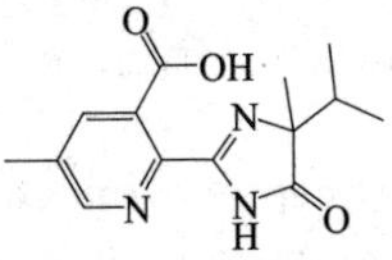

$C_{14}H_{17}N_3O_3$，275.2，104098-49-9

其他名称　百垄通，高原，Cadre，Plateau

化学名称　(RS)-2-(4-异丙基-4-甲基-5-氧-2-咪唑啉-2-基)-5-甲基尼古丁酸

理化性质 纯品为无臭灰白色或粉色固体，熔点 204～206℃。水中溶解度（25℃，去离子水）为 2.15g/L，丙酮中溶解度为 18.9mg/mL。

毒性 大鼠急性经口 LD_{50}＞5000mg/kg。兔急性经皮 LD_{50}＞2000 mg/kg。大鼠急性吸入 LC_{50}(4h) 4.83mg/L。对兔眼睛有中度刺激性，对兔皮肤无刺激性。无致畸、致突变作用。

作用方式 乙酰乳酸合成酶（ALS）或乙酸羟酸合成酶（AHAS）的抑制剂，即通过抑制植物的乙酰乳酸合成酶，阻止支链氨基酸如缬氨酸、亮氨酸、异亮氨酸的生物合成，从而破坏蛋白质的合成，干扰 DNA 合成及细胞分裂与生长，最终造成植株死亡。杂草药害症状为：禾本科杂草在吸收药剂后 8h 即停止生长，1～3d 后生长点及节间分生组织变黄，变褐坏死，心叶变黄紫色枯死。

防除对象 甲基咪草烟主要用于花生田早期苗后除草，对莎草科杂草、稷属杂草、草决明、播娘蒿等具有很好的活性。

使用方法 推荐使用剂量为：50～70g/hm² （亩用量为 3.3～4.67g）。在我国推荐使用剂量为 72～108g/hm² （亩用量为 4.8～7.2g）。

咪唑喹啉酸（imazaquin）

$C_{17}H_{17}N_3O_3$，311.2，81335-37-7

其他名称 灭草喹，Scepter，Image，AC 252214，CL 252214

化学名称 (RS)-2-(4-异丙基-4-甲基-5-氧-2-咪唑啉-2-基) 喹啉-3-羧酸

理化性质 纯品咪唑喹啉酸为粉色刺激性气味固体，熔点 219～224℃（分解）。溶解性（20℃，g/L）：水 0.12，二氯甲烷 14，DMF 68，DMSO 159，甲苯 0.4。

毒性 咪唑喹啉酸原药急性 LD_{50}（mg/kg）：大鼠经口＞5000，雌小鼠经口＞2000，兔经皮＞2000。对兔皮肤有中度刺激性，对兔眼睛无刺激性；以 $5000mg/kg$ 剂量饲喂大鼠两年，未发现异常现象；对动物无致畸、致突变、致癌作用。

作用方式 该产品为咪唑啉酮类高效、选择性除草剂，是侧链氨基酸合成抑制剂。

剂型 97％原药，5％水剂。

防除对象 主要用于豆田、花生田除草，可有效防除蓼、藜、反枝苋、鬼针草、苍耳、苘麻等阔叶杂草、对臂形草、马唐、野黍、狗尾草属等禾本科杂草也有一定防治效果。

使用方法 在大豆田，可采用播前混土处理、播后芽前土表处理或苗后早期茎叶处理，即大豆 $1\sim2$ 片复叶、杂草 $2\sim3$ 叶期喷雾。亩用5％水剂 $150\sim200mL$，对水 $30kg$ 喷雾。大豆苗后喷雾时，在药液中加入适量非离子表面活性剂，能提高除草效果。

注意事项

（1）施药喷洒要均匀周到，不宜飞机喷洒，地面喷药应注意风向、风速，以免飘移造成敏感作物危害。

（2）不能在杂草4叶期后施用。

（3）为保证安全，应先试验，后推广，在当地农技部门指导下使用。

登记情况及生产厂家 97％原药，山东先达农化股份有限公司（PD20095875）；5％ 水剂，沈阳科创化学品有限公司（PD20096182）等。

咪唑乙烟酸 （imazethapyr）

$C_{15}H_{19}N_3O_3$，289.2，81385-77-5

其他名称 咪草烟，普杀特，豆草唑，普施特，醚草烟，Pivot，Pursuit

化学名称 （RS）5-乙基-2-(4-异丙基-4-甲基-5-氧-2-咪唑啉-2-基）烟酸

理化性质 纯品咪唑乙烟酸为白色晶体，熔点 169～173℃（180℃分解）；溶解性（20℃，g/L）：水 1.4，二氯甲烷 185，甲醇 105，DMSO 422，甲苯 5。

毒性 咪唑乙烟酸原药急性 LD_{50}（mg/kg）：大、小鼠经口＞5000，兔经皮＞2000。对兔皮肤有中度刺激性，对兔眼睛无刺激性；以 1000mg/kg 剂量饲喂大鼠两年，未发现异常现象；对动物无致畸、致突变、致癌作用。

作用方式 咪唑啉酮类除草剂，是侧链氨基酸合成抑制剂，芽前或芽后施用。

剂型 10％水剂，98％原药，70％可湿性粉剂，16％颗粒剂。

防除对象 对大豆田和其他豆科植物田的禾本科杂草和某些阔叶杂草有优异的防效，如苋菜、蓼、藜、龙葵、苍耳、稗草、狗尾草、马唐、黍等。

使用方法 苗期（大豆真叶期至 2 片复叶期、杂草 1～4 叶期），每公顷 1000～2000mL 5％水剂，对水 450～600kg 均匀喷雾。插后苗期（土壤墒情好时），每公顷 1500～2250mL 5％水剂，对水 450～600kg 均匀喷雾。

注意事项 施药均匀、周到、避免重复施药，一年内仅可施药一次；避免飞机高空施药；施药时切不可飘移至敏感作物上；敏感作物有甜菜、白菜、油菜、西瓜、黄瓜、马铃薯、茄子、辣椒、番茄、高粱等，上述作物在第二年内不能种植，甜菜三年内不能种植；本制剂适于东北大豆产区，未应用过的地区应在农技部门指导下试验后推广。

登记情况及生产厂家 98％原药，衡水景美化学工业有限公司（PD20070080）；10％水剂，山东胜邦绿野化学有限公司（PD20080722）；70％可湿性粉剂，山东省淄博新农基农药化工有限公司（PD20082554）；16％颗粒剂，山东侨昌化学有限公司（PD20082857）等。

复配剂及应用

（1）405g/L咪乙·异噁松乳油，江苏省苏州富美实植物保护剂有限公司（PD20091327），防除春大豆田一年生杂草，播后苗前土壤喷雾，推荐剂量为东北地区 425.3～607.5g/hm²。

（2）32%氟·咪·灭草松水剂，江苏长青农化股份有限公司（PD20092421），防除春大豆田一年生杂草，茎叶喷雾，推荐剂量为 672～768g/hm²。

（3）20%噻·唑·氟磺胺乳油，齐齐哈尔盛泽农药有限公司（PD20094244），防除春大豆田一年生杂草，茎叶喷雾，推荐剂量为东北地区 300～450g/hm²。

唑啶草酮（azafenidin）

$C_{15}H_{13}Cl_2N_3O_2$，338.1，68049-83-2

其他名称　Evolus，Milestone，DPX-R 6447，IN-R 6447，R 6447

化学名称　2-(2,4-二氯-5-丙炔-2-氧基苯基)-5,6,7,8-四氢-1,2,4-三唑并［4,3-α］吡啶-3-(2H)-酮。

理化性质　纯品唑啶草酮为铁锈色、具有强烈气味固体，熔点 168～168.5℃。溶解性（20℃，g/L）：水 0.012。

毒性　唑啶草酮原药急性 LD_{50}（mg/kg）：大鼠经口＞5000，兔经皮＞2000。对兔皮肤和眼睛无刺激性；对动物无致畸、致突变、致癌作用。

作用方式　原卟啉原氧化酶抑制剂。

防除对象　可防除许多重要杂草，阔叶杂草如苋、马齿苋、藜、芥菜、千里光、龙葵等，禾本科杂草如狗尾草、马唐、早熟禾、稗草等。对三嗪类、芳氧羧酸类、环己二酮类和 ALS 抑制剂如磺酰脲类除草剂等产生抗性的杂草有特效。适宜作物如橄榄、柑橘以及森林及不需要作物及杂草生长的地点等。

使用方法　在杂草出土前施用，使用剂量为 240g/hm²。

唑草酯 （carfentrazone-ethyl）

$C_{15}H_{14}Cl_2F_3N_3O_3$，412.2，128639-02-1

化学名称 （RS)2-氯-3-[2-氯-5-(4-二氟甲基-4,5-二氢-3-甲基-5-氧-1H-1,2,4-三唑-1-基)-4-氟苯基]丙酸乙酯

理化性质 纯品唑草酯为黏稠黄色液体，沸点 350～355℃ (101324.72Pa)；溶解性（20℃，mg/L）：甲苯 0.9，己烷 0.03，与丙酮、乙醇、乙酸乙酯、二氯甲烷等互溶，难溶于水。

毒性 唑草酯原药急性 LD_{50}（mg/kg）：大鼠经口＞5000，兔经皮＞4000。对兔皮肤无刺激性，对兔眼睛轻微刺激性；以 3mg/(kg·d)剂量饲喂大鼠两年，未发现异常现象；对动物无致畸、致突变、致癌作用。

作用方式 由美国富美实（FMC）公司开发的三唑啉酮类除草剂，是一种触杀型选择性除草剂，在有光的条件下，在叶绿素生物合成过程中，通过抑制原卟啉原氧化酶导致有毒中间物的积累，从而破坏杂草的细胞膜，使叶片迅速干枯、死亡。唑酮草酯在喷药后 15min 内即被植物叶片吸收，其不受雨淋影响，3～4h 后杂草就出现中毒症状，2～4d 死亡。

剂型 50%水分散粒剂，22.5%浓乳剂。

防除对象 主要用于防除阔叶杂草和莎草如猪殃殃、野芝麻、婆婆纳、苘麻、萹蓄、藜、红心藜、空管牵牛、鼬瓣花、酸模叶蓼、柳叶刺蓼、卷茎蓼、反枝苋、铁苋菜、宝盖菜、苣荬菜、野芝麻、小果亚麻、地肤、龙葵、白芥等杂草。对猪殃殃、苘麻、红心藜、荠、泽漆、麦家公、空管牵牛等杂草具有优异的防效，对磺酰脲类除草剂产生抗性的杂草等具有很好的活性。

使用方法 苗后茎叶处理，使用剂量通常为 9～35g/hm² （亩用量 0.6～2.4g），适宜亩用量为 1.6～2g。唑草酯在冬前化除使用时，每亩用量一般为 0.8g，每亩用水量 30kg 即可；到春季化除时由于杂草草龄较大，唑草酯亩用量一般为 1.6g，提倡加足水量喷雾，每亩用水量最好为 50～60kg，这样一方面能将麦田中的杂草喷湿喷透，提高除草效果（唑草酯为触杀型药剂，喷到草上才能发挥除草作用）；另一方面施药浓度不至于太大，有利于提高对麦苗的安全性。

注意事项

（1）唑草酯为超高效除草剂，但小麦对唑草酯的耐药性较强，在小麦 3 叶期至拔节前（一般为 11 月至次年 3 月）均可使用，但如果施药不当，施药后麦苗叶片上会产生黄色灼伤斑，用药量大、用药浓度高，则灼伤斑大，药害明显。因此施药时药量一定要准确，最好将药剂配成母液，再加入喷雾器。喷雾应均匀，不可重喷，以免造成作物的严重药害。

（2）唑草酯只对杂草有触杀作用，没有土壤封闭作用，用药应尽量在田间杂草大部分出苗后进行。

（3）小麦在拔节期至孕穗期喷药后，叶片上会出现黄色斑点，但施药后 1 周就可恢复正常绿色，不影响产量。

（4）喷施过唑草酯的药械要彻底清洗，以免药剂残留危害其他作物。

（5）喷施唑草酯及其与苯磺隆、2 甲 4 氯、苄嘧磺隆的复配剂时，药液中不能加洗衣粉、有机硅等助剂，否则容易对作物产生药害。

（6）含唑草酯的药剂不宜与精噁唑禾草灵（骠马）等乳油制剂混用，否则可能会影响唑草酯在药液中的分散性，喷药后药物在叶片上的分布不均，着药多的部位容易受到药害，但可分开使用，例如：头天打一种药，第二天打另一种药，就不会出现药害，但考虑到苯磺隆、苄嘧磺隆、2 甲 4 氯等药剂会影响精噁唑禾草灵的防效，最好相隔一周左右使用。

（7）对禾本科杂草和阔叶杂草混生的田块，可以将炔草酸与唑草酯及其与苯磺隆、苄嘧磺隆的复配剂混用，兼除两类杂草。

磺酰唑草酮（sulfentrazone）

$C_{11}H_{10}Cl_2F_2N_4O_3S$，387.1，122836-35-5

其他名称　甲磺草胺，磺酰三唑酮，Capaz，Authority，Boral，F 6285，FMC 97285

化学名称　$2',4'$-二氯-$5'$-（4-二氟甲基-4,5-二氢-3-甲基-5-氧-$1H$-1,2,4-三唑-1-基）甲基磺酰基苯胺

理化性质　纯品为棕黄色固体。熔点 121～123℃，相对密度 1.34（20℃），蒸气压 $1.3×10^{-4}$ Pa（25℃），离解常数 $pK_a=6.56$，可溶于丙酮等大多数极性有机溶剂，25℃时在水中的溶解度 11mg/L（pH=6）、0.78mg/L（pH=7）、16mg/L（pH=7.5）。土壤中半衰期 120～280d。

毒性　大鼠急性经口 $LD_{50}>2855mg/kg$，兔急性经皮 $LD_{50}>2000mg/kg$，大鼠急性吸入 $LC_{50}>4.14mg/L$。对兔眼睛无刺激性，对皮肤有轻微刺激作用，但无致敏性。Ames 试验呈阴性，小鼠淋巴瘤和活体小鼠微核试验呈阴性。虹鳟鱼 $LC_{50}>130mg/L$（96h），水蚤 LC_{50} 60.4mg/L（48h），野鸭经口 $LD_{50}>2250mg/kg$。

作用方式　属于三唑啉酮类除草剂，原卟啉原氧化酶抑制剂。通过抑制叶绿素生物合成过程中原卟啉原氧化酶而破坏细胞膜，使叶片迅速干枯、死亡。

防除对象　适用于大豆、玉米、高粱、花生、向日葵等作物田内一年生阔叶杂草、禾本科杂草和莎草，如牵牛、反枝苋、藜、曼陀罗、宾洲蓼、马唐、狗尾草、苍耳、牛筋草、油莎草、香附子等。对目前比较难治的牵牛、藜、苍耳、香附子等杂草有卓效。

使用方法　如大豆苗前做土壤处理或苗后除草，使用剂量

$350\sim400g/hm^2$；在大豆播后苗前，每亩用 38.6％胶悬剂 70～100g，对水 50kg 均匀喷洒于土表，或拌细潮土 40～50kg 施于土壤表面。

四唑酰草胺 （fentrazamide）

$C_{16}H_{20}ClN_5O_2$，349.6，158237-07-1

其他名称 拜田净，四唑草胺

化学名称 4-[2-氯苯基]-5-氧-4,5-二氢-四唑-1-羧酸环己基-乙基-酰胺

理化性质 纯品四唑酰草胺为无色晶体，熔点 79℃。溶解性（20℃，g/L）：异丙醇 32，二氯甲烷、二甲苯＞250，难溶于水。

毒性 四唑酰草胺原药急性 LD_{50}（mg/kg）：大鼠经口＞5000，大鼠经皮＞5000。对兔皮肤和眼睛无刺激性；对动物无致畸、致突变、致癌作用。

作用方式 是日本拜耳公司创制和开发的氨基甲酰四唑啉酮类新型除草剂。

防除对象 禾本科（稗草、千金子），莎草科（异型莎草、萤蔺、牛毛毡）和阔叶杂草（鸭舌草、节节菜）等。

使用方法 移栽田和抛秧田：插秧后 1～10d，抛秧田秧后 0～7d，稗草苗前至 2.5 叶期，每公顷用 50％可湿性粉剂 195～390g（每亩 13～26g），撒毒土或喷雾。采用毒土法时，需保证土壤湿润，即田间有薄水层，以保证药剂能均匀扩散。

注意事项

（1）拜田净可以与苄嘧磺隆等磺酰脲类的防阔叶杂草除草剂混用，同时防治多年生莎草科杂草和某些难防治的阔叶杂草。

（2）施药后田间水层不可淹没水稻心叶（特别是立针期幼苗），否则易产生药害。

（3）药剂应贮存在干燥、通风和儿童接触不到的地方。

异丙吡草酯 (fluazolate)

$C_{15}H_{12}BrClF_4N_2O_2$，443.5，174514-07-9

化学名称　5-[4-溴-1-甲基-5-三氟甲基吡唑-3-基]-2-氯-4-氟苯甲酸异丙酯。

理化性质　纯品异丙吡草酯为绒毛状白色晶体，熔点 79.5～80.5℃。难溶于水。

毒性　异丙吡草酯原药急性 LD_{50}（mg/kg）：大鼠经口＞5000、经皮＞5000。对兔皮肤无刺激性，对兔眼睛有轻微刺激性；对动物无致畸、致突变、致癌作用。

使用方法　异丙吡草酯属于原卟啉原氧化酶抑制剂，由孟山都公司开发的一种新型的选择性芽前除草剂，1994 年申请专利。主要用于小麦田防除阔叶杂草和禾本科杂草，如猪殃殃、虞美人、繁缕、婆婆纳、荠菜、野胡萝卜、看麦娘、早熟禾等，对猪殃殃和看麦娘有特效，使用剂量 125～175g/hm²。

吡草醚 (pyraflufen-ethyl)

$C_{15}H_{13}Cl_2F_3N_2O_4$，413.1，129630-17-7

其他名称　速草灵，霸草灵，吡氟苯草酯，Ecopart

化学名称　2-氯-5-（4-氯-5-二氟甲氧基-1-甲基吡唑-3-基）4-氟苯氧乙酸乙酯

理化性质　纯品吡草醚为奶油色粉状固体，熔点 126～127℃。溶解性（20℃，g/L）：二甲苯 41.7～43.5，丙酮 167～182，甲醇 7.39，乙酸乙酯 105～111，难溶于水。

毒性 吡草醚原药急性 LD_{50}（mg/kg）：大鼠经口＞5000、经皮＞5000。对兔皮肤无刺激性，对兔眼睛有轻微刺激性；对动物无致畸、致突变、致癌作用。

作用方式 该药为触杀型的新型苯基吡唑类苗后除草剂，其作用机制是抑制植物体内的原卟啉原氧化酶，并利用小麦及杂草对药吸收和沉积的差异所产生不同活性的代谢物，达到选择性地防治小麦地杂草的效果。

剂型 2%悬浮剂，40%母药，95%原药。

防除对象 防治猪殃殃、淡甘菊、小野芝麻、繁缕和其他重要的阔叶杂草。是新的选择性芽后除草剂，用于禾谷类作物田。

使用方法 在欧洲，以 6～12g/hm^2 施于秋播作物田，可得最好的效果，对作物安全。1990～1991 年田间试验表明，在英国以 12g/hm^2 于早期和后期芽后施用，可有效地防除主要的阔叶杂草，但对鼠尾看麦娘无效；若与异丙隆混用，则均有效，防除猪殃殃时，优于吡氟草胺（diflufenica）加异丙隆。在法国，以 6g/hm^2 施用，除鼠尾看麦娘外，对所有试验杂草均有优异防效，与异丙隆混用（6g/hm^2＋1540g/hm^2）有增效作用。早期芽后施用的防效优于后期芽后施用的防效。对农作物有良好安全性。

登记情况及生产厂家 2%悬浮剂，江苏龙灯化学有限公司（PD20080448-F01-398）；40% 母药，日本农药株式会社（PD20080449）；95%原药，日本农药株式会社（PD20080450）。

唑草胺 （cafenstrole）

$C_{16}H_{22}N_4O_3S$，397.3，125306-83-4

其他名称 Grachitor，Himeadow

化学名称 N,N-二乙基-3-均三甲基苯磺酰基-1H-1,2,4-三唑-1-甲酰胺

理化性质 纯品唑草胺为无色晶体，熔点 114～116℃。难溶

于水。

毒性 唑草胺原药急性 LD_{50}（mg/kg）：大、小鼠经口＞5000，大鼠经皮＞2000。对动物无致畸、致突变、致癌作用。

作用方式 1987年Chugai公司发现了唑草胺，1991年在英国布莱顿植保会议上报道了该产品。这是一个禾本科杂草除草剂，对稗草、异型莎草和其他一年生杂草药效尤佳。它可以与其他除草剂复配，作为一次性除草剂用于水稻田；其单剂主要用于草坪除草。主要剂型有颗粒剂、悬浮剂、水分散粒剂和可湿性粉剂等。

唑嘧磺草胺（flumetsulam）

$C_{12}H_9F_2N_5O_2S$，325.2，98967-40-9

其他名称 阔草清，豆草能，Broedstrike，Preside，Scorpion

化学名称 2′,6′-二氟-5-甲基［1,2,4］三唑并［1,5-*a*］嘧啶-2-磺酰苯胺

理化性质 纯品唑嘧磺草胺为灰白色固体，熔点251～253℃。溶解性（25℃，mg/L）：水49，丙酮＜16，甲醇＜40，几乎不溶于甲苯和正己烷。

毒性 唑嘧磺草胺原药急性 LD_{50}（mg/kg）：大鼠经口＞5000，兔经皮＞2000。对兔眼睛有轻微刺激性，对兔皮肤无刺激性；以500～1000mg/kg剂量饲喂大鼠，未发现异常现象；对动物无致畸、致突变、致癌作用。

作用方式 属三唑并嘧啶磺酰胺类，是典型的乙酰乳酸合成酶抑制剂。通过抑制支链氨基酸的合成使蛋白质合成受阻，植物停止生长。残效期长、杀草谱广，土壤、茎叶处理均可。

剂型 97%原药，80%水分散粒剂。

防除对象 适于玉米、大豆、小麦、大麦、三叶草、苜蓿等田中防治1年生及多年生阔叶杂草如问荆（节骨草）、荠菜、小花糖芥、独行菜、播娘蒿（麦蒿）、蓼、婆婆纳（被窝絮）、苍耳（老场

子)、龙葵（野葡萄）、反枝苋（苋菜）、藜（灰菜）、苘麻（麻果）、猪殃殃（涩拉秧）、曼陀罗等。对幼龄禾本科杂草也有一定抑制作用。

使用方法

（1）玉米　播后苗前封闭使用，用量分别为 $30\sim40g/hm^2$ 和 $20\sim30g/hm^2$。

（2）小麦、大麦　3 叶至分蘖末期茎叶喷雾，用量为 $18\sim24kg/hm^2$。

（3）大豆　播前土壤处理，用量 $48\sim60g/hm^2$，苗后茎叶处理用量 $20\sim25g/hm^2$。

（4）使用时配合油酸甲酯 30mL/15kg 水效果更佳。

（5）使用完后须仔细清洗喷雾器械。

（6）使用前应二次稀释颗粒，保证药液混匀。

（7）东北地区可以秋季施药，可持续至春季见效。

注意事项　后茬不宜种植油菜、萝卜、甜菜等十字花科蔬菜及其他阔叶蔬菜。干旱及低温条件下唑嘧磺草胺仍能保持较好防效。

登记情况及生产厂家　97％原药，美国陶氏益农公司（PD20070358）；80％水分散粒剂，广东省江门市大光明农化有限公司（PD20070359-F100-1039）等。

磺草唑胺（metosulam）

$C_{14}H_{13}Cl_2N_5O_4S$，418.3，139528-85-1

其他名称　甲氧磺草胺，Eclipse，Pronto，Sansac，Sinal，Uptake

化学名称　$2',6'$-二氯-5,7-二甲氧基-$3'$-甲基［1,2,4］三唑并［1,5-a]-嘧啶-2-磺酰苯胺

理化性质　纯品磺草唑胺为灰白或棕色固体，熔点 210～211.5℃。溶解性（25℃，mg/L）：水 200，丙酮、乙腈、二氯甲烷、正辛醇、己烷、甲苯＞500。

毒性 磺草唑胺原药急性 LD_{50}（mg/kg）：大、小鼠经口＞5000，兔经皮＞2000。以 $5mg/(kg \cdot d)$ 剂量饲喂大鼠两年，未发现异常现象；对动物无致畸、致突变、致癌作用。

作用方式 为支链氨基酸（亮氨酸、异亮氨酸和缬氨酸）合成乙酰乳酸合成酶或乙酸羟酸合成酶的抑制剂，其在小麦中得选择性源于该活性成分在植株中迅速代谢后失活。

药剂特点 该产品为叶面和土壤除草剂，主要用于谷物和玉米。以 $3.5\sim20g/hm^2$ 的剂量，用于芽后防除小麦、大麦和黑麦田中的许多重要阔叶杂草，如猪殃殃、繁缕以及所有的十字花科杂草等；以 $30g/hm^2$ 的剂量，用于芽前或芽后防除玉米田许多重要的阔叶杂草，包括藜、反枝苋、龙葵和蓼等。

氟胺草酯（flumiclorac-pentyl）

$C_{21}H_{23}ClFNO_5$，423.7，87546-18-7

其他名称 氟烯草烯，利收，Resource，S 23031，V 23031

化学名称 ［2-氯-5-(环己-1-烯-1,2 二甲酰亚胺基)-4-氟苯氧基］乙酸戊酯

理化性质 纯品氟胺草酯为白色粉状固体，熔点 $88.9\sim90.1℃$。溶解性（25℃，g/L）：丙酮 590，甲醇 47.8，正辛醇16.0，己烷 3.28。

毒性 氟胺草酯原药急性 LD_{50}（mg/kg）：大鼠经口＞3600，兔经皮＞2000。对兔眼睛和皮肤有中度刺激性；对动物无致畸、致突变、致癌作用。

作用方式 由日本住友化学公司开发的酞酰亚胺类超高效除草剂，为原卟啉原氧化酶抑制剂，药剂被杂草叶面吸收后，迅速作用于植株组织，引起原卟啉积累，使细胞膜脂质过氧化作用增强，从而导致敏感杂草的细胞结构和细胞功能不可逆损害。

防除对象 本药剂为苗后除草剂，用于防除大豆田一年生阔叶

杂草,如苍耳、豚草、藜、苋属杂草、斑地锦、曼陀罗、苘麻等,也可用于玉米作物。

使用方法 推荐使用剂量 $45 \sim 67.5 g/hm^2$,或 $40 \sim 100 g/hm^2$。

丙炔氟草胺 (flumioxazin)

$C_{19}H_{15}FN_2O_4$,354.2,103361-09-7

其他名称 速收,司米梢芽,Sumisoya

化学名称 N-[7-氟-3,4-二氢-3-氧-4-丙炔-2-基-2H-1,4-苯并噁嗪-6-基] 环己-1-烯-1,2-二甲酰亚胺乙酸戊酯

理化性质 纯品丙炔氟草胺为浅棕色粉状固体,熔点 $201.0 \sim 203.8℃$。溶解性 (25℃):水 1.79g/L,溶于有机溶剂。

毒性 丙炔氟草胺原药急性 LD_{50}(mg/kg):大鼠经口>3600、经皮>2000。对兔眼睛有中度刺激性,对兔皮肤无刺激性;以 30mg/kg 剂量饲喂大鼠 90d,未发现异常现象;对动物无致畸、致突变、致癌作用。

作用方式 为由幼芽和叶片吸收的除草剂,作土壤处理可有效防除一年生阔叶杂草和部分禾本科杂草,在环境中易降解,对后茬作物安全。大豆、花生对其有很好的耐药性。玉米、小麦、大麦、水稻具有中等忍耐性。

剂型 99.2%原药,50%可湿性粉剂。

防除对象 适合于大豆、花生、果园等作物田防除一年生阔叶杂草和部分禾本科杂草。

使用方法 用于大豆、花生播种后出苗前,以 $60 \sim 90 g/hm^2$ 进行大容量地表均匀喷雾,然后与浅表土混合。

注意事项

(1) 大豆发芽后施药易产生药害,所以必须在苗前施药。

(2) 土壤干燥影响药效,应先灌水后播种再施药。

（3）禾本科杂草和阔叶杂草混生的地区，应与防除禾本科杂草的除草剂混合使用，效果会更好。

（4）详细阅读商品标签上记载的具体使用方法和注意事项。

登记情况及生产厂家　99.2%原药，日本住友化学株式会社（PD257-98）；50%可湿性粉剂，中农住商（天津）农用化学品有限公司（PD237-98-F02-0041）等。

二氯喹啉酸（quinolinecarboxylic acids）

$C_{10}H_5Cl_2NO_2$，242.0，84087-01-4

其他名称　快杀稗，杀稗灵，稗草净，杀稗特，杀稗王，杀稗净，稗草王，克稗灵，神锄，Facet

化学名称　3,7-二氯喹啉-8-羧酸

理化性质　纯品二氯喹啉酸为无色晶体，熔点274℃。溶解性（20℃）：丙酮2g/L，几乎不溶于其他溶剂。

毒性　二氯喹啉酸原药急性LD_{50}（mg/kg）：大鼠经口2680、经皮＞2000。对兔眼睛和皮肤无刺激性；对动物无致畸、致突变、致癌作用。

作用方式　类似激素型的喹啉羧酸类除草剂。药剂能被萌发的种子、根、茎和叶部迅速吸收，并迅速向茎和顶部传导，使杂草中毒死亡，与生长素类物质的作用症状相似。

剂型　96%原药，50%可湿性粉剂，50%可溶粒剂，250g/L悬浮剂。

防除对象　本剂可特效地防除稻田稗草，还能有效的防除鸭舌草、水芹、田皂角、田菁、臂形草、决明和牵牛类的杂草，但对莎草科杂草的效果差。

使用方法

（1）秧田及水直播田　在稻苗3～5叶期，稗草1～5叶期内，每亩用50%可湿性粉剂20～30g(华南)，30～50g(华北、东北)，

加水 40kg，在田中无水层但湿润状态下喷雾，药后 24～48h 覆水。稗草 5 叶期后，应适当加大剂量。

（2）旱直播田使用　在直播前每亩用 50％可湿性粉剂 30～50g 加水 50kg 喷雾，出苗后至 2 叶 1 心期施药，效果最好。施药后保持浅水层 1d 以上或保持土壤湿润。

（3）移栽本田使用　栽植后即可用药，一般在移栽后 5～15d，每亩用 50％可湿性粉剂 20～30g（华南），30～50g（华北、东北），加水 40kg，排干田水后喷雾，施药后隔天灌浅水层，不仅能防除散稗，对夹棵稗也有很显著的效果。机播水稻田因稻根露面较多，需待稻苗转青后方能施药。

注意事项

（1）若田间其他禾本科、莎草科及阔叶杂草多的情况下，可与吡嘧磺隆、苄嘧磺隆、苯达松、吡唑类及激素型除草剂混用。

（2）浸种和露芽种子对该剂敏感，故不能在此时期用药。直播田及秧田应在水稻 2 叶以后用药为宜。不同水稻品种的敏感性差异不大。高温下施药也易产生药害。

（3）施药时田间应无水层，有利于稗草全株受药，提高药效。施药后隔 1～2d 灌浅水。而在有水层条件下施药，药效下降。

（4）本剂对胡萝卜、芹菜、芫荽等伞形花科作物相当敏感，施药时应予注意。

登记情况及生产厂家　96％原药，巴斯夫欧洲公司（PD20060615）；50％可湿性粉剂，沈阳科创化学品有限公司（PD20070205）；50％可溶粒剂，浙江新安化工集团股份有限公司（LS20100162）；250g/L 悬浮剂，巴斯夫欧洲公司（PD20060016）等。

复配剂及应用

（1）68％吡嘧·二氯喹可湿性粉剂，江苏瑞东农药有限公司（LS20120187），防除水稻移栽田一年生杂草，茎叶喷雾，推荐剂量为 255～306g/hm²。

（2）36％苄·二氯可湿性粉剂，江苏富田农化有限公司（PD20080922），防除水稻直播田一年生杂草，喷雾处理，推荐剂量为 216～270g/hm²。

喹草酸（quinmerac）

$C_{11}H_8ClNO_2$，221.6，90717-03-6

其他名称 氯甲喹啉酸，Gavelan

化学名称 7-氯-3-甲基喹啉-8-羧酸

理化性质 纯品喹草酸为无色晶体，熔点244℃。溶解性（20℃，g/L）：丙酮2，乙醇1，二氯甲烷2。

毒性 喹草酸原药急性LD_{50}（mg/kg）：大鼠经口＞5000、经皮＞2000。对兔眼睛和皮肤无刺激性；对动物无致畸、致突变、致癌作用。

作用方式 喹啉羧酸类激素型选择性除草剂，可被植物的根和叶吸收，向顶和向基转移。

剂型 BAS51800H，500g/hm²可湿性粉剂；BAS51800H，悬浮剂；混剂BAS 52302H（＋杀草敏），BAS52601H（＋吡草胺），BAS52503H（＋绿表隆），均为悬浮剂。

防除对象 芽前和芽后用于禾谷类作物、油菜和甜菜防除猪殃殃、婆婆纳和其他杂草。伞形科作物对其非常敏感。

使用方法 禾谷类作物250～1000g/hm²，油菜250～750g/hm²，甜菜250g/hm²，芽前和芽后施用。800g/hm²喹草酸与2000g/hm²绿麦隆混用对猪殃殃、常春藤、婆婆纳、鼠尾看麦娘的防效达97％～98％。800g/hm²喹草酸与600～750g/hm²异丙隆混用也有很好的防效。

除草灵（benazolin-ethyl）

$C_{11}H_{10}ClNO_3S$，271.6，25059-80-7

其他名称　高特克，Galtak，Chamilox，Cresopur，Weedkiller，Herbazolin，Keropur，Tillox，Be-nazolin，Llquid，Catt Herbitox，LeyCornox，Beucornox，Benopan，Bensecal，Benzan，Benzar，CWK Legumex，Extrai Tricornox，Legumex Extra

化学名称　4-氯-2-氧代苯并噻啉-3-基乙酸乙酯

理化性质　纯品为浅黄色结晶粉，带有典型的硫黄味，纯度＞99％。熔点 79.2℃，蒸气压在 25℃ 为 $3.7×10^{-4}$ Pa。溶解度：在水中 47mg/L，在甲醇中 28.5g/L，丙醇中 229g/L，甲苯中 198g/L。密度（20℃）为 1.45g/L。在酸性介质中极稳定不易分解。pH＝9 时半衰期为 9d。在自然光下，在水中对光稳定。原药为浅色结晶粉，熔点 77.4℃，密度约为 1.45g/L，酸碱度基本为中性，水分＜0.5％。

毒性　属于低毒性除草剂，大鼠急性 LD_{50}（mg/kg）：经口＞6000，经皮＞2100。对兔皮肤无刺激，对眼睛有轻度刺激。在试验剂量内对动物致癌、致畸、致突变三项试验结果均为阴性，只有在脊髓细胞染色体畸变试验中剂量高时（1200～6000mg/kg），大鼠结果为阳性，小鼠结果为阴性。慢性实验无作用剂量，大鼠 12.5mg/kg，小鼠 100mg/kg，狗 500mg/kg。对蚯蚓低毒，日本鹌鹑 LD_{50}＞9000mg/kg，野鸭 LD_{50}＞3000mg/kg。

作用方式　选择性内吸传导型芽后处理除草剂。

剂型　25g/100mL 钾盐的水溶液；乙酯的 10％乳油，50％悬浮剂；与 2 甲 4 氯、2,4-滴丁酸、2 甲 4 氯丁酸、麦草畏、2 甲 4 氯丙酸等的混合制剂。

防除对象　防除繁缕、猪殃殃、雀舌草、田芥菜、母菊属、苋属植物及豚草、苍耳和臭甘菊等一年生阔叶杂草。杀草范围比 2,4-滴广，可与麦草畏、2 甲 4 氯、2 甲 4 氯丁酸等混用。

使用方法　谷物田杂草芽后茎叶喷雾，用量 140～420g/hm²。与麦草畏混用有增效作用，特别是用于防除母菊属杂草。在油菜田以 450g/hm² 选择性防除猪殃殃、繁缕。直播油菜 6～8 叶期施药，杂草以猪殃殃为主时亩用 50％悬浮剂 30～40mL 或 10％乳油 150～200mL，加水 40～50kg 喷雾；以繁缕、牛繁缕、雀舌草为主要杂草时，亩用 25～30mL 50％悬浮剂或 130～150mL 10％乳油，加水 40～50kg 喷雾。移栽油菜返青后，杂草 2～3 叶期施药，用法同上。

注意事项

（1）本品对芥菜型油菜高度敏感，不能应用。对白菜型油菜有轻微药害，应适当推迟施药期，一般情况下抑制现象可很快恢复，不影响产量。对后茬作物很安全。

（2）本品为芽后阔叶杂草除草剂，在阔叶杂草基本出齐后施用效果最好。可与常见的禾本科杂草芽后除草剂混用作一次性防除。

乙氧呋草磺 （ethofumesate）

$C_{13}H_{18}O_5S$，286.2，26225-79-6

其他名称 乙氧呋草黄，甜菜呋，甜菜净，Nortron，Trama，Betanal，Tandem，Betanal Progress，Progress，Tranat，Ethosat，Ethosin，Keeper，Primassan

化学名称 2-乙氧基-2,3-二氢-3,3-二甲基-5-苯并呋喃甲基磺酸酯

理化性质 纯品为无色结晶固体，熔点 70～72℃（原药 69～71℃），蒸气压 0.12～0.65mPa(25℃)。相对密度为 1.29，$K_{ow}\lg P = 2.7$(pH＝6.5～7.6,25℃)。溶解度(25℃，g/L)：水 0.05，丙酮、二氯甲烷、二甲基亚砜、乙酸乙酯＞600，甲苯、二甲苯 300～600，甲醇 120～150，乙醇 60～75，异丙醇 25～30，己烷 4.67。稳定性：在 pH＝7.0、9.0 的水溶液中稳定，在 pH＝5.0 时 DT_{50} 为 940d。溶液光解 DT_{50} 为 31d，空气中 DT_{50} 为 4.1d。

毒性 急性经口 LD_{50}（mg/kg）：大鼠＞6400，小鼠＞5000。大鼠急性经皮 LD_{50}＞2000mg/kg。对兔眼睛、皮肤无刺激性。大鼠吸入 LC_{50}(4h)＞3.97mg/L 空气。两年饲养大鼠无作用剂量 1000mg/kg 饲料。非哺乳动物经口 LD_{50}：山齿鹑 8743mg/kg，日

本鹌鹑 1600mg/kg，野鸭 3552mg/kg。鱼毒 LC_{50}（96h）：太阳鱼 12.37～21.2mg/L，虹鳟鱼 11.92～20.2mg/L。蜜蜂经口 LC_{50}＞50μg/只。

剂型 20％浓乳剂。

防除对象 看麦娘、野燕麦、早熟禾、狗尾草等一年生禾本科杂草和多种阔叶杂草。

使用方法 在芽前以 1000～4000g/hm² 喷施或拌土，可防除许多禾本科杂草和重要的阔叶杂草，在土壤中有较长的残效。甜菜有很高的耐药性，向日葵和烟草也有高耐药力。在窄叶杂草间也有选择性，如在新西兰牧场中防除大麦草，在黑麦草中防治一年生窄叶杂草，如早熟禾。

双氟磺草胺（florasulam）

$C_{12}H_8F_3N_5O_3S$, 359.3, 145701-23-1

其他名称 麦喜为，麦施达，de-570

化学名称 2′,6′-二氟-5-乙氧基-8-氟 [1,2,4]-三唑-[1,5-c] 嘧啶-2-磺酰苯胺

理化性质 纯品为白色固体，熔点 193.5～230.5℃，相对密度 1.77（21℃），蒸气压 $1×10^{-2}$mPa(25℃)。水中溶解度（20℃，$pH_7.0$）为 6.36g/L。

毒性 大鼠急性经口 LD_{50}＞6000mg/kg，兔急性经皮 LD_{50}＞2000mg/kg。对兔眼睛有刺激性，对兔皮肤无刺激性。鹌鹑急性经口 LD_{50}＞6000mg/kg，鹌鹑和野鸭饲喂 LD_{50}（5d）5000mg/kg 饲料。鱼毒 LC_{50}（96h，mg/L）：虹鳟鱼＞86，大翻车鱼＞98。蜜蜂 LD_{50}（48h）＞100μg/只（经口和接触）。蚯蚓 LD_{50}（14d）＞1320mg/kg 土壤。

剂型 97％原药，50g/L 悬浮剂。

作用方式 双氟磺草胺是三唑并嘧啶磺酰胺类超高效除草剂，是内吸传导型除草剂，可以传导至杂草全株，因而杀草彻底，不会复发。在低温下药效稳定，即使是在2℃时仍能保证稳定药效，这一点是其他除草剂无法比拟的。用于小麦田防除阔叶杂草。进口5％双氟磺草胺SC，商品名普瑞麦。双氟磺草胺杀草谱广，可防除麦田大多数阔叶杂草，包括猪殃殃（茜草科）、麦家公（紫草科）等难防杂草，并对麦田中最难防除的泽漆（大戟科）有非常好的抑制作用。

适用作物 主要用于冬小麦田。

防除对象 防除阔叶杂草如猪殃殃、繁缕、蓼属杂草、菊科杂草等。

复配剂及使用方法

（1）58g/L 双氟•唑嘧胺 SC（双氟磺草胺 25g/L、唑嘧磺草胺 33g/L），施药量为（商品量/亩）10mL，对水 $450\sim600L/hm^2$，茎叶喷雾，防除播娘蒿、荠菜、繁缕等阔叶杂草，小麦出苗后杂草 $3\sim6$ 叶期施药。

（2）58g/L 双氟•唑嘧胺 SC ＋50％异丙隆 WP。施药量为（商品量/亩）10mL＋150g，对水 $450\sim600L/hm^2$，茎叶喷雾，防除猪殃殃、播娘蒿、荠菜、繁缕等阔叶杂草和看麦娘、硬草等禾本科杂草，杂草 $2\sim4$ 叶期冬前施药为佳。

（3）58g/L 双氟•唑嘧胺 SC ＋6.9％骠马 EC，施药量为（商品量/亩）10mL＋50mL，对水 $450\sim600L/hm^2$，茎叶喷雾，防除猪殃殃、播娘蒿、荠菜、繁缕等阔叶杂草和看麦娘、野燕麦等禾本科杂草，杂草 $3\sim6$ 叶期施药。骠马在杂草 2 叶期至第 2 节出现均可施药，但以分蘖中期施药效果好，用药量随防除杂草种类而异，以看麦娘为主时，亩用 6.9％ EC $40\sim50mL$，以野燕麦为主时，亩用 $50\sim60mL$。土壤湿度大时用药量酌减。

登记情况及生产厂家 50g/L 悬浮剂，美国陶氏益农公司（PD20060027）；97％原药，美国陶氏益农公司（PD20060026），山东省联合农药工业有限公司（PD20121503）等。

第十一章
其他类除草剂

呋草酮（flurtamone）

$C_{18}H_{14}F_3NO_2$，333.3，96525-23-4

其他名称 Benchmark

化学名称 (RS)-5-甲胺基-2-苯基-4-$(\alpha, \alpha, \alpha$-三氟间甲苯基$)$呋喃-3-$(2H)$-酮。

理化性质 纯品呋草酮为乳白色粉状固体，熔点 152～155℃。溶解性（25℃）：水 0.035g/L，溶于丙酮、甲醇、二氯甲烷等有机溶剂，微溶于异丙醇。

毒性 呋草酮原药急性 LD_{50}（mg/kg）：大鼠＞500，兔经皮＞500。

作用方式 本品被植物根和芽吸收而起作用。敏感品种发芽后立即呈现普遍褪绿白化作用。

剂型 98%原药。

防除对象 可防除多种禾本科杂草和阔叶杂草如苘麻、美国豚草、马松子、马齿苋、大果田菁、刺黄花稔、龙葵以及苋、芸薹、山扁豆、蓼等杂草。

使用方法　推荐使用剂量随土壤结构和有机质含量不同而改变，在较粗结构、低有机质土壤上作植前处理时，施药量为 $560\sim840g/hm^2$，而在较细结构、高有机质含量的土壤上，施药量为 $840\sim1120g/hm^2$ 或高于此量。为扩大杀草谱，最好与防除禾本科杂草的除草剂混用。高粱和花在芽后施用有耐药性，使呋草酮可作为一种通用的除草剂来防除这些作物中难除的杂草。喷雾液中加入非离子表面活性剂可显著地提高药剂的芽后除草活性。推荐芽后施用的剂量为 $280\sim840g/hm^2$，非离子表面活性剂为 $0.5\%\sim1.0\%$（体积分数）。在上述作物中，棉花无芽后耐药性，但当棉株下部的叶片离地高度达 20cm 后可直接对叶片下的茎秆喷药。某些作物包括高粱和马铃薯由于品种不同对呋草酮的耐药性也不同。

登记情况及生产厂家　98%原药，上海赫腾精细化工有限公司（LS20120034）。

稗草稀（tavron）

$C_{10}H_9Cl_3$，235.5，20057-31-2

其他名称　TCE-styene
化学名称　1-(2,2,2-三氯乙基)苯乙烯
理化性质　纯品为无色透明黏稠状液体，沸点 83℃（133Pa）。原药为棕褐色黏稠状液体，相对密度 1.21（20℃），易溶于丙酮、氯仿等有机溶剂，水中溶解度 12mg/L。遇碱在较高温度下能被水解，常温贮存稳定。

毒性　原药大鼠急性经口 $LD_{50}>5000mg/kg$，大鼠急性吸入 $LC_{50}>7500mg/L$，对小鼠慢性经口无作用剂量为每天 64mg/kg，对眼睛与黏膜有刺激作用。

作用方式　稗草稀是一种选择性内吸传导型除草剂，能被植物

的根、茎、叶吸收，其吸收传导在单子叶植物与双子叶植物之间有很大的差异。单子叶植物主要吸收部位是叶鞘，其次是叶片，根部最差。单子叶植物吸入稗草稀后大量向生长点和根尖运输累积，敏感植物细胞生长受抑制，使已经萌芽而尚未出土的稗草停止生长，很快枯萎不能出土；已长出 1～2 叶的稗草生长点受抑制后，生长缓慢和停止生长，不能长出新叶，叶片下垂呈暗绿色，基部膨大，1～2 周后叶片逐渐腐烂死亡。而双子叶植物却很少输入生长点和根尖，这就是对双子叶杂草效果差的原因。稗草稀被土壤吸附，淋溶性小，在土壤中持效期 4～6 周。

剂型 乳油。

防除对象 主要用于水稻田防除 3 叶期以前的稗草，也可用于谷子、大豆、马铃薯、油菜等旱田作物防除稗草、马唐、狗尾草、早熟禾、看麦娘等一年生禾本科杂草，对阔叶杂草和莎草几乎无效。

使用方法 水稻插秧后 7～15d 稻秧长出新根，稗草 3 叶期前，每亩用 50%乳油 75～100mL（有效成分 37.5～50g），加少量水稀释，喷洒于过筛细沙或湿润细土上，每亩用土 20～25kg 混拌均匀，然后均匀撒施于稻田。要求施药时田间水层 3cm，药后保水 5～7d。稗草稀杀草范围窄，可与其他除草剂混用扩大杀草谱。如每亩用 50%稗草稀乳油 50～65mL 加 25%除草醚可湿性粉剂 350～500g，或 56%2 甲 4 氯盐 25g 混细土 20～25kg，施药方法及水管理同稗草稀单用。谷子田用稗草稀具良好选择性，于谷子播后出苗前进行土壤处理，也可在谷子生育期，稗草 2～3 叶期进行茎叶喷雾处理，每亩用 50%乳油 600～800mL（有效成分 300～400g），加水 40～50kg，用喷雾器均匀喷洒。大豆田用稗草稀可在大豆叶和第一对复叶出现以后施药，真叶期施药易受害。每亩用 50%乳油 800～1000mL（有效成分 400～500g），加水 40～50kg，均匀喷雾茎叶处理。

注意事项

（1）稻田应用稗草稀不宜过早，于新根长出后使用，否则易产生药害。稗草稀易被土壤吸附，有效成分大部分集中在土壤表层

3cm 左右，因此水稻根扎入土层 3～5cm 以下躲过稗草稀比较集中的区域时，施药才能确保安全。稻田药土法施药要求浅水层，水层勿过深，以防超过心叶产生药害。

（2）使用稗草稀防除稻田稗草时要做到一平（整平地），二匀（拌药匀、撒匀），三准（药量准、面积准、时期准），四不施（苗小、苗弱不施，不彻底返青不施，深水、无水不施，风雨天、温度低不施）。

（3）药量、施药时期根据当地气温、土质、栽培方式、秧田壮弱及草龄大小灵活掌握。稗草稀对温度比较敏感，温度在 20～30℃ 药效易发辉，适当少施也可取得高效，温度低药效差也容易产生药害。盐碱地和在分蘖期使用易产生药害，不宜使用。

（4）50% 稗草稀乳油属低度除草剂，一般不会引起中毒，如有中毒事故发生，可采用对症处理。还应注意防止药液溅入眼和黏膜而引起刺激反应，如有药液溅到眼睛里和皮肤上，应立即清洗。

（5）施药后各种工具要认真清洗，污水和剩余药液要妥善处理，不得任意倾倒，以免污染水源、土壤和造成药害。空瓶要及时回收并妥善处理，不得作为他用。

（6）50% 稗草稀乳油应贮存在干燥、避光和通风良好的仓库中。运输和贮存应有专用车和仓库。不得与食品及日用品一起运输和贮存。该药属易燃危险品，贮存和运输时应注意远离火源。

灭草松（bentazone）

$C_{10}H_{12}N_2O_3S$，240.3，22057-89-0

其他名称　苯达松，百草克，排草丹，噻草平，苯并硫二嗪酮，Basagran，Bendioxide

化学名称　3-异丙基-(1H)-苯并-2,1,3-噻二嗪-4-酮-2,2-二氧化物

理化性质　纯品为无色晶体，熔点 137～139℃。20℃ 在下列

溶剂中的溶解度（g/kg）分别为：丙酮1507、乙醇861、乙酸乙酯650、二乙基醚616、氯仿180、苯33、环乙烷0.2；在水中溶解度为570mg/L(pH＝7，20℃)，在酸和碱介质中均不易水解，但在紫外光照下分解。

毒性　灭草松属于低毒农药，大白鼠急性 LD_{50}（mg/kg）：经口＞1000，经皮＞2500。对兔皮肤和眼有中等的刺激作用。对狗一年喂养试验无作用剂量为13.1mg/kg，对鲤鱼的 LC_{50}（48h）＞48mg/L，对蜜蜂无毒，急性经口毒性为 LD_{50}＞100μg/只。

作用方式　灭草松是触杀型选择性的苗后除草剂，用于苗期茎叶处理，通过叶片接触而起作用。旱田使用，先通过叶面渗透传导到叶绿体内抑制光合作用。水田使用，既能通过叶面渗透又能通过根部吸收，传导到茎叶，强烈阻碍杂草光合作用和水分代谢，造成营养饥饿，使生理机能失调而致死。有效成分在耐性作物体内由活性弱的糖苷合物代谢而解毒，对作物安全。施药后8～16周灭草松在土壤中可被微生物分解。

剂型　480g/L水剂，96％原药。

防除对象　在水田中可防除多年生深根性杂草如矮慈姑、三棱草、萤蔺、荸荠等，对水稻无害。大豆、花生、禾谷类作物防除莎草科和阔叶杂草，对禾本科杂草无效。

使用方法　见表11-1。

表 11-1　灭草松在不同作物田的施药剂量与使用方法

作物	防治对象	用药量	施用方法
水稻	阔叶杂草及莎草等	750～1500g/hm²	喷雾
小麦	阔叶杂草	750g/hm²	喷雾
大豆	阔叶杂草	750～1500g/hm²	喷雾
甘薯、茶园	阔叶杂草	750～1500g/hm²	喷雾
草原牧场	阔叶杂草	1500～1875g/hm²	喷雾

（1）稻田除草　水直播田、插秧田均可使用。视杂草类群、水稻生长期、气候条件而定。插秧后20～30d，直播田播后30～40d，杂草生长3～5叶期，每亩用排草丹48％液剂133～200mL或25％

灭草松水剂 300~400mL(有效成分 64~96g)，对水 30L。施药前把田水排干使杂草全部露出水面，选高温、无风晴天喷药，将药液均匀喷洒在杂草茎上，施药后 4~6h 药剂可渗入杂草体内。喷药后 1~2d 再灌水入田，恢复正常水管理。防除莎草科杂草和阔叶杂草效果显著，对稗草无效。若田间稗草和三棱草发生都很严重，可与其他除草剂先后使用或混用，芽前先用除稗草剂处理，余下莎草和阔叶杂草用苯达松防除，可采用苯达松和禾大壮、敌稗、快杀稗等剂混用。

(2) 大豆田除草　大豆 1~3 片复叶、杂草 3~4 叶期为施药适期。每亩用排草丹 48%液剂 100~200mL 或 25%灭草松水剂 200~400mL(有效成分 48~96g)，对水 30~40kg。土壤水分适宜、杂草出齐、生长旺盛、杂草幼小时用量低。干旱条件下和杂草较大时用量高。对灭草松敏感的苍耳用量低也有特效。用喷雾器喷洒作茎叶处理，可防除豆田苍耳、苋、蓼、猪毛菜、猪殃殃、巢菜等阔叶杂草及碎米莎草等杂草，对稗草无效。

(3) 麦田除草　在小麦 2 叶 1 心至 3 叶期，杂草子叶至 2 轮叶，每亩用排草丹 48%液剂 100~200mL(有效成分 48~96g)，对水 30~40kg，茎叶喷雾防除麦田猪殃殃、麦家公等阔叶杂草或与 2 甲 4 氯混用。

(4) 花生田除草　防除花生田苍耳、蓼、马齿苋等阔叶杂草及莎草，于杂草 2~5 叶期，每亩用排草丹 48%液剂 133~200mL(有效成分 64~96g)，对水 30L，茎叶处理。

注意事项

(1) 旱田使用灭草松应在阔叶杂草出齐幼小时施药，喷洒均匀，使杂草茎叶充分接触药剂。稻田防除三棱草、阔叶杂草，一定要在杂草出齐、排水后喷雾，均匀喷在杂草茎叶上，两天后灌水，效果显著，否则影响药效。

(2) 灭草松在高温晴天活性高除草效果好，反之阴天和气温低时效果差。施药后 8h 内应无雨。在极度干旱和水涝的田间不宜使用灭草松，以防发生药害。

(3) 使用灭草松应遵守我国控制农产品中农药残留合理使用准则（国家标准 GB8321.2—87），以排草丹 48%液剂为例，见表 11-2。

表 11-2 排草丹 48%液剂使用方法

| 作物 | 最高残留限量（MRL）参照值/(mg/kg) | 用药量 | | 最多使用次数 | 实施说明 |
		常用量	最高用药量		
大豆	籽粒中 0.05	160mL	200mL	1	大豆 2～3 片复叶时施

（4）使用灭草松应遵守农药安全使用一般操作规程。在使用过程中，如药液溅到皮肤上或眼里，应立即用大量清水清洗；如误服，需饮用食盐水清洗胃肠，并使之呕吐，避免给患者服用含脂肪的物质（如牛奶、蓖麻油等）或酒等，以免加重对药物的吸收，可使用活性炭。如在喷雾中有不适，应立即离开现场，到空气新鲜处。如呼吸停止，应做人工呼吸。在发生中毒时，建议进行对症治疗。尚无特效解毒药。

（5）本剂原包装贮存于干凉处，存放在儿童接触不到的地方，不要与食物、饲料、种子等混放在一起。

登记情况及生产厂家 480g/L 水剂，江苏绿利来股份有限公司（PD20060102）；96%原药，巴斯夫欧洲公司（PD20081197）等。

复配剂及应用

（1）440g/L 氟醚·灭草松水剂，允发化工（上海）有限公司（PD171-92F090118），防除大豆田阔叶杂草，喷雾，推荐剂量为 825～975g/hm^2。

（2）447g/L 氟胺·灭草松水剂，哈尔滨市益农生化制品开发集团有限公司（PD20085430），防除春大豆田一年生阔叶杂草及莎草科杂草，茎叶喷雾，推荐剂量为 1341～1676.25g/hm^2。

禾草灭 （alloxydim）

$C_{17}H_{25}NO_5$，323.2 $C_{17}H_{27}O_5NNa$，345.2，66003-55-2

其他名称　枯草多，丙烯草丁钠，Kusagard，Colut，Fervios

化学名称　(*E*)-(*RS*)-3-[1-(烯丙氧亚氨基)丁基]-4-羟基-6,6-二甲基-2-氧代环己-3-烯甲酸甲酯，(*E*)-(*RS*)-3-[1-(烯丙氧亚氨基)丁基]-4-羟基-6,6-二甲基-2-氧代环己-3-烯甲酸甲酯钠盐

理化性质　钠盐：白色无臭结晶固体。熔点 185.5℃ 以上（分解），闪点 185.5℃，相对密度 1.23，蒸气压 $<1.333×10^{-4}$ Pa(25℃)，离解常数 $pK_a=3.7$。溶解度（30℃，g/kg）：二甲基甲酰胺 1000、甲醇 619、乙醇 50、丙酮 14、二甲苯 0.02、水 2000。易潮解，干燥时于 50℃ 存放 30d 不分解。0.2% 活性组分在 0.1mol/L NaOH 溶液中半衰期为 4d。在 0.1mol/L HCl 溶液中半衰期为 7d，对光不稳定。

毒性　钠盐，大鼠急性经口 LD_{50}(mg/kg)：雄 2130，雌 1960。小鼠急性经口 LD_{50}(mg/kg)：雄 3340，雌 3550。急性经皮 LD_{50}(mg/kg)：大鼠 >1630，小鼠 >1380，兔 >2000。大鼠和犬 90d 饲喂试验，无作用剂量分别为 300mg/kg 和 40mg/kg，有的资料认为小鼠为每天 18.4mg/kg。动物试验未见致畸、致突变作用。鲤鱼 LC_{50}>250mg/L (48h)，水蚤 LC_{50}>250mg/L(3h)，对鸟类和蜜蜂安全。

作用方式　由日本曹达公司开发的一类具有选择性的内吸传导型茎叶处理剂，为 ACCase 抑制剂，施药后，叶片黄化，停止生长，几天后，枝尖、叶和根分生组织相继坏死。

防除对象　阔叶作物中苗后防除一年生或多年生禾本科杂草。

麦草畏（dicamba）

$C_8H_6Cl_2O_3$，221.0，1918-00-9

其他名称　百草敌，Banvel，MDBA，Velsicol，Banfel，Mediben，Banex，dianat

化学名称　3,6-二氯-2-甲氧基苯甲酸

理化性质　纯品化合物为白色晶体，相对密度 1.57（25℃），熔点 114~116℃，闪点 150℃。25℃ 时在下列溶剂中的溶解度分别

为：水 0.65g/100mL，乙醇 92.2g/100mL，异丙醇 76.0g/100mL，丙酮 81.0g/100mL，甲苯 13.0g/100mL，二氯甲烷 26.0g/100mL。相混性好，贮存稳定。

毒性 原药大鼠急性经口 LD_5 为 1879～2740mg/kg，家兔急性经皮 LD_{50}＞2000mg/kg，大鼠急性吸入 LC_{50}＞200mg/kg。对家兔眼睛有刺激和腐蚀作用，对家兔皮肤中等刺激作用。大鼠原药亚急性经口无作用剂量为 23500mg/kg，家兔亚急性经皮无作用剂量为 500mg/kg，大鼠慢性经口无作用剂量为 25mg/kg，狗慢性经口无作用剂量为 1.25mg/kg。在试验室条件下，未见致畸、致突变和致癌作用。

作用方式 麦草畏属安息香酸系苯甲酸类除草剂，具有内吸传导作用，药剂可被杂草根、茎、叶吸收，通过木质部和韧皮部向上下传导，集中在分生组织及代谢活动旺盛的部位。阻碍植物激素的正常活动，从而使其死亡。

剂型 480g/L 水剂，98％原药，70％水分散粒剂。

防除对象 猪殃殃、荞麦蔓、牛繁缕、大巢菜、播娘蒿、苍耳、薄蒴草、田旋花、刺儿菜、问荆、鲤肠等。

使用方法

(1) 小麦田除草 麦草畏在春小麦上使用，一般在小麦 3 叶期至 5 叶期，田间阔叶杂草基本出齐，每亩用 48％麦草畏水剂 20～25mL，加水 40kg 左右，均匀喷雾杂草茎叶。麦草畏在冬小麦上使用，一般在小麦 4 叶期以后至分蘖末期，每亩用 48％麦草畏水剂 20～25mL，加水 40kg 喷雾。冬小麦用量超过 25mL 药害重，葱管叶、畸形穗多。由于麦草畏单用对某些阔叶杂草的效果不够理想，而且不安全，故宜采用混配剂。一般采用与 2 甲 4 氯或 2,4-滴混用，可明显扩大杀草谱，提高杀草效果，降低成本而且安全。在春小麦上使用，每亩用 48％水剂 12.5～15mL 加 20％ 2 甲 4 氯水剂 100～125mL 或 72％ 2,4-滴丁酯乳油 25mL，对水 50kg 以上，在麦子 4 叶期后至拔节前均匀喷雾。在冬小麦上使用，每亩用 48％麦草畏水剂 12.5mL 加 20％ 2 甲 4 氯水剂 125mL，对水 50kg 左右，在麦子 4 叶期左右至拔节前，均匀喷雾。

(2) 玉米田使用 麦草畏在玉米田使用，一般在玉米后 5～6

叶期至玉米株高 60cm 期间使用，最好喷雾时期为田间一年生杂草株高 2～5cm，多年生杂草株高 10～25cm，每亩用 48％麦草畏水剂 27～40mL，对水 50kg 左右，喷雾。

注意事项

（1）小麦 3 叶期前和拔节后禁止使用。

（2）麦草畏主要通过茎叶吸收，根的吸收量较少，故此药不宜作土壤处理。

（3）药剂正常使用后发生的小麦、玉米苗在初期的匍匐、倾斜或弯曲现象一周后即可恢复，故不需采取其他措施。药害严重时的症状同 2,4-滴丁酯，抢救措施也同。

（4）三麦品种对百草敌有不同的敏感反应，应用前要进行敏感性测定。

登记情况及生产厂家　98％原药，安徽华星化工股份有限公司（PD20101814）；70％水分散粒剂，浙江升华拜克生物股份有限公司（PD20120099）；480g/L 水剂，瑞士先正达作物保护有限公司（PD97-89）等。

复配剂及应用

（1）35％麦畏·草甘膦水剂，浙江升华拜克生物股份有限公司（PD20110250），防除非耕地杂草，定向茎叶喷雾，推荐剂量为 1200～1500g/hm^2。

（2）20％麦畏·甲磺隆可湿性粉剂，江苏金凤凰农化有限公司（PD20095764），防除非耕地水花生，喷雾，推荐剂量为 120～150g/hm^2。

（3）41％滴胺·麦草畏水剂，江苏南京常丰农化有限公司（LS20110327），防除冬小麦田一年生阔叶杂草，茎叶喷雾，推荐剂量为 517.5～621g/hm^2。

灭草环 （tridiphane）

$C_{10}H_7Cl_5O$，320.4，58138-08-2

其他名称　Nelpon，Tandem

化学名称　(RS)-2-(3,5-二氯苯基)-2-(2,2,2-三氯乙基）环氧乙烷

理化性质　纯品为无色晶体，熔点 42.8℃，蒸气压 29mPa（25℃）。水中溶解度 1.8mg/L(20℃)；其他溶剂中溶解度（20℃，g/kg）：丙酮 9.1，二氯甲烷 718，甲醇 980，二甲苯 4.6。

毒性　大(小)鼠急性经口 LD_{50} 为 1743～1918mg/kg。兔急性经皮 $LD_{50}>3536$ mg/kg。大鼠 2 年饲喂试验的无作用剂量为 3mg/(kg·d)。鱼毒 $LD_{50}(96h)$：虹鳟鱼 $LD_{50}>0.53mg/L$。

作用方式　选择性内吸型除草剂。本品主要被叶也可被根吸收。灭草环是八氢番茄红素去饱和酶的辅助因子。是类胡萝卜素生物合成的关键酶。使用灭草环 3～5d 内植物分生组织出现黄化症状随之引起枯斑，两周后遍及整株植物。

剂型　48％或 50％乳剂。

防除对象　可防除苗期禾本科杂草和阔叶杂草。

使用方法　500～800g/hm² 剂量与三嗪类除草剂桶混，芽前或芽后施药防除玉米田中杂草。

注意事项　高剂量下处理，对玉米的药害症状表现出为叶部白化现象，因不同类型玉米的敏感性不同，叶片白化的程度也有所不同，以甜玉米和爆裂玉米较敏感。

溴苯腈 （bromoxynil）

$C_7H_3Br_2NO$，276.9；　　1689-84-5

其他名称　伴地农

化学名称　3,5-二溴-4-羟基-1-氰基苯

理化性质　纯品为白色晶体，熔点 194～195℃。原药为褐色固体，有效成分含量 95％，熔点 188～192℃，蒸气压 $6.67×10^{-3}$ Pa。在丙酮中溶解度 170g/L，在水中溶解度 0.13g/L。

毒性 溴苯腈（纯度 97.1%）对大鼠急性 LD_{50}（mg/kg）：经口＞156，经皮＞5000。溴苯腈辛酸酯急性经口 LD_{50}（mg/kg）：大鼠＞250，小鼠＞245；大鼠急性经皮 LD_{50}＞2000mg/kg。大鼠以312mg/kg 饲料饲养 90d 无不良影响；犬每天饲喂 5mg/kg，90d 无不良影响。在试验剂量内无致畸、致突变、致癌作用，三代繁殖试验未见异常。虹鳟鱼 LC_{50}＞0.05mg/L，野鸡急性经口 LD_{50}＞50mg/kg。对蜜蜂和天敌安全。

作用方式 溴苯腈是选择性苗后茎叶处理触杀型除草剂。主要经由叶片吸收，在植物体内进行极其有限的传导，通过抑制光合作用的各个过程迅速使植物组织坏死。施药 24h 内叶片褪绿，出现坏死斑。在气温较高、光线较强的条件下，加速叶片枯死。

剂型 97%原药，80%可溶性粉剂。

防除对象 伴地农适用于小麦、大麦、黑麦、玉米、高粱、亚麻等作物田防除阔叶杂草蓼、藜、苋、麦瓶草、龙葵、苍耳、猪毛菜、麦家公、田旋花、荞麦蔓等。

使用方法

（1）小麦 小麦 3～5 叶期，阔叶杂草基本出齐，处于四叶期前，生长旺盛时施药。每亩用 22.5%伴地农乳油 100～170mL，加水 30L 均匀喷洒。伴地农可与 2,4-滴丁酯或 2 甲 4 氯混用，以提高药效和扩大杀草谱。一般配比为伴地农有效成分 18.7～22.5g 和 2,4-滴丁酯或 2 甲 4 氯有效成分 25～30g。此混剂只能在小麦分蘖期施药，拔节期开始后不能使用。为了防除阔叶杂草兼治野燕麦，伴地农与禾草灵、野燕枯直接混用，用药量均与单用相同，适宜用药时期为野燕麦 3～4 叶期。

（2）玉米、高粱 3～8 叶期，每亩用 22.5%伴地农乳油 83～133mL，加水 30L 茎叶处理均匀喷到杂草上。伴地农可与阿特拉津混用，伴地农用量同单用，阿特拉津每亩用有效成分 50～75g，玉米 4～5 叶期施药。

（3）亚麻 亚麻 5～10cm 时施药，每亩用伴地农有效成分不宜超过 18.7g，亚麻孕蕾后施药不安全。

注意事项

（1）施用伴地农遇到低温或高湿的天气，除草效果可能降低，作物安全性降低，尤其是亚麻，当气温超过 35℃、湿度过大时不能施药，否则会发生药害。

（2）施药后需 6h 内无雨，以保证药效。

（3）伴地农不宜与肥料混用，也不能添加助剂，否则也会造成作物药害。

（4）溴苯腈人体每日允许摄入量（ADI）是 0.05mg/kg，美国推荐的在谷物中的最高残留限量（MRL）为 0.1mg/kg。

（5）避免药剂接触皮肤和眼睛，若不慎溅入眼内或皮肤上，立即用大量清水冲洗。避免吸入药剂雾滴。如有误服，不要引吐；如果患者处于昏迷状态，应将其至于通风处，并立即求医治疗。该药无特殊解毒药，应对症治疗。

（6）避免残剩药液污染池塘、河流和其他水源，用完的空容器应集中深埋在非种植区的地下，并远离水源。

（7）本药剂应贮存在 0℃以上的条件下，同时要注意存放在远离种子、化肥和食物以及儿童接触不到的地方。如本药在 0℃以下时发生冰冻，在使用时应将药剂放在温度较高的室内，并不断搅动，直至冰块溶解。

登记情况及生产厂家 97%原药，江苏辉丰农化股份有限公司（PD20093756）；80%可溶性粉剂，江苏辉丰农化股份有限公司（PD20120167）等。

复配剂及应用

（1）400g/L 2 甲·溴苯腈乳油，江苏辉丰农化股份有限公司（PD20110190），防除冬小麦田一年生阔叶杂草，茎叶喷雾，推荐剂量为 480～600g/hm^2。

（2）75%烟嘧·溴苯腈水分散粒剂，江苏辉丰农化股份有限公司（PD20120155），防除玉米田一年生杂草，茎叶喷雾，推荐剂量为 281.25～337.5g/hm^2。

（3）78%溴腈·莠灭净可湿性粉剂，江苏辉丰农化股份有限公司（PD20120272），防除甘蔗田、玉米田一年生杂草，茎叶喷雾，推荐剂量为 1755～2925g/hm^2（甘蔗田），1462.5～1755g/hm^2（玉米田）。

参 考 文 献

[1] 陈树文，苏少范主编．农田杂草识别与防除新技术．北京：中国农业出版社，2007．

[2] 黄建中等编著．农田杂草抗药性．北京：中国农业出版社，1995．

[3] 刘长令．世界农药大全．除草剂卷．北京：化学工业出版社，2002．

[4] 马奇祥，常中先．农田化学除草新技术．北京：金盾出版社，2008．

[5] 强胜主编．杂草学．北京：中国农业出版社，2008．

[6] 苏少泉主编．除草剂作用靶标与新品种创制．北京：化学工业出版社，2001．

[7] 陶炳根主编．农药安全使用及中毒抢救知识．北京：化学工业出版社，1994．

[8] 陶波胡凡主编．杂草化学防除实用技术．北京：化学工业出版社，2009．

[9] 王振荣，李布清主编．农药商品大全．北京：中国商业出版社，1996．

[10] 张朝贤主编．农田杂草与防控．北京：中国农业科学技术出版社，2011．

[11] 张殿京主编．农田杂草化学防除大全．上海：上海科学技术文献出版社，1992．

[12] 张一宾等编著．世界农药新进展．北京：化学工业出版社，2007．

索　　引

一、农药中文名称索引

二、农药英文名称索引

Round up　227

化工版农药、植保类科技图书

书　号	书　名	定价
122-18414	世界重要农药品种与专利分析	198.0
122-18588	世界农药新进展（三）	118.0
122-17305	新农药创制与合成	128.0
122-18051	植物生长调节剂应用手册	128.0
122-15415	农药分析手册	298.0
122-16497	现代农药化学	198.0
122-15164	现代农药剂型加工技术	380.0
122-15528	农药品种手册精编	128.0
122-13248	世界农药大全——杀虫剂卷	380.0
122-11319	世界农药大全——植物生长调节剂卷	80.0
122-11206	现代农药合成技术	268.0
122-10705	农药残留分析原理与方法	88.0
122-17119	农药科学使用技术	19.8
122-17227	简明农药问答	39.0
122-18779	现代农药应用技术丛书——植物生长调节剂与杀鼠剂卷	28.0
122-18891	现代农药应用技术丛书——杀菌剂卷	29.0
122-19071	现代农药应用技术丛书——杀虫剂卷	28.0
122-11678	农药施用技术指南（二版）	75.0
122-12698	生物农药手册	60.0
122-15797	稻田杂草原色图谱与全程防除技术	36.0
122-14661	南方果园农药应用技术	29.0
122-13875	冬季瓜菜安全用药技术	23.0
122-13695	城市绿化病虫害防治	35.0
122-09034	常用植物生长调节剂应用指南（二版）	24.0
122-08873	植物生长调节剂在农作物上的应用（二版）	29.0
122-08589	植物生长调节剂在蔬菜上的应用（二版）	26.0
122-08496	植物生长调节剂在观赏植物上的应用（二版）	29.0
122-08280	植物生长调节剂在植物组织培养中的应用（二版）	29.0
122-12403	植物生长调节剂在果树上的应用（二版）	29.0
122-09867	植物杀虫剂苦皮藤素研究与应用	80.0
122-09825	农药质量与残留实用检测技术	48.0

书 号	书 名	定价
122-09521	螨类控制剂	68.0
122-10127	麻田杂草识别与防除技术	22.0
122-09494	农药出口登记实用指南	80.0
122-10134	农药问答（第五版）	68.0
122-10467	新杂环农药——除草剂	99.0
122-03824	新杂环农药——杀菌剂	88.0
122-06802	新杂环农药——杀虫剂	98.0
122-09568	生物农药及其使用技术	29.0
122-09348	除草剂使用技术	32.0
122-08195	世界农药新进展（二）	68.0
122-08497	热带果树常见病虫害防治	24.0
122-10636	南方水稻黑条矮缩病防控技术	60.0
122-07898	无公害果园农药使用指南	19.0
122-07615	卫生害虫防治技术	28.0
122-07217	农民安全科学使用农药必读（二版）	14.5
122-09671	堤坝白蚁防治技术	28.0
122-06695	农药活性天然产物及其分离技术	49.0
122-02470	简明农药使用手册	38.0
122-05945	无公害农药使用问答	29.0
122-18387	杂草化学防除实用技术（第二版）	38.0
122-05509	农药学实验技术与指导	39.0
122-05506	农药施用技术问答	19.0
122-05000	中国农药出口分析与对策	48.0
122-04825	农药水分散粒剂	38.0
122-04812	生物农药问答	28.0
122-04796	农药生产节能减排技术	42.0
122-04785	农药残留检测与质量控制手册	60.0
122-04413	农药专业英语	32.0
122-04279	英汉农药名称对照手册（三版）	50.0
122-03737	农药制剂加工实验	28.0
122-03635	农药使用技术与残留危害风险评估	58.0
122-03474	城乡白蚁防治实用技术	42.0

书　号	书　名	定价
122-03200	无公害农药手册	32.0
122-02585	常见作物病虫害防治	29.0
122-02416	农药化学合成基础	49.0
122-02178	农药毒理学	88.0
122-06690	无公害蔬菜科学使用农药问答	26.0
122-01987	新编植物医生手册	128.0
122-02286	现代农资经营丛书——农药销售技巧与实战	32.0
122-00818	中国农药大辞典	198.0
122-01360	城市绿化害虫防治	36.0
5025-9756	农药问答精编	30.0
122-00989	腐植酸应用丛书——腐植酸类绿色环保农药	32.0
122-00034	新农药的研发—方法·进展	60.0
122-09719	新编常用农药安全使用指南	38.0
122-02135	农药残留快速检测技术	65.0
122-07487	农药残留分析与环境毒理	28.0
122-11849	新农药科学使用问答	19.0
122-11396	抗菌防霉技术手册	80.0

如需以上图书的内容简介、详细目录以及更多的科技图书信息，请登录www.cip.com.cn。

邮购地址：(100011)北京市东城区青年湖南街 13 号化学工业出版社

服务电话：010-64518888，64518800（销售中心）

如有农药、植保、化学化工类著作出版，请与编辑联系。联系方法 010-64519457，jun8596@gmail.com。